たちの系統関係（1）

新口動物

節足動物

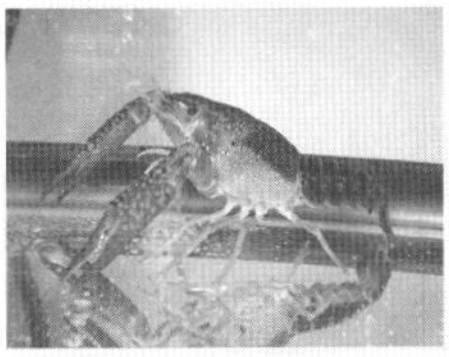

アメリカザリガニ
2巻 10 21 35 37
ハエトリグモ
1巻コラム5
オカダンゴムシ
1巻 20
3巻 17
ホンドオニヤドカリ
2巻 38
昆虫類
→裏見返し

棘皮動物

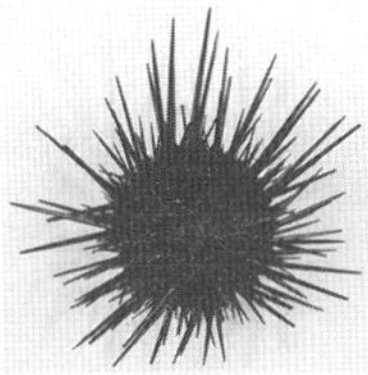

ムラサキウニ
3巻 14

尾索動物

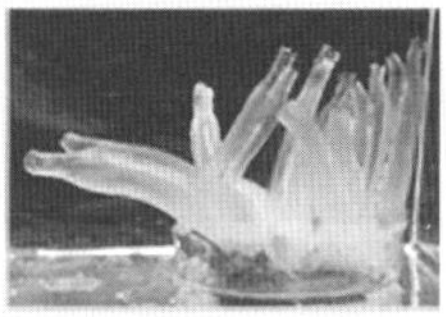

カタユウレイボヤ
1巻コラム8

脊椎動物

→裏見返し

き物

ィファ
門
虫綱
目

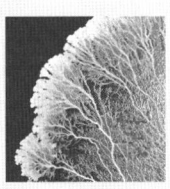

モジホコリ
3巻 5
（アメーバ動物門
変形菌綱
モジホコリ目）

動物名の下の記載は
本シリーズで取り上げている
巻数と項目番号です.

口絵1 腹部の色で知るハエの食嗜好
(☞**1**色で測る好き嫌い：どちらがおいしい？)

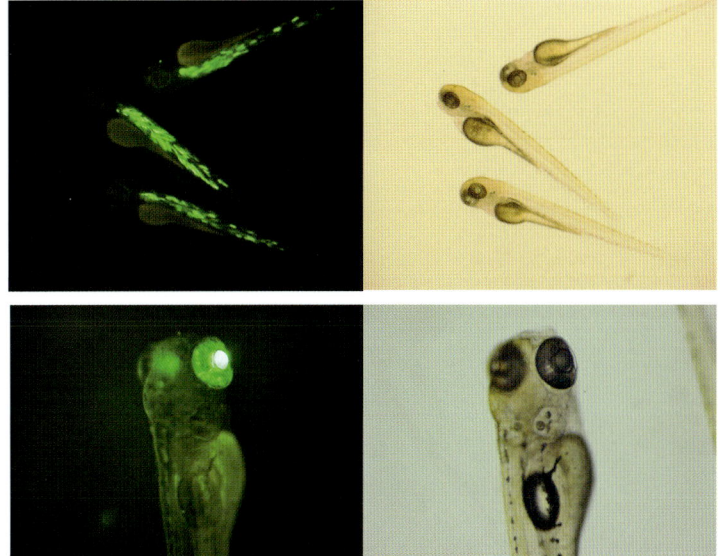

口絵2 GFPを発現するゼブラフィッシュ幼生の蛍光観察
(☞**31**ロドプシン遺伝子の発現をGFPで見る)

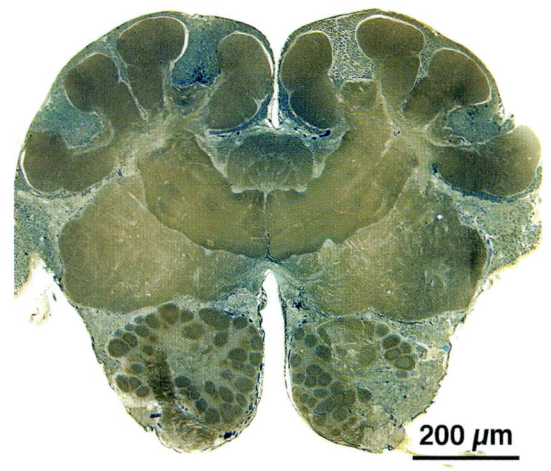

口絵3 クロオオアリの脳の樹脂切片，オスミウム・アズール二色染色
(☞**33**顕微鏡の使い方と試料作製法)

研究者が教える動物実験

第1巻

感　覚

尾崎まみこ
村田　芳博
藍　　浩之
定本　久世
吉村　和也
神崎　亮平
日本比較生理生化学会［編集］

共立出版

『研究者が教える動物実験』シリーズ刊行にあたって

　日本比較生理生化学会は，自然界に生息する多様な生物が環境下でいかに適応的に生活し，個体をそして種を維持するかを分子レベルから，細胞，組織，個体，さらに生態にいたる仕組みを様々なスケールから，その生理・生化学的な観点から明らかにすることで，サイエンス分野はもとより，社会や教育分野に貢献することを目指しています．なかでも生物多様性は，われわれ人類がかかえる環境問題をはじめ，生物共存やエネルギーなどの諸問題とも深くかかわり，次代を担う子供たちの科学教育のうえでも大切な課題となっています．

　2012年には「ゆとり教育」の脱却から，学習指導要領が改訂され，高等学校の理科の生物領域の内容が一変し，動物の感覚や神経，行動の仕組みについて学ぶ「環境応答」という項目が大幅に強化されました．また，単に教科書から知識を学ぶだけではなく，目的意識をもって観察や実験を行うことの大切さが示されています．自然や生物の仕組みを学ぶためには，単に知識を得るだけではなく，自身の観察や実験を通して，生物そのものから体験によって得られることがたくさんあります．様々な生物がもつ感覚能力，神経や脳による信号処理，筋肉を動かすことで行動する動物の仕組みを実際に調べることで，また比較を通して生物の多様性に気付き，ヒトと他の動物との違いや共通性を考えることで，生物がより身近な存在となってきます．観察や実験を通してはじめて生まれる問題意識，そしてそれを解決しようとすることで，教科書だけでは得られなかった能力が芽生え，生命をより深く理解し，生命の大切さがわかってくるものと思います．

　本学会では，『生物の多様な生き方』シリーズ（全5巻）や『研究者が教える動物飼育』シリーズ（全3巻）（共立出版）を学会の総力を挙げて出版し，動物の生き方の多様性や動物の扱い方，飼育・維持方法から入手や採集法にいたるまでをわかりやすく解説することで，社会や教育分野の課題や要請に応じてきました．

　今回，本学会の第3弾として，動物の個体レベルを基本に，よりミクロなスケール（遺伝子，細胞，組織，器官）から，またよりマクロなスケール（集団，生態系，環境）での観察や実験を通して，生命現象についてより深く理解するための『研究者が教える動物実験』シリーズ（全3巻）を出版することになりました．

　本シリーズを活用いただき，観察や実験を通して多様な生物の生命活動をより深く理解するとともに，教科書だけでは得られない生命の不思議，そして生命の大切さを感じ取っていただきたいと思います．

2015年5月

日本比較生理生化学会 会長　神崎亮平

第1巻 『感 覚』
はじめに

　『研究者が教える動物実験』第1巻をお届けします．動物が生きていくには，時々刻々変化する環境にうまく適応していくことが求められます．そのためにまず重要なことは，環境の変化を感じ取ること．第1巻は，その仕組みである『感覚』をテーマに研鑽を積んできた研究者が，日頃の研究や教育の現場で得たノウハウを惜しむことなく開示してまとめあげました．

　第1巻『感覚』には，第1章から「味覚」，「嗅覚」，「聴覚，重力感覚」，「機械感覚，湿度感覚」「視覚，その他の光感覚」の順に第5章まで，いわゆる五感の範疇に納まらない感覚も含め多彩な感覚についての実験法30題あまりと，感覚にちなむ興味深いトピックスを9つのコラムとして紹介しています．取り上げられている動物種数は20を超え，いろいろな動物が情報収集のためにそれぞれ工夫を凝らした独特の感覚システムを発達させていることが窺われます．私たちの日本比較生理生化学会が大切に考えている生物多様性を背景とする比較研究のおもしろさも合わせて味わってみてください．

　本を開くと父母と兄妹の4人家族がそれぞれ，一般人，研究者，大学生，高校生を代表して，各テーマの実験法のナビゲーターを務め，「応用・発展課題のヒント」を教えてくれます．テキスト部分は，本書を手に今すぐに実験を始めることができるように，写真や図を使いながら，ちょっとしたコツなども織り交ぜて，具体的にわかりやすく書かれています．本シリーズの第2巻『神経・筋』と第3巻『行動』，一足先に出版された『生物の多様な生き方』，『研究者が教える動物飼育』，学会誌「比較生理生化学」などの関連パートへのリンク，「注意すること・役立ち情報・耳よりな話」の収集，「高校生向けの簡便法の紹介」など巻末資料の充実にも心を配って，さあ，実験をやってみよう！という生徒や学生諸君，また指導をする先生方や研究者のみなさまが，自由に実験をアレンジできるようにと考えました．第6章には「動物実験のための顕微鏡観察」を，また付録として「レポートの書き方とプレゼンの準備」と「実験レポート作成チェックリスト」を収録しました．

　生物学の諸概念は，実験や観察に基づいて確立されてきました．私たち研究者とともに，本書が教える実験や観察を通して，一人でも多くのみなさまが動物の生きるしくみに興味を抱いていただけるように，また，同じ地球の上に暮らす動物たちが，どのようにして見，聴き，味わい，嗅ぎ，触れて，相手を知り，環境を知り，逞しく命を繋いでいるのか，驚くべき『感覚』の世界への理解を深めていただけることを願っています．

2015年5月

　　　　　　　　　　　　　　　　　　　日本比較生理生化学会　出版企画委員会
　　　　　　　　　　　　　　　　　　　村田芳博，藍　浩之，定本久世，吉村和也，尾崎まみこ

『研究者が教える動物実験』編集委員

尾崎まみこ　神戸大学大学院理学研究科［編集委員長］
村田芳博　　高知大学医学部［第1巻担当編集委員］
藍　浩之　　福岡大学理学部
定本久世　　徳島文理大学香川薬学部
吉村和也　　お茶の水女子大学サイエンス＆エデュケーションセンター
神崎亮平　　東京大学先端科学技術研究センター

執筆者

藍　浩之　　　福岡大学理学部
蟻川謙太郎　　総合研究大学院大学先導科学研究科
池野知子　　　ミシガン州立大学心理学科
石元広志　　　名古屋大学大学院理学研究科
岩崎雅行　　　福岡大学理学部
太田　茜　　　甲南大学理工学部／統合ニューロバイオロジー研究所
岡田二郎　　　長崎大学水産・環境科学総合研究科
岡田龍一　　　兵庫県立大学環境人間学部
岡野恵子　　　早稲田大学先進理工学研究科
岡野俊行　　　早稲田大学先進理工学研究科
奥谷文乃　　　高知大学医学部
尾崎浩一　　　島根大学生物資源科学部
尾崎まみこ　　神戸大学大学院理学研究科
上川内あづさ　名古屋大学大学院理学研究科
木下充代　　　総合研究大学院大学先導科学研究科
久原　篤　　　甲南大学理工学部／統合ニューロバイオロジー研究所
熊代樹彦　　　元：岡山大学大学院自然科学研究科
小池卓二　　　電気通信大学大学院情報理工学研究科
小島大輔　　　東京大学大学院理学系研究科
小島隆人　　　日本大学生物資源科学部

後藤慎介	大阪市立大学大学院理学研究科
定本久世	徳島文理大学香川薬学部
志賀向子	大阪市立大学大学院理学研究科
滋野修一	国立研究開発法人海洋研究開発機構海洋生物多様性研究分野
園田　悟	甲南大学理工学部／統合ニューロバイオロジー研究所
田中浩輔	杏林大学保健学部
保　智己	奈良女子大学理学部
中川将司	兵庫県立大学大学院生命理学研究科
永田　崇	大阪市立大学大学院理学研究科
中谷　敬	筑波大学生命環境系
中村　整	電気通信大学大学院情報理工学研究科
西　孝子	専修大学自然科学研究所
西村知良	日本大学生物資源科学部
原田哲夫	高知大学大学院総合人間自然科学研究科
深田吉孝	東京大学大学院理学系研究科
北條　賢	神戸大学大学院理学研究科
前田　徹	神戸大学大学院理学研究科
松浦哲也	岩手大学工学部
松尾恵倫子	名古屋大学大学院理学研究科
村田芳博	高知大学医学部
吉田竜介	九州大学大学院歯学研究院
渡邉英博	福岡大学理学部

（五十音順）

目　次

第1章　味　覚　　1

1. 色で測る好き嫌い：どちらがおいしい？（キイロショウジョウバエ）………尾崎まみこ　2
2. ヒトとハエとで甘党くらべ（クロキンバエ，ヒト）……………………………尾崎まみこ　6
3. ハエの毛は塩・水・糖の味センサー（クロキンバエ）…………………………尾崎まみこ　10
4. 濃度当てアッセイ：「感じる」を測ろう（セイヨウミツバチ）………………岡田龍一　14
5. アリとの共生を支える「旨味」効果（クロオオアリ）…………………………北條　賢　18
6. 体験型「味覚」講座（ヒト）………………………………………西　孝子，村田芳博　22
   - コラム1　動物にとっての「甘味」をみる：軟体動物（ヨーロッパモノアラガイ）
     ………………………………………………………………………………定本久世　26
   - コラム2　マウス味細胞応答記録法（マウス）………………………………吉田竜介　27

第2章　嗅　覚　　29

7. 虫の鼻はどこ？　電気で測る触角の働き（カイコガ）…………………………藍　浩之　30
8. 鼻はにおいで電気的な興奮をする（アカハライモリ）…………………………中村　整　34
9. 嗅細胞の情報変換機構に迫る（アカハライモリ）………………………………中村　整　38
10. においに慣れたらどうなるの？（C. エレガンス）………太田　茜，園田　悟，久原　篤　42
11. 暗黒で有毒な深海の火山で動物は何を感じる？（マリアナイトエラゴカイ）…滋野修一　46
12. においの感覚：しっかり嗅げてる？（ヒト）……………………………………奥谷文乃　50
    - コラム3　ハエがもつ第2の鼻「マキシラリーパルプ」（クロキンバエ）………前田　徹　54

第3章　聴覚，重力感覚　　55

13. 音への応答行動を測る：求愛歌は効果あり？（キイロショウジョウバエ）
    ………………………………………………………………石元広志，上川内あづさ　56
14. 重力への応答行動を測る：ショウジョウバエは上に逃げる？（キイロショウジョウバエ）
    ………………………………………………………………松尾恵倫子，上川内あづさ　62
15. ラブソングの作り方（フタホシコオロギ）……………………………………熊代樹彦　66
16. 魚の聴覚感覚（キンギョ，コイ）………………………………………………小島隆人　70
17. コンピューターを使って耳の機能を理解する（ヒト）………………………小池卓二　76

第4章　機械感覚，湿度感覚　　81

18. 空気流を感じる巧妙なセンサー（フタホシコオロギ）………………………松浦哲也　82
    - コラム4　手作りアンプで測るニューロン応答（フタホシコオロギ）………松浦哲也　86
19. ニューロンが発生する電気を測ってみよう（ワモンゴキブリ）……………岡田二郎　88
20. ダンゴムシは湿った所が好き？（オカダンゴムシ）…………………………原田哲夫　92

| 21 | ヒトの触覚の実験（ヒト） | 田中浩輔 | 96 |

第5章　視覚，その他の光感覚　99

22	明るいのと暗いのとどっちが好き？（クロキンバエ）	保　智己	100
23	明るいのと暗いのとどっちが好き？（アフリカツメガエル）	岡野俊行，岡野恵子	104
24	昆虫は季節をどうやって知るの？（ルリキンバエ）	志賀向子	108
25	体内時計の存在を行動から観察してみよう（ルリキンバエ）	志賀向子	112
26	生物時計が季節を知らせる（ナミニクバエ）	後藤慎介	116
27	蛹になるときを決める体内の時計（ヒメマルカツオブシムシ）	西村知良	120
コラム5	赤色の光で物が近くに見える？（ハエトリグモ）	永田　崇	124
コラム6	生物時計で季節を知る（ホソヘリカメムシ）	池野知子，後藤慎介	125
28	網膜の光応答を可視化する（キイロショウジョウバエ）	尾崎浩一	126
29	チョウ類視細胞の光応答（アゲハ）	木下充代	130
30	光で生物実験をする前に（アゲハ）	蟻川謙太郎	134
31	ロドプシン遺伝子の発現をGFPで見る（ゼブラフィッシュ）	小島大輔，深田吉孝	138
32	形の変化が視覚の引金：分子を形で分ける（キイロショウジョウバエ）	尾崎浩一	142
コラム7	視細胞の単離とパッチクランプ法（ウシガエル）	中谷　敬	147
コラム8	ホヤってどんな生き物？（カタユウレイボヤ）	中川将司	148

第6章　動物実験のための顕微鏡観察　149

| 33 | 顕微鏡の使い方と試料作製法 | 岩崎雅行 | 150 |

（顕微鏡の種類／実体顕微鏡の使い方／光学顕微鏡の使い方／
光学顕微鏡用の標本作製／走査電子顕微鏡の使い方／透過電子顕微鏡の使い方）

| コラム9 | 昆虫の脳を見てみよう（ワモンゴキブリ） | 渡邉英博 | 173 |

付　録　175

付録1	レポートの書き方とプレゼンの準備	松浦哲也	176
付録2	実験レポート作成チェックリスト	尾崎まみこ	180
付録3	参考資料		181

（参考文献／動物や器具・試薬の入手先（連絡先）／動物，器具，試薬の補足説明／
高校生向けの簡便法の紹介）

索　引　197

（イラスト：尾崎たえこ）

第1章

味　　覚

1 色で測る好き嫌い：どちらがおいしい？
―ショウジョウバエの味覚テスト：二者選択法による閾値決定―

大学生向き

キイロショウジョウバエ
(*Drosophila melanogaster*)：
人家周辺にすむ．発酵食品が大好物．突然変異系統がいろいろ使える．遺伝の実験でおなじみ．

尾崎まみこ：
神戸大学大学院理学研究科生物学専攻・教授，専門：化学感覚と昆虫行動

　動物が毒物と栄養物とを識別して摂食行動をするときには味覚が重要な働きをする．食物の好き嫌いも味覚によって左右される．ハエの味覚器には「水受容細胞」「塩受容細胞」，「甘味（糖）受容細胞」，「苦味受容細胞」が備わっていて，いろいろな味の情報を脳へ送っている．脳はそれらの情報を統合して食べるか食べないか，好き嫌いの判断をしている．

実験のねらい

キイロショウジョウバエを使って甘味と苦味の感度（閾値）を行動学的に決定する．
1）水といろいろな濃度の糖の水溶液に対する嗜好性の比較から糖摂食の閾値濃度を決定する．
2）閾値濃度以上に設定した糖水溶液とその糖水溶液にいろいろな濃度のキニーネ（苦味物質）を混ぜた溶液に対する嗜好性の比較からキニーネの拒食閾値濃度を決定する．
　比較する溶液に赤と青の色を付けておくのがポイント．ハエが好んで多く食べた物の色が腹部から透けて見える．

実験の準備

動物：通常培地（寒天で固めた餌）で飼ったキイロショウジョウバエは，一晩水だけ与え絶食させておく．
試薬：ショ糖，塩酸キニーネ，アガロース，蒸留水，赤色食用色素，青色食用色素，

① 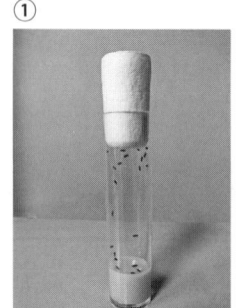 ②  ③

器具：恒温槽，冷凍庫，実体顕微鏡（または虫眼鏡），60穴マイクロプレート，小筆，マイクロチューブ，遠沈管（コニカルチューブ），マイクロピペット，マイクロピペットチップ，アイスバケツ（氷を入れた発泡スチロールの箱），油性ペン，アルミホイル，ティッシュペーパー．

方法1）水とショ糖の二者選択

1. ハエの準備

通常培地で飼育した野生型系統（☞**動物飼育2巻 pp.200-205**）を用いる【①】．実験前日に，その前日に羽化した個体を，飼育瓶から1Mショ糖を染み込ませた脱脂綿を入れたコニカルチューブに移し2時間自由摂食させる．次いで，水を染み込ませた脱脂綿を入れたコニカルチューブに移し一晩絶食させる【②】．こうして空腹度を揃える．

2. 試薬の準備

蒸留水を用いて，2Mショ糖水溶液，2％アガロース水溶液，塩酸キニーネ飽和水溶液，赤と青の色素水溶液を作る．アガロース水溶液は固まらないように70℃くらいの恒温槽で保温しておく．2Mショ糖水溶液から，さらに200 mM，20 mM，2 mMのショ糖水溶液を作る．

3. テストプレートの準備

3-1. 5本のマイクロチューブにそれぞれ，2 M，200 mM，20 mM，2 mM，0 mM（水）のショ糖水溶液を0.7 mLずつ入れる．5本すべてのチューブに，さらに2％アガロース水溶液0.7 mLと青色色素溶液を15 μLを加えて手早く混合し【③】，恒温槽で保温する．

3-2. 新たに用意した5本すべてのマイクロチューブに，蒸留水0.7 mLと2％アガロース水溶液0.7 mL，赤色色素溶液15 μLを加えて手早く混合し【④】，恒温槽で保温する．

3-3. 60穴マイクロプレートの蓋を開け，3-1. で作ったショ糖入り青色溶液と3-2. で作ったショ糖なし赤色溶液を交互に20 μLずつ注ぎ水平に置いて固める【⑤】．準備した量の溶液で，各ショ糖濃度あたり2枚ずつ計10枚のテストプレートが作成できる．

4. 摂食感度の測定

4-1. ショウジョウバエは，空のコニカルチューブに移しアイスバケツ上で氷冷麻酔する．

4-2. アイスバケツの上に敷いたアルミホイルの上に麻酔したハエを広げ，実験台の上に内側を上に向けて置いた60穴プレートの蓋に，小筆を使って20頭ずつ載せて【⑥】，その上からプレートの"み"の方をかぶせ，ハエが麻酔から覚めるのを待つ．

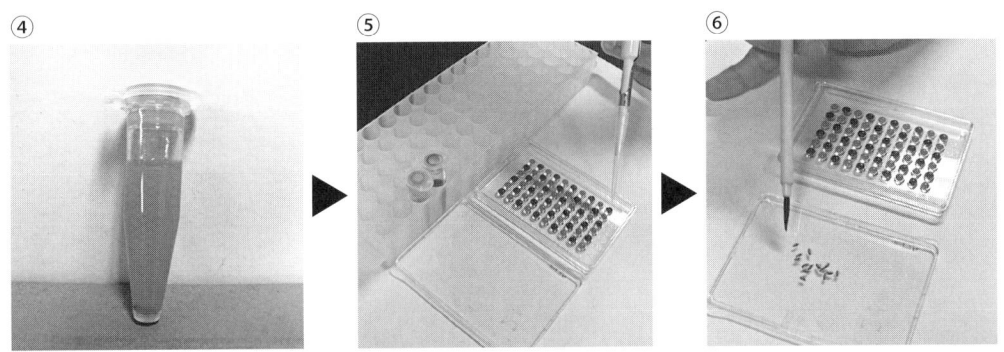

4-3. ハエが麻酔から覚めて歩きだしたら，蓋が外れないようにプレートを上下ひっくり返し，蓋が上になる位置でテープでとめアルミホイルで全体を包む【⑦～⑨】．

4-4. この状態のまま時間を決めて（1～2時間），室温，暗黒条件で静置する．

4-5. 時間がきたら，アルミホイルの包みを開けプレートの蓋は開けずに死んでいるハエの数Eを記録する．その後，プレートごと冷凍庫に入れてハエを冷凍する．

4-6. プレートごとに，実体顕微鏡の下で腹部の色を判定してA青，B赤，C紫，D無色，E死亡のハエの数を数える【口絵1】．A～Dのハエがそれぞれ何を好んで食べたかを考えながら嗜好性指標（preference index, PI）を求める．

> ・赤色溶液（水）に対する青色溶液（ショ糖）の嗜好性指標は，
> $PI = (A+C/2)/(20-D-E)$
>   として求められる．
> ・ショ糖の摂食閾値濃度は，
> $PI = (A+C/2)/(20-D-E) > 0.5$（正の嗜好性を示す）
>   となる最低のショ糖濃度として求められる．

方法2）ショ糖とキニーネを添加したショ糖の二者選択

1. ハエの準備
方法1）と同じ．

2. 試薬の準備
蒸留水を用いて，塩酸キニーネ飽和水溶液1倍から，さらに10倍，100倍，1000倍，10000倍希釈した溶液を作っておく．また，200 mMショ糖と2％アガロースを含む水溶液を作り恒温槽で保温しておく．

3. テストプレートの準備

3-1. 5本のマイクロチューブにそれぞれ濃度の違うキニーネ水溶液を0.7 mLずつ入れる．5本すべてのチューブに，ショ糖とアガロースを含む水溶液0.7 mLと赤色色素溶液を15 μLを加えて素早く混合し恒温槽で保温する．

3-2. 新たに用意した5本すべてのマイクロチューブに，蒸留水0.7 mLとショ糖入りアガロース水溶液0.7 mLと青色色素溶液15 μLを加えて素早く混合し恒温槽で保温する．

3-3. 60穴マイクロプレートの蓋を開け，3-1.で作ったキニーネ入り赤色溶液と3-2.で作ったキニーネなし青色溶液を交互に20 μLずつ注ぎ水平に置いて固める．

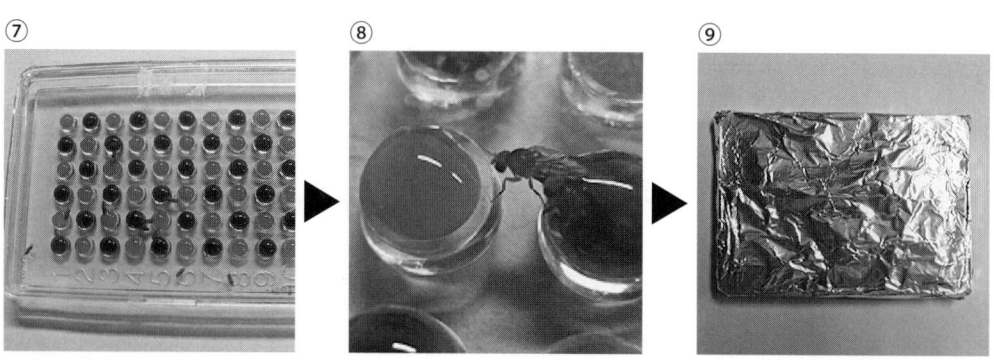

応用・発展課題のヒント

「遺伝子操作で作った突然変異体の味覚異常を簡単に調べることもできるよ．」

「いろいろ応用できそうだ．」

「食物のおいしさを変える添加物の効果をいろいろ試してみることもできるね．」

4. 摂食感度の測定

方法 1）と同じ．A 青，B 赤，C 紫，D 無色，E 死亡のハエの数を数える．

- 青色溶液（ショ糖）に対する赤色溶液（キニーネ入りショ糖）の嗜好性指標は
  $PI = (B+C/2)/(20-D-E)$
  として求められる．
- キニーネの拒食閾値濃度は
  $PI = (B+C/2)/(20-D-E) < 0.5$（負の嗜好性を示す）
  となる最低のキニーネ濃度として求められる．

注意すること・役立ち情報・耳よりな話

- 昆虫は腹部にある気門から空気を取り込み呼吸している．氷上麻酔するときや筆で扱うとき，体に水がついたらすぐにティッシュペーパーをこよりにして拭くとよい．
- アガロースの入った溶液は粘度が高く室温ではすぐに固まってしまうので，マイクロピペット操作は手早くていねいに行うのがコツ．
- この実験法は，糖の摂食行動に異常のある突然変異体の研究から世界で初めて味覚受容体遺伝子が決定されたときに使われた（Isono *et al.*, 2000）．

リンク

- 研究者が教える動物飼育 2 巻 pp.200-205

2 ヒトとハエとで甘党くらべ
―ヒト甘味官能テストとクロキンバエ吻伸展テスト―

大学生向き

クロキンバエ
(*Phormia regina*)：
訪花・吸蜜昆虫．味覚・摂食研究のモデル動物．北海道から東北にかけて生息．

ヒト (*Homo sapiens*)：
言わずと知れた私たち自身．

尾崎まみこ：
神戸大学大学院理学研究科生物学専攻・教授，専門：化学感覚と昆虫行動

　甘味を好む哺乳動物は案外少ないのだが，ヒトは甘味に対して比較的高い感度を備えている．ヒトの五基本味（苦味，塩から味，酸味，旨味，甘味）のうち感度が最も高いのは苦味，低いのは甘味といわれる．一方，花を訪れて蜜を摂取する昆虫には甘味を好むものが多い．その甘味感度はどの程度だろうか．調べる対象が違えば調べる方法も違う．

実験のねらい

　心理・行動学的にショ糖の甘味検出能力を調べる．1）ヒトを対象に行う官能テストは，様々な未知の濃度のショ糖をどの程度甘く感じたかを問う．2）ハエを対象に行う吻伸展反射テストは，様々な濃度のショ糖を与え摂食行動が誘起されるかどうかを問う．個体レベルの「閾値」と集団レベルの「代表閾値」の関係を学んだ後，ヒトが甘味を感じる感覚「閾値」とハエが摂取しようと吻を伸ばす行動「閾値」を比較することに意味があるか考えてみよう．

実験の準備

動物：ヒトは，実験前は煙草と香辛料の摂取は控えておく．クロキンバエは，羽化後4～7日齢の成虫を用いる（☞動物飼育2巻 pp.212-217）．適当なカップに脱脂綿に染み込ませた0.1 Mショ糖溶液と水を別々に入れて与えて飼い，実験前の一晩水だけ与え絶食させておく．

①
②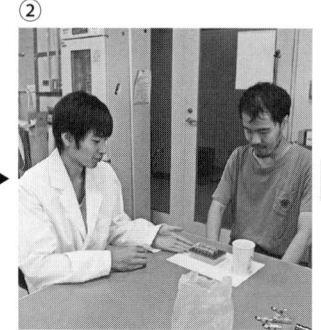
③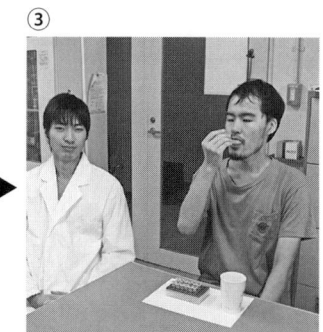

試薬：ショ糖，蒸留水．

器具：マイクロチューブ，遠沈管（コニカルチューブ），マイクロピペット，マイクロピペットチップ，はさみ，5 cm 程度に切ったストロー（あるいはスポイト），油性ペン，紙コップ，ティッシュペーパー，アイスバケツ（氷を入れた発泡スチロールの箱），アルミホイル，アルミ製洗濯バサミ，パラフィルム®．

方法 1) ヒトにおけるショ糖甘味感度を調べる官能テスト

1. ヒトの準備

ボランティアを募るなどして集めた実験集団のメンバーには，あらかじめ性別，年齢，食習慣などを書いてもらうのがよい．極端な空腹時や満腹時の実験は避けた方がよい．

2. 試薬の準備

蒸留水を用いて 1 M ショ糖溶液を作り，1 M から蒸留水による 2 倍希釈を 10 回繰り返して作った 11 段階の濃度のショ糖溶液に蒸留水（0 M ショ糖）を加え 12 通りのテスト溶液とする．

3. 官能テスト時に試験者と被験者のすること

試験者と被験者の 2 人 1 組となり，試験者と被験者は順番に交代して実験を行うとよい．

3-1. 試験者は，異なる濃度のショ糖水溶液と蒸留水を含む 12 通りのテスト溶液をそれぞれ約 1 mL ずつマイクロチューブに注ぎ入れ，蓋に油性ペンで A〜L の記号を順不同で書き入れる．同時に自分のノートに A〜L のチューブの中身（ショ糖の濃度）を正しく記録しておく【①】．以上の操作は，被験者にわからないように行い，その後，A〜L の記号を書いた 12 本のチューブを記号順に揃えて被験者に提示する．被験者には A〜L の 12 本のチューブの中身の甘味の程度を味見をしながら比較して甘さの強い順に並べ替えるように指示する【②】．最後に，被験者の出した結果を正解と照合する．

3-2. 被験者は，実験を始める前に水を入れた紙コップを使って口をすすぐ．短く切ったストロー（あるいはスポイト）を使って，任意のチューブから少量の液をとって舌の上に落とし味わう【③】．他のチューブについても同様に味わいながら甘味の強さを相互に比較し，12 本のチューブを甘さの強い順に並べ替える．試験中，必要に応じて水で口をすすぐ．どのチューブをどの順に味わってもよい．試験液がなくならない限り何度試してもよいこととする．

3-3. 被験者の出した結果と試験者が開示した正解とを濃度の高い順に照合していき，両者が合

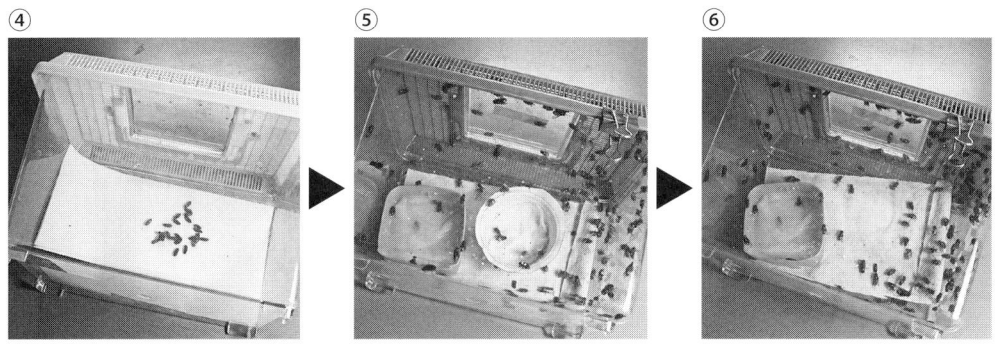

致する最低濃度を被験者のショ糖感度閾値とする．

3-4. 横軸にショ糖濃度（0, 2^{-10}, 2^{-9}, 2^{-8}, 2^{-7}, 2^{-6}, 2^{-5}, 2^{-4}, 2^{-3}, 2^{-2}, 2^{-1}, 1 M）を対数目盛でとり，縦軸に各ショ糖濃度を感度閾値とする人数をプロットして，ショ糖感度閾値分布のグラフを描く．ピークを示すショ糖濃度が試験集団におけるヒトのショ糖感度の代表閾値濃度となる．各自の閾値がグラフのどこに位置するかを確認し，標準偏差を求めてみよう．

方法 2）ハエにおけるショ糖感度を調べる吻伸展反射テスト

1. ハエの準備

適当な飼育ケース（なければビニール袋でも可）に黒くなった羽化間近の蛹を移し【④】，羽化したら 0.1 M ショ糖溶液と水を与えて飼い（☞動物飼育 2 巻 pp.212-217）【⑤】，実験前に一晩水だけ与え絶食させておく【⑥】．

2. 試薬の準備

方法 1）と同じ．

3. 吻伸展反射実験

3-1. クロキンバエは，空のコニカルチューブに移しアイスバケツ上で氷冷麻酔する．

3-2. アイスバケツの上に敷いたアルミホイルの上に麻酔したハエを広げ，20 頭のハエ（No.1～No.20）を任意に選び 1 頭ずつアルミ製の洗濯バサミで翅を根元からしっかり挟んで固定する【⑦】．

3-3. 実験台の上でハエが麻酔から覚めたら，十分に蒸留水を飲ませて，蒸留水の刺激で吻伸展が起こらないようにしておく【⑧】．

3-4. パラフィルム® の小片（5 cm×5 cm）を清浄面を上にして実験台の上に広げ，その上に約 50 μL の試験溶液を滴下する．実験に用いる試験溶液は取り替えるごとにティッシュペーパーでしっかり拭き取る．

3-5. 洗濯バサミで固定したハエの前脚をパラフィルム® 上の試験溶液に触れさせて，吻伸展の有無を記録する【⑨】．全 20 頭のそれぞれのハエについて，蒸留水から始め，低濃度から高濃度のショ糖水溶液を順に用いて，吻伸展の有無を記録する．

3-6. 横軸にショ糖濃度（0, 2^{-10}, 2^{-9}, 2^{-8}, 2^{-7}, 2^{-6}, 2^{-5}, 2^{-4}, 2^{-3}, 2^{-2}, 2^{-1}, 1 M）を対数目盛でとり，縦軸に各ショ糖濃度で吻伸展反射を行ったハエの数をプロットして「ショ糖濃度－吻伸展反射曲線」を描く．1 M ショ糖に対して吻伸展をしたハエの数の 1/2 の数が吻伸展

⑦　⑧　⑨

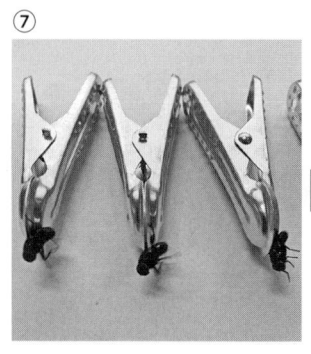  

応用・発展課題のヒント

（吹き出し）
- 感覚閾値と行動閾値を混同しないように注意しないといけないね．
- たとえば，空腹になると感覚閾値と行動閾値のどちらが変化するのかな？
- ヒトの実験は感覚閾値を調べているが
- ハエの実験は行動閾値を調べているのよ．

反射をしたショ糖濃度が試験集団におけるハエの吻伸展反射行動の代表閾値濃度となる．「ショ糖濃度－吻伸展反射曲線」をもとに吻伸展反射を示すハエの数の変化量をショ糖濃度に対してプロットする（微分曲線を求める）と，ピークを示すショ糖濃度が試験集団におけるハエのショ糖感度の代表閾値濃度となる．

注意すること・役立ち情報・耳よりな話

- ドイツの心理学者エルンスト・ウェーバーが，ヒトが錘を持ち上げる際，錘の重さの変化を感じ取ることができるのは，何 g 増えたかではなく何倍に増えたかという比に依存するという法則を発見した．弟子のグスタフ・フェヒナーは，ウェーバーの法則を広げ，ヒトの「感覚量」が刺激強度の対数に比例することを導き出した．これを「ウェーバー・フェヒナーの法則」と呼ぶ．
- ヒトの実験を行ってみて甘味感覚に関する「ウェーバー・フェヒナーの法則」が実感できただろうか？　この法則はヒト以外の動物にも適応できるのだろうか？
- 日常的に感じる様々な刺激について「ウェーバー・フェヒナーの法則」が成立する事例を集めてみよう．

リンク

- 研究者が教える動物飼育 2 巻 pp.212-217

3 ハエの毛は塩・水・糖の味センサー
―ハエの味覚毛における塩・水・糖の味覚受容細胞の神経活動測定―

研究者向き

クロキンバエ
(*Phormia regina*)：
訪花・吸蜜昆虫．味覚・摂食研究のモデル動物．北海道から東北にかけて生息．

尾崎まみこ：
神戸大学大学院理学研究科・生物学専攻・教授，専門：化学感覚と昆虫行動

　ヒトの基本味は，苦味，塩から味，酸味，旨味，甘味の五味である．一方，ハエの基本味は，苦味，塩から味，水味，甘味の四味である．ハエの味覚毛はヒトの舌にある味蕾のようにセンサーユニットとして働く．口の先の唇弁外縁部の長い毛は先端に小さな孔をもち，内部には，苦味，塩から味，水味，甘味の四味を司る味覚受容細胞を 1 個ずつ備えている．

実験のねらい

　クロキンバエの唇弁味覚毛に「ハエ基本味」を司るそれぞれの受容細胞の適刺激を与えて，電気生理学的に神経活動を記録する．ただし，苦味物質は水に溶けにくいので苦味受容細胞は扱わない．塩受容細胞には濃い濃度の NaCl を，水受容細胞には（薄い濃度の塩を含む）水を，糖受容細胞にはショ糖を刺激として用いる．1）それぞれの受容細胞が異なる味刺激に応答し特徴的な活動電位を発生することを学ぶ．2）刺激強度検知センサーとして機能する範囲で，活動電位の発生頻度が刺激の強さ（塩や糖の濃度）の対数に比例することを学ぶ．3）同じ刺激を連続して与えると順応が起き，活動電位の発生頻度が減っていくことを学ぶ．

実験の準備

動物：クロキンバエは羽化後 0.1 M ショ糖溶液と水を与えて飼い（☞**動物飼育 2 巻 pp.212–217**），実験には 4～7 日齢の成虫を用いる．

試薬：NaCl，ショ糖，蒸留水

①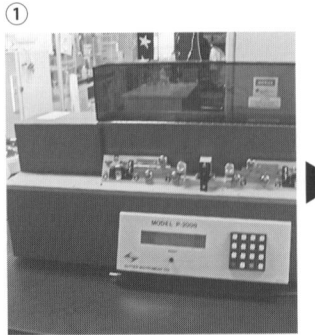
②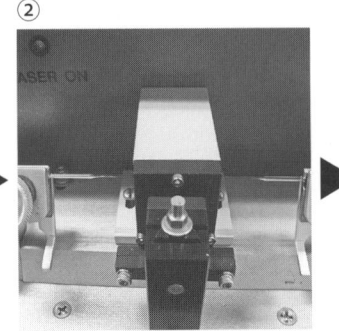
③

器具：マイクロチューブ，マイクロピペット，マイクロピペットチップ，ガラス管（電極作製用），歯科用円盤ヤスリ，ガラス電極作製装置，ピンセット，電気生理実験装置（ファラデーケージ，除振台，前置増幅器，増幅器，ADコンバーター，顕微鏡，マニピュレーター，加湿器），データ記録・解析用コンピューター，データ解析ソフト

方　法

1．ハエの準備

クロキンバエは，羽化後4～7日齢の成虫を用いる．できれば20～24℃，12L12Dの明暗条件下で0.1 Mショ糖溶液と水を与えて常時飼育しておき，適当な日齢のハエの中から健康そうな個体を選んで使う（☞**動物飼育2巻 pp.212-217**）．

2．試薬の準備

味の種類ごとに応答する受容細胞の活動電位の波形の違いを調べるために，蒸留水に0.5 M NaCl（塩受容細胞刺激用），10 mM NaClを溶かした塩溶液（水受容細胞刺激用）と10 mM NaClに0.1 Mショ糖を溶かした糖溶液（糖受容細胞刺激用）を作っておく．また，味刺激の強さと活動電位の頻度の関係を調べるために，2 M NaClから蒸留水を用いて2倍希釈を9回繰り返して作った10段階の濃度の塩溶液を準備する．

3．チップレコーディング（感覚毛先端記録）法

昆虫の味覚毛から神経応答を簡便に記録するために考案された電気生理学的手法を適用する．この方法では，接地した白金不関電極をハエの頭部から吻へ刺入し，味刺激液（導電性をもたせるために糖などの電荷をもたない刺激物は10 mM NaClのような低濃度の電解液に溶解しておく必要がある）を充填したガラス記録電極を味覚毛先端へかぶせ，この電極間に生成する微小電位変化を増幅・測定する．

3-1．ガラス記録電極：記録電極は，電極作製装置【①】を用いて細いガラス管（内径約1 mm）の一方の先端をさらに細く引ききり【②】その先端を歯科用ヤスリで平坦に揃えて（内径約5～10 μm）使う．実験前日までにたくさん作ってよいものを選んでおくとよい．

3-2．測定・記録装置のスタンバイ：実験中の温度は20 ℃前後に一定に保ち，できれば相対湿度も50 %以上に一定に保つ．電気生理実験装置の機器の電源はまとめてオン・オフできるようにしておくとよい．電気生理実験装置電源を入れ，データ記録・解析用コンピューターを立ち上げる．

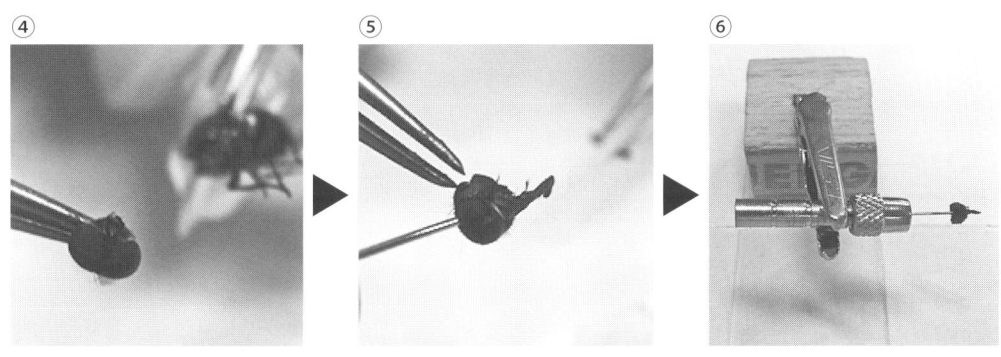

3-3. ハエ頭部試料のセッティング：クロキンバエ【③】は先の尖ったピンセットを使って頭を切り離す【④】．後頭部を切開し内部の脳をできるだけ除去したのち不関電極用の白金線を開頭部から吻を通して唇弁の基部まで刺入する【⑤】．スライドガラスに鰐口クリップを固定した台を張り付けたステージを用意しておき，ハエの頭部を刺した白金線をクリップで挟んで装着する【⑥】．これを電気生理実験装置【⑦】の中の正立顕微鏡に設置する．接眼レンズ10×，対物レンズ20×で検鏡し，唇弁外縁に生えている長い味覚毛を1本選んでその先端に正しく焦点を合わせる．

3-4. マニピュレーターの操作：マニピュレーターは，手動，電動，油圧式，水圧式，どれを使ってもよく，顕微鏡の側面から試料台上のハエの味覚毛先端に電極をアプローチできる位置に設置する【⑧】．前置増幅器つきの電極支持棒をマニピュレーターにしっかり固定する．XYZの3方向と傾斜をコントロールする粗動ネジと微動ネジの扱いに習熟しておく．顕微鏡を覗きながらガラス電極の先端を味覚毛の先端に微動ネジ操作1回で届くくらいに近づけ視野の中で正しく焦点を合わせる．データ記録・解析用コンピューターでデータ記録条件を設定しておき，スタンバイボタンを押す．微動ネジを操作してガラス電極の先端を味覚毛の先端にかぶせると記録モードに切り替わり，発生した活動電位がPC画面上に描かれる【⑨】．このとき，ガラス電極の先を味覚毛にぶつけないように気を付けて操作する．

4. 活動電位記録・データ解析

クロキンバエの味覚毛をそれぞれ 0.5 M NaCl，10 mM NaCl，0.1 M ショ糖で刺激したときに得られる味覚受容細胞の神経応答は右図のa，b，cのうちどれだろうか（答えは次頁の脚注）．

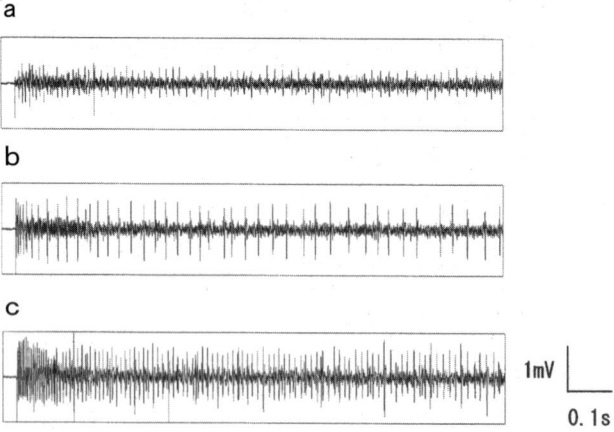

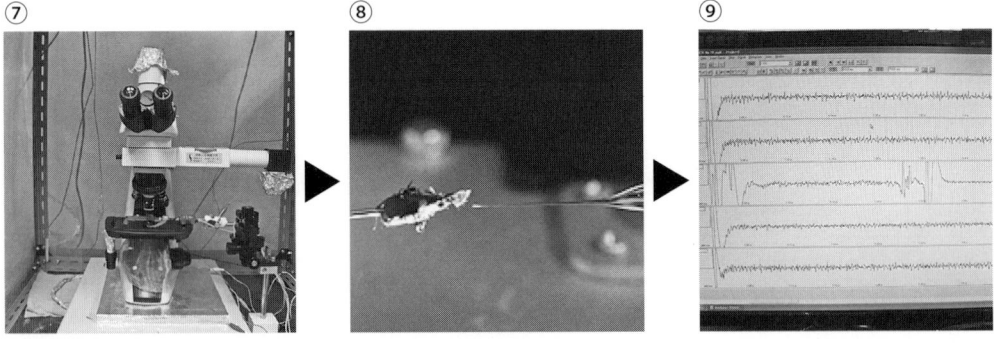

応用・発展課題のヒント

> ショ糖とブドウ糖と麦芽糖と・・・糖ならみな同じ細胞が応答するのかしら．

> たった4種類の細胞で色々な味が区別できると思う？

> ハエは酸っぱい味が分からないのか・・・水の味ってなんだ？

1) 異なる味に応答する受容細胞はそれぞれ活動電位の高さが違う．
2) また，刺激の強さの対数に比例して活動電位の頻度が上昇する．ショ糖の濃度（対数）に対して刺激開始から1秒間に数えられる活動電位の数を片対数グラフに表してみるとそれがよくわかる．
3) 同一の連続刺激に対して生じる活動電位の頻度を経過時間にそってグラフにすると順応の様子がわかる．

注意すること・役立ち情報・耳よりな話

- 活動電位とは，神経細胞が刺激を受けて興奮するときに，局所的，一過的に生じる電位（細胞内外の電位差）．インパルス，スパイクとも呼ぶ．
- ハエの「舌」はどこにある？
  ☆のところに味覚器をもち，脚で触っても味がわかるのだ．

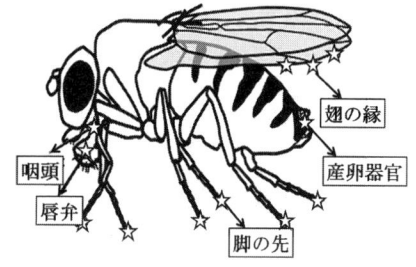

リンク

- 研究者が教える動物飼育 2巻 pp.212-217

4. の答えは　a． 10 mM NaCl に対する水受容細胞
　　　　　　b． 0.5 M NaCl に対する塩受容細胞
　　　　　　c． 0.1 M ショ糖に対する糖受容細胞

4 濃度当てアッセイ：「感じる」を測ろう
―ミツバチの甘味感覚とそれを利用したバイオアッセイ―

大学生向き

セイヨウミツバチ
(*Apis mellifera*)：
高度な社会性をもっている．
ミツバチ産品など人間の生活に密接に関わっている．

岡田龍一：
兵庫県立大学環境人間学部・研究員，専門：神経行動学

　動物は外部環境の情報を目，耳，鼻などの感覚器によって受容している．感覚器はそれぞれ特定の刺激に対して応答し，刺激の強度がある閾値を超えると応答が起こり，刺激の強度が増すにしたがって応答の強度が増す．しかし，一般に刺激がある強さ以上になっても，応答はそれ以上強くならない（飽和）．このような感覚器の性質を利用して，味覚器を刺激する物質の濃度や物質の種類の推定ができる．

実験のねらい

　ミツバチの触角には味覚の感覚細胞がある．触角にショ糖水溶液をつけるとミツバチが吻を伸ばす（吻伸展反応）．この反応を利用すれば，味覚器の濃度応答特性が行動に及ぼす影響を調べることができる．この実験では，ショ糖濃度−吻伸展反応曲線を作成して，吻伸展反応の濃度依存や飽和といった性質を理解すると同時に，行動閾値を決めたり，未知の砂糖水の濃度を当てたりしてみよう．

実験の準備

動物：セイヨウミツバチ（☞**動物飼育2巻 pp.142-148**，6〜10匹くらいがちょうどよい）
試薬：水，7種類の濃度のショ糖水溶液（砂糖水）（0.03 %，0.1 %，0.3 %，1.0 %，3.0 %，10.0 %，30.0 %）
器具：ミツバチ固定用のチューブ【①】，爪楊枝9本，実験ステージやチューブ立てに使う粘土，タイマーまたは秒針付時計

①

②

③

方法 1） 反応強度の測定

1．ミツバチの準備

1-1．ミツバチを前日のうちに捕獲して氷上麻酔をした後【②，③】，チューブに固定する【④】．

1-2．麻酔から回復したら，30％砂糖水を自発的に飲まなくなるまで与える．どのミツバチも砂糖水を飲まなくなったら，翌日まで箱で覆うなどして暗所に置く【⑤】．

1-3．実験に使うミツバチの空腹状態をできるだけ揃えるために，実験当日の朝，もう一度30％砂糖水を飲まなくなるまで与える．実験直前に水を飲むだけ飲ませるとさらによい．

2．実験の準備

2-1．チューブに固定したミツバチを互いに5～15 cm 離し，粘土を土台にして並べる【⑥】．ミツバチは個体が識別できるように番号（A，B，C…）を付ける．

2-2．洗浄用の水と刺激用の水（蒸留水）の入ったマイクロチューブを作業しやすい位置に粘土を土台にして置く【⑥】．

2-3．石鹸を使わずに手をよく洗い，手に付いているにおいを洗い流す．

3．反応強度の測定

3-1．水刺激をする．蒸留水のついた爪楊枝でミツバチAの触角に軽く触れ【⑦】，吻伸展反応の有無を観察し【⑧】，データ表に記録する．水が「水滴」にならないように注意すること．爪楊枝がぬれているだけで十分である．

3-2．15～30秒後，ミツバチAと同様に蒸留水の付いた爪楊枝でミツバチBの触角に軽く触れ，吻伸展反応の有無を観察し，データ表に記録する．ミツバチAとミツバチBの刺激間隔を30秒にすると時間の管理が楽である．

3-3．以下，同じ要領で，すべてのミツバチで吻伸展反応の有無を記録する．

3-4．1回目が終わったら，すぐに2回目を始める．

3-5．同様の作業を繰り返し，1匹あたり5回刺激する．

3-6．5分の待ち時間をおく．この間に刺激に使った蒸留水のチューブを0.03％の砂糖水のチューブに置き換え，新しい爪楊枝で0.03％砂糖水の刺激をする準備をしておく．

3-7．砂糖水で刺激を開始する．0.03％砂糖水のついた爪楊枝でミツバチAの触角に軽く触れ，吻伸展反応の有無を観察し，データ表に記録する．「水滴」で刺激すると正確な実験ができないので，砂糖水が「水滴」にならないように気を付ける．

3-8．洗浄用の水のついた爪楊枝で3-8．で刺激した触角に軽く触れ，触角に付着した砂糖水を洗

う．洗浄用の水はある程度「水滴」になっていてもよい．

3-9. ミツバチAと同様に，砂糖水のついた爪楊枝でミツバチBの触角に軽く触れ，吻伸展反応の有無を観察しデータ表に記録する．ミツバチAとミツバチBの刺激間隔は，3-3.と同様に30秒にする．

3-10. 以下，同じ要領ですべてのミツバチで吻伸展反応の有無を記録する．

3-11. 1回目が終わったら，すぐに2回目を始める．

3-12. 同様の作業を繰り返し，1匹あたり5回刺激する．

3-13. 5分の待ち時間をおき，次に高い濃度の砂糖水で同様な実験を行う．

3-14. この作業を繰り返し，すべての濃度の砂糖水に対して実験を行う【⑨】．砂糖水の濃度は低いものから徐々に高くしていく．

3-15. すべてのデータを取り終えたら全ミツバチの反応曲線のグラフを作成する．片対数グラフ用紙に，横軸に砂糖水の濃度，縦軸に吻伸展反応をした回数の割合（％）をプロットする．6匹のミツバチを使っていれば5回刺激×6匹で分母は30のはずである．

3-16. 作成した濃度－反応曲線から，反応の代表閾値を推定する．反応の代表閾値は50％の反応を引き起こす刺激強度（砂糖水の濃度）としてグラフから読み取ることができる．

方法2）未知濃度の砂糖水の濃度推定

1．濃度の推定

1-1. 未知の濃度のテスト用砂糖水を使って，同様の実験を開始する．

1-2. 1匹あたり5回の刺激が終了したら，ミツバチの反応の割合（％）から，先に作成した濃度－反応曲線を使ってテスト用の砂糖水の濃度を推定する．

注意すること・役立ち情報・耳よりな話

・ミツバチに刺されると，人によっては重篤な症状（アナフィラキシーショック）が出ることがある．毒針のある腹部は非常に柔軟であらゆる方向に向けることができるので，腹部付近には指を不用意に近づけず，ハチを固定したチューブの側面を持つこと．

・この実験の精度はあまり高くないので，未知濃度の砂糖水は0〜1％の低濃度群，5〜10％の中濃度群，15〜30％の高濃度群を区別する程度に設定すればよい．

・吻伸展反応は水でも見られる．水で吻伸展反応が見られても濃度が高くなるにつれて反応の割合が高くなっていれば実験自体はうまくいっていると考えてよい．例えば，【⑩】の3つの班

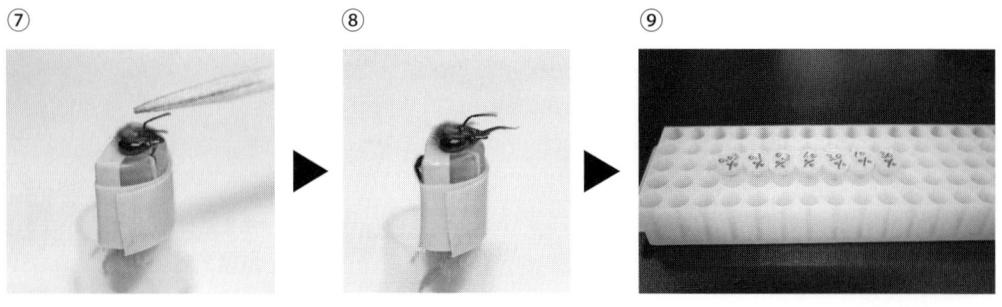

の例はすべてうまくいったと考えてよい．水では反応しない個体だけをあらかじめ選別して用いれば，データのばらつきが抑えられる．

- ミツバチが興奮状態にあると，吻伸展反応の割合が極端に高くなるので，ミツバチを並べてから実験開始までに十分な時間（＞30分）をとってミツバチを落ち着かせることが望ましい．
- 吻伸展反応はミツバチ特有の行動ではない．ハエや一部のチョウでは，脚の先の跗節に糖受容細胞があり，跗節の先端にショ糖水溶液をつけると吻伸展反応が観察される．

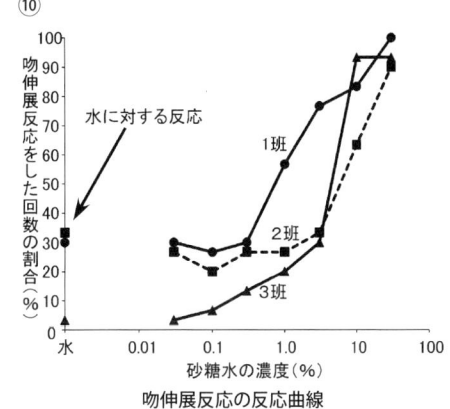

吻伸展反応の反応曲線

- アナフィラキシーショックなどの症状が心配な場合は，実験前に病院で検査するとよい．ミツバチ毒に対するアレルギー反応の強さは皮膚科で検査できる．
- ミツバチをチューブに固定する際の麻酔時間はできるだけ短い方がよい．麻酔時間が短いと麻酔の効きが弱くなるので作業を手早くすることが必要である．麻酔が切れてくると触角がゆっくり動き始める．覚醒したミツバチに刺されることがないように，触角の動きが速くなり，脚がわずかでも動き始めたら，チューブへの固定はあきらめて麻酔からやり直した方がよい．
- 氷上麻酔は2〜3分かかる．時間を長くすると麻酔がきれる（目覚める）までの時間が長くなるが20分以上氷上に放置するのはよくない．ミツバチが目覚めなくなることがある．
- 吻伸展反応を利用した実験は，2007年の大学入試センター試験生物Iに「吻伸展行動」として出題されたことがある．

リンク

- 研究者が教える動物飼育2巻 pp.142-148

5 アリとの共生を支える「旨味」効果
―糖とアミノ酸による味覚相乗効果の検出―

研究者向き

クロオオアリ
(*Camponotus japonicus*)：
公園や大学構内の開けた場所で普通に見られる．体長7〜12 mm，黒色で大型のアリ．

北條　賢：
神戸大学大学院理学研究科生物学専攻・特命助教，専門：社会性昆虫の化学生態学

　アブラムシやシジミチョウの幼虫などの昆虫はアリに蜜を提供することでアリを随伴させ，天敵から身を守る．アリに提供される蜜の主要成分は糖とアミノ酸であり，この混合溶液に対するアリの嗜好性は共生関係の種特異性や多様性を生み出す上で重要な役割を担っている．

実験のねらい

　クロオオアリを使って 1) 糖，2) アミノ酸および 3) 糖とアミノ酸の混合物に対する摂食嗜好性を調べ，糖とアミノ酸混合溶液による味覚相乗効果を検証する．

実験の準備

動物：クロオオアリ（☞**動物飼育 2 巻 pp.151-157**，6 日間水だけを与え絶食させておく）
試薬：蒸留水，トレハロース，グリシン，青色食用色素
器具：試験管，脱脂綿，タッパー，冷凍庫，実体顕微鏡，60 穴マイクロプレート，精密ピンセット，マイクロチューブ，コニカルチューブ，マイクロピペット，マイクロピペットチップ，アイスバケツ（氷を入れた発泡スチロールの箱），アルミホイル，ホモジナイザー，分光光度計

方法 1）水とトレハロースの二者選択

1. アリの採集

　野外で採餌しているクロオオアリを 30 匹ほど採集する．採集したアリは小型のタッパーに入れる．水を入れた試験管を脱脂綿で蓋をし，タッパーに入れる．この状態で 6 日間飼育し，絶食させる【①】．

①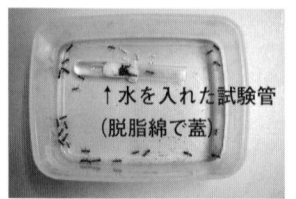
↑水を入れた試験管
（脱脂綿で蓋）

② トレハロース溶液
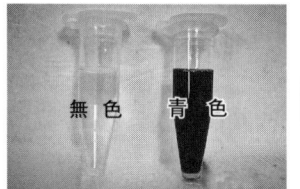
無色　青色

③ 60 穴マイクロプレート

プレート1　プレート2　プレート3

2. 試薬の準備

蒸留水を用いて，1Mトレハロース水溶液，青の色素水溶液を作る．

3. テストプレートの準備

3-1. 1Mトレハロース溶液 0.4 mL，蒸留水 0.6 mL をマイクロチューブに入れ，400 mM トレハロース溶液（無色）を作成する．1Mトレハロース溶液 0.4 mL，蒸留水 0.6 mL，青色溶液 15 µL をマイクロチューブに入れ，400 mM トレハロース溶液（青色）を作成する【②】．

3-2. 蒸留水 2 mL をマイクロチューブに入れ，蒸留水（無色）とする．蒸留水 2 mL，青色溶液 30 µL をマイクロチューブに入れ，蒸留水（青色）を作成する．

3-3. 60 穴マイクロプレートを 3 枚用意する．まず 1 枚目の蓋を開け，3-1. で作った青色トレハロース溶液と 3-2. で作った無色蒸留水を交互に 10 µL ずつ注ぐ（プレート 1）．2 枚目には 3-1. で作った無色トレハロース溶液と 3-2. で作成した青色蒸留水を交互に 10 µL ずつ注ぐ（プレート 2）．3 枚目のプレートには無色トレハロース溶液と無色蒸留水を交互に 10 µL ずつ注ぐ（プレート 3）【③】．

4. 摂食嗜好性の測定

4-1. アリを飼育容器ごとアイスバケツ上に置き，氷冷麻酔する．

4-2. 3. で準備した 3 枚のプレートそれぞれに麻酔したアリを 4 頭ずつ入れる【④, ⑤】．プレートに蓋をし，アルミホイルで全体を包み暗黒条件にする【⑥】．

4-3. この状態のまま，3 時間室温で静置する．

4-4. 3 時間後，プレートのままアリを -20 ℃で冷凍する，実体顕微鏡下で精密ピンセットを用いて腹部から社会胃を取り出す【⑦】．ホモジナイザーを用いて内容物を 1 mL の 50 %エタノールで摩砕抽出する【⑧】．

4-5. 各プレート抽出物の 630 nm における吸光度を測定する【⑨】．

4-6. プレート 1 とプレート 2 の吸光度からコントロールとしてプレート 3 の吸光度を引き，算出したプレート 1 の吸光度（吸光度 1）とプレート 2 の吸光度（吸光度 2）の相対的な割合から嗜好性を求める．

  ・吸光度 1/（吸光度 1+2）＞吸光度 2/（吸光度 1+2）ならばトレハロースを好む．
  ・吸光度 1/（吸光度 1+2）＜吸光度 2/（吸光度 1+2）ならば水を好む．
  ・吸光度 1/（吸光度 1+2）＝吸光度 2/（吸光度 1+2）ならばその嗜好性に違いはない．

方法 2) 水とグリシンの二者選択

1. アリの採集：方法 1) と同じ.
2. 試薬の準備

    蒸留水を用いて，0.5 M グリシン，青の色素水溶液を作る.

3. テストプレートの準備

3-1. 0.5 M グリシン溶液 0.1 mL，蒸留水 0.9 mL をマイクロチューブに入れ，50 mM グリシン溶液（無色）を作成する．0.5 M グリシン溶液 0.1 mL，蒸留水 0.6 mL，青色溶液 15 μL をマイクロチューブに入れ，50 mM グリシン溶液（青色）を作成する.

3-2. 蒸留水 2 mL をマイクロチューブに入れ，蒸留水（無色）とする．蒸留水 2 mL，青色溶液 30 μL をマイクロチューブに入れ，蒸留水（青色）を作成する.

3-3. 60 穴マイクロプレートを 3 枚用意する．まず 1 枚目の蓋を開け，3-1. で作った青色グリシン溶液と 3-2. で作った無色蒸留水を交互に 10 μL ずつ注ぐ（プレート 1）．2 枚目には 3-1. で作った無色グリシン溶液と 3-2. で作成した青色蒸留水を交互に 10 μL ずつ注ぐ（プレート 2）．3 枚目のプレートには無色グリシン溶液と無色蒸留水を交互に 10 μL ずつ注ぐ（プレート 3）.

4. 摂食嗜好性の測定：方法 1) と同じ.

    ・吸光度 1/（吸光度 1＋2）＞吸光度 2/（吸光度 1＋2）ならばグリシンを好む.
    ・吸光度 1/（吸光度 1＋2）＜吸光度 2/（吸光度 1＋2）ならば水を好む.
    ・吸光度 1/（吸光度 1＋2）＝吸光度 2/（吸光度 1＋2）ならばその嗜好性に違いはない.

方法 3) 糖とアミノ酸による味覚相乗効果の検出

1. アリの採集：方法 1) と同じ.
2. 試薬の準備

    蒸留水を用いて，1 M トレハロース水溶液，0.5 M グリシン，青の色素水溶液を作る.

3. テストプレートの準備

3-1. 1M トレハロース溶液 0.4 mL，蒸留水 0.6mL をマイクロチューブに入れ，400 mM トレハロース溶液（無色）を作成する．1 M トレハロース溶液 0.4 mL，蒸留水 0.6 mL，青色溶液 15 μL をマイクロチューブに入れ，400 mM トレハロース溶液（青色）を作成する.

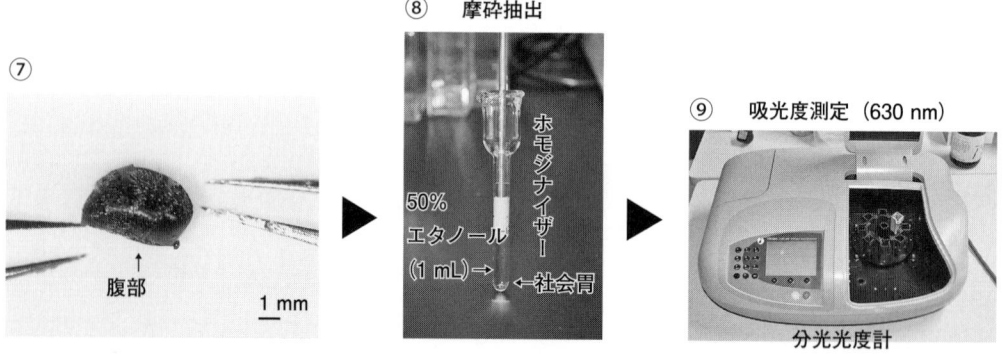

応用・発展課題のヒント

> 糖・アミノ酸成分の組み合わせを変えてみたり，違う種類のアリを使ってみたりして実験することもできるのよ．

> どんな蜜が好きなのか，いろんなアリの好みがわかるね．

3-2. 1 M トレハロース溶液 0.4 mL，0.5 M グリシン溶液 0.1 mL，蒸留水 0.5 mL をマイクロチューブに入れ，トレハロース・グリシン混合溶液（無色）を作成する．1 M トレハロース溶液 0.4 mL，0.5 M グリシン溶液 0.1 mL，蒸留水 0.5 mL，青色溶液 15 µL をマイクロチューブに入れ，トレハロース・グリシン溶液（青色）を作成する．

3-3. 60 穴マイクロプレートを 3 枚用意する．まず 1 枚目の蓋を開け，3-1. で作った青色トレハロース溶液と 3-2. で作った無色混合溶液を交互に 10 µL ずつ注ぐ（プレート 1）．2 枚目には 3-1. で作った無色トレハロース溶液と 3-2. で作成した青色混合溶液を交互に 10 µL ずつ注ぐ（プレート 2）．3 枚目のプレートには無色トレハロース溶液と無色混合を交互に 10 µL ずつ注ぐ（プレート 3）．

4. 摂食嗜好性の測定：方法 1) と同じ．
   - 吸光度 1/（吸光度 1+2）＞吸光度 2/（吸光度 1+2）ならばトレハロースを好む．
   - 吸光度 1/（吸光度 1+2）＜吸光度 2/（吸光度 1+2）ならば混合溶液を好む．
   - 吸光度 1/（吸光度 1+2）＝吸光度 2/（吸光度 1+2）ならばその嗜好性に違いはない．

方法 2) でグリシンと水の間で摂食嗜好性に違いがなく，方法 3) で混合溶液に対する嗜好性が見られた場合，グリシンはトレハロースに対する摂食嗜好性を相乗的に増大させる「旨味」効果があるといえる．

注意すること・役立ち情報・耳よりな話

- 社会性昆虫であるアリはコロニー内で役割分担を行っている．そのため摂食実験に使う個体は巣外で活動している採餌担当の働きアリを使うとよい．
- 小型のアリなど，社会胃の解剖が難しい場合は腹部をそのままホモジナイズする．その後，ミネラルオイル 0.2 mL を加えて遠心し，上清の吸光度を測定する．

リンク

- 研究者が教える動物飼育 2 巻 pp.151–157

6

高校生向き　大学生向き　一般人向き

体験型「味覚」講座
―ヒトの味覚について考察する―

ヒト（*Homo sapiens*）：
「美味しい」ものには目がなく，過食する個体が増加傾向にあるが，これは理性で制御できる（はず）!?

西　孝子（左）：
専修大学自然科学研究所・教授，専門：生理学
村田芳博（右）：
高知大学医学部生理学講座・助教，専門：神経生物学

　味覚は，生体に必要な食物かどうかを弁別し，食物摂取の最終決定を行うのに重要な感覚である．ヒトでは，消化管の入口（口の中やのど）に存在する味覚器で味物質を受容すると，その情報は脳へと伝達され，他の感覚情報や過去の経験に関する情報などと統合され，食物それぞれの味として認識される．ヒトの味覚は，食べ物のおいしさの観点から，生活の質（quality of life, QOL）の維持・向上に重要な感覚としても注目されている．

実験のねらい

　甘味，苦味，塩味，酸味と旨味の5つが基本味とされる．しかし，このこと1つを取ってもそう単純ではない．例えば，塩味がする物質といえば，食塩の主成分・塩化ナトリウムをはじめいろいろあるが，物質によって塩味の質は異なる．また，昆布とかつおの合わせだしのようにある成分の味が他の成分によって増強されることもあれば，コーヒーの苦味が砂糖で和らぐように抑制されることもある．さらに，私たちが認識する食べ物の味は，脳において他の感覚情報などと統合された結果である．これらのことを自らの体験を通して考察し，理解してほしい．

①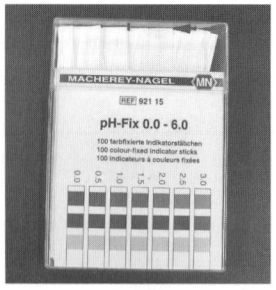
pH試験紙

②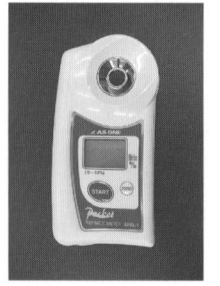
糖度計

③

実験の準備

動物：お互いに被験者になる．

試薬：塩化ナトリウム，塩化カリウム，硫酸ナトリウム，ショ糖，炭酸水素ナトリウム，イノシン酸，グルタミン酸ナトリウム，HCl（1 M 溶液），果物（レモンの他，オレンジ，すいかなど水分が多いもの），果汁 100 % のジュース（りんご，オレンジ，ぶどうなど），フレーバーエッセンス（ヨーグルト，レモンなど），ミラクルフルーツ（実またはタブレット），ギムネマの茶葉

器具：pH 試験紙（pH 0〜6.0 まで 0.5 きざみになっているもの【①】），糖度計【②】，紙コップ（通常の大きさと試飲用の 2 オンスの紙コップ【③】），パスツールピペット（スポイト），メスシリンダー，ビーカー，目隠し，ノーズクリップ，レモン絞り，包丁，まな板

方法 1) ジュースを使った味覚体験 ―酸味と甘味―

1. はじめに

1-1. レモンなどの果汁を絞る，またはすりおろす．4. を行う場合は，適当にカットしたレモン（4-1. 用），甘いもの（10 % ショ糖溶液や飴など，4-2. 用）も用意しておくとよい．

1-2. うがい用の水を用意する（準備の整った様子が【④】）．

2. 酸味と pH の関係

2-1. 果物をすり下ろした溶液の pH を pH 試験紙【①】で測定した後，味を確認する．

2-2. 1 M HCl を 100 倍に薄めて pH ≒ 2 を作り，味を確認する．

2-3. レモンの果汁に炭酸水素ナトリウムを少しずつ加え，pH が 1 ずつアルカリ側になったところで，再度味わう．

3. 糖度の測定

3-1. 1. で準備した果汁の糖度を糖度計【②】で測定する．

3-2. 市販の果汁 100 % のジュースの糖度を糖度計で測定する．余裕があればアイスクリームやコーラなどの糖度も測定する．

4. 味を修飾する物質の効果を体験する

いずれも効果がしばらく続くので，実験の最後に行うことをお勧めする．

4-1. ミラクルフルーツ（酸味が甘味に変わる世界）：まずカットレモンを味わい，味を覚える．

④
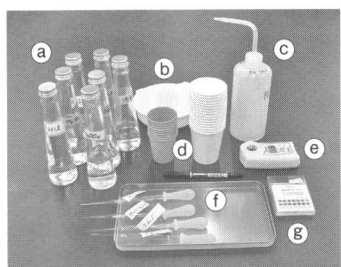

- ⓐ 各種溶液
- ⓑ レモン絞り
- ⓒ うがい用の水
- ⓓ 紙コップ：味溶液吐き出し用にも 1 人 1 個用意すると便利．
- ⓔ 糖度計
- ⓕ パスツールピペット
- ⓖ pH 試験紙

⑤

この実に含まれるミラクリンというタンパク質が，酸味を甘味に変える．

うがいをした後，ミラクルフルーツの実【5】またはタブレットを口に含み，実の場合は種を噛まないよう気を付けて口の中で皮を外し，舌の上で2〜3分間転がす．このとき，できるだけ舌全体にミラクルフルーツがいきわたるようにする．うがいをした後，再度カットレモンにかぶりついて，最初に口にしたレモンの味と比較する．

4-2. ギムネマ（甘味のない世界）：まず甘いものを口に含み，味を覚える．うがいをした後，ひとつまみのギムネマの茶葉【6】を2〜3分間噛み続ける．このとき噛みながらも，できるだけギムネマの茶葉が舌全体にいきわたるようにする．うがいをした後，最初に口にした甘いものを再度味わってみる．

方法2) 調味料にまつわる味覚体験 ―塩味と旨味―

1. はじめに
1-1. 塩化ナトリウム，塩化カリウムと硫酸ナトリウムは3％水溶液を調製する．3％というのは海水の濃度に合わせた値である．グルタミン酸（ナトリウム）とイノシン酸はそれぞれ1％水溶液（原液）を調製し，原液を希釈して0.02％にする．

1-2. うがい用の水を用意する．

2. 塩味
3％の塩化ナトリウムの味を塩化カリウム，硫酸ナトリウムと比較する．

3. 旨味
3-1. 旨味物質単独の味：1％グルタミン酸，または1％イノシン酸溶液の味を確かめる．

3-2. 旨味の相乗効果：グルタミン酸かイノシン酸のいずれかの0.02％溶液を5秒ほど口に含んだ後はき出して，すぐにもう片方の溶液を味わってどのように感じたかを評価する．評価し終わってからうがいをし，順序を逆にして同じことを行う．

方法3) 味覚と嗅覚の相互作用

1. はじめに
1-1. 搾った果汁（茶こしでこしたもの）または市販の果汁100％ジュースを用意する．

1-2. 10％ショ糖溶液を調製する．

1-3. フレーバーエッセンスとうがい用の水を用意する．

2. 味だけでジュースの種類を当てられるか？
2-1. 被験者にノーズクリップとアイマスクを着け，嗅覚と視覚を遮断する【7】．

⑥ 茶葉に含まれるギムネマ酸が甘味を抑える．

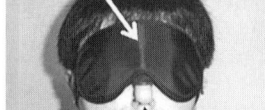

⑦ アイマスクで視覚を遮断 / ノーズクリップで嗅覚を遮断

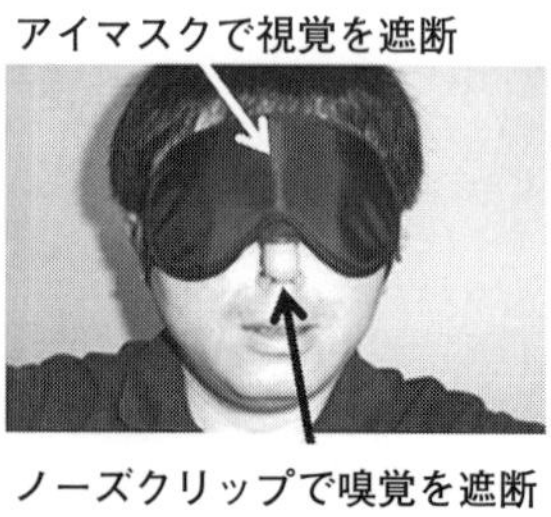

⑧

応用・発展課題のヒント

（女子生徒）酸性のものが酸っぱいと思っていたけど，単純ではないのね．

（男子生徒）H^+ と組み合わさっている塩基の部分が大きな有機酸の方が酸っぱいんだ．

$$HCl \rightleftharpoons H^+ + Cl^-$$
$$CH_3COOH（酢酸）\rightleftharpoons H^+ + CH_3COO^-$$

（先生）果物の甘みは酸味とのバランスなので，甘くする品種改良のためには糖度を上げるだけでなく酸味を抑えたりすることもやっているようだよ．

2-2. いずれかのジュースを与えて，口に含んでもらう【⑧】．その後，何味かを答えてもらう．

2-3. 間違えた場合はノーズクリップをはずし，2-2. と同じ操作を行う．

2-4. これでも間違えた場合は目隠しをはずし，2-2. と同じ操作を行う．

3. においによる味覚変容を体験する

3-1. 被験者に 10 % ショ糖溶液を与え，口に含んでもらう．

3-2. 10〜20 mL の 10 % ショ糖溶液に対し，フレーバーエッセンスを 1〜2 滴添加し，どのように感じるか確認する．

注意すること・役立ち情報・耳よりな話

- 旨味というのはカツオブシなどの「だし」の味であるが，長い間，独立した基本味とは見なされていなかった．英語でも「umami」という．2 種類の旨味物質を組み合わすと旨味が大きく増すが，これが昆布と鰹を用いる「合わせだし」の原理である．なお旨味の増強作用は，味蕾にある旨味受容タンパク質で生じている（Li et al., 2002）．

- 辛味は味覚ではなく，痛覚や温度感覚の神経に直接作用している．辛いものを食べた後に飲んだお茶を熱く感じたり，ミント味のガムやキャンディーを食べた後に飲んだ水を冷たく感じたりするのは，温度感覚神経を刺激しているためである．

（ほぼ）果汁 0 ％で「ジュース」の味が再現できる！

0.1 M 酒石酸溶液 クエン酸溶液 アスコルビン酸溶液 のいずれか，またはその混合溶液

約 1：1 で混合する

20％ショ糖液

「ジュース風」の飲み物はこういう風に作られているんだね！

レモンやオレンジまたはヨーグルトのフレーバーエッセンスを数滴加える．フレーバーを入れた後，甘さや酸味は好みで調整する．冷たい方がより「ジュース風」になる．

リンク

- うま味インフォメーションセンター（NPO） http://www.umamiinfo.jp/

コラム1　動物にとっての「甘味」をみる：軟体動物

ヨーロッパモノアラガイ（*Lymnaea stagnalis*）：ヨーロッパ原産の淡水棲カタツムリ．そしゃく行動と関連する神経回路の研究が盛ん．

　昆虫から高等哺乳動物まで，あらゆる生物にとって「摂食行動」は大変重要である．また，その変化が観察しやすいため，味覚認識だけでなく条件づけによる学習行動の評価にも利用できる．軟体動物においても，摂食行動を対象とした多くの研究が進められてきた．本コラムでは，淡水棲巻貝ヨーロッパモノアラガイ（以下，モノアラガイ）における化学物質刺激によるそしゃく行動の誘発と，その評価方法について紹介する．

　モノアラガイはショ糖の甘味に対して嗜好性を示し，そしゃく行動を起こす．そしゃく行動を観察するには，摂食に対するモチベーションを上げ，個体ごとにばらついている動物の空腹状態を揃えるために，前日から実験動物を絶食状態にする．観察に特別な装置は必要なく，プラスチックシャーレの底を水平に保った状態で，手鏡や虫眼鏡で腹足側から口唇部の動きを確認できればよい．まず，実験環境に慣れさせるために蒸留水を入れたシャーレに動物をうつし，30分程度静置する．その後，シャーレ内の水をスポイトまたはアスピレーターで取り除き，ショ糖溶液を与える．15秒後にショ糖溶液を取り除き，蒸留水に替え，そしゃく反応の回数を数える．計測時間は，ショ糖投与後0.5～1.5分の1分間に揃える．ショ糖溶液の濃度を上げると（例：1 mMから10 mM，100 mM），そしゃく回数が増える．実験を通して接触や振動などの余計な刺激をモノアラガイに与えないよう注意し，驚いて殻に引き込んだ場合は少し待ち，殻から出て自由に動くようになったことを確認してから実験を再開する．また，実験前は必ず手を洗い，実験後はシャーレなどに付着した粘液をブラシなどでよく洗い落としてすすぐ．

　本実験の発展形として，味覚を使った条件づけ学習実験もできる．モノアラガイでは，味覚を使った条件づけとして嗜好性学習と忌避性学習のどちらも成立することがわかっている．モノアラガイにとって本来は好き嫌いを示さない物質（例：酢酸アミル）を投与した後にショ糖を与えると，好き嫌いを示さない物質に対してもそしゃく反応を示すようになる（嗜好性学習）．また，ショ糖投与後にモノアラガイが嫌いな物質（例：塩化カリウム）を与えると，ショ糖に対してそしゃく反応を示さなくなる（忌避性学習）．これらを観察するには，それぞれの物質とその関係性をモノアラガイが識別できるよう，刺激時間と刺激の間隔を適切に設定することが重要である．野生種の淡水棲巻貝サカマキガイ，スクリミンゴガイ（ジャンボタニシ）などでも同様の実験が可能だが，サカマキガイは小さすぎ，スクリミンゴガイは動きが速いため，実験装置に少々工夫が必要だろう．野生種を使う場合は手袋を使用して寄生虫に注意する．また，スクリミンゴガイは要注意外来生物に指定されており，実験後も捕獲した場所以外に放さないなど生態系に留意した取り扱いをする必要がある．

【リンク】
研究者が教える動物飼育1巻 pp.127-131
比較生理生化学会誌26巻4号 pp.163-168

■定本久世：徳島文理大学香川薬学部，専門：行動に関わる脳内分子機構の探究

コラム2　マウス味細胞応答記録法

マウス（*Mus musculus*）：
モデル動物として非常に広範囲に利用されている．

マウスはヒトと同様に5つの基本味（甘味，塩味，酸味，苦味，うま味）を弁別することができる．近年，これら味質に対応する味覚受容体や味覚受容機構が明らかとなってきている．味覚の受容は，舌や口蓋に存在する味蕾内の味細胞で行われる．特定の味細胞を緑色蛍光タンパク質［green fluorescent protein（GFP）］で標識した遺伝子改変マウスを用い，特定味細胞から味刺激に対する応答を記録する方法を開発したので紹介する．マウスの舌を取り出し，酵素処理により舌上皮を剥ぐと，そこには多くの味蕾が存在する．各味蕾を切り出し，その味孔側（味を受容する側）を刺激ピペットにて吸引・保持し，味刺激を与える．共焦点レーザー顕微鏡によりGFP蛍光をもつ味細胞を同定し，その基底外側膜側（体内側）から記録用のガラス電極を押し当て，軽く吸引すると【①】，自発的な活動電位放電が記録される．このように

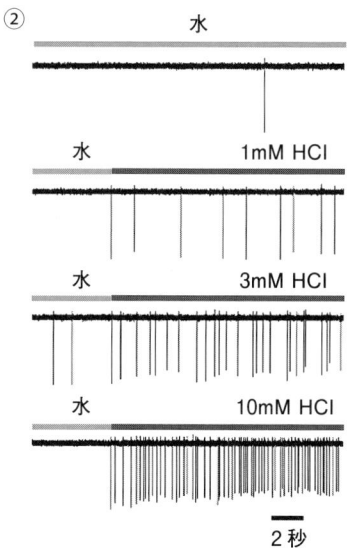

酸味刺激に対する味細胞応答

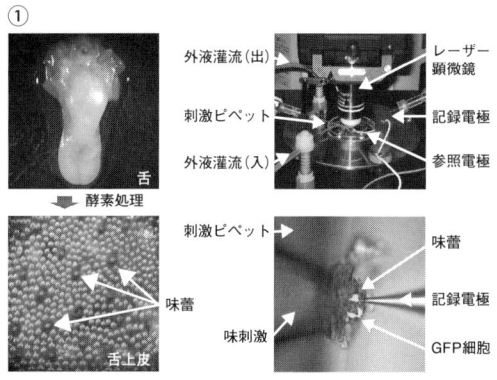

味細胞応答記録のためのセッティング

して，味細胞が発する活動電位を細胞外記録する．味細胞が味刺激に応答すると活動電位頻度は増加し，洗い流すと活動電位頻度は元に戻る．また，味刺激の濃度が高いほど生じる活動電位の頻度は高くなる【②】．各味細胞の様々な味刺激に対する応答を見ると，個々の味細胞は特定の味質に応答するものが多い．これらは，味質は味細胞レベルで分別され，味の強度は味細胞で活動電位頻度に変換されることを示唆する．さらに，この方法では味刺激とは独立して基底外側膜側からホルモンや生理活性物質を与えることができるため，味細胞の応答性を体内側から調節する因子の効果を直接調べることもできる．

【リンク】
研究者が教える動物飼育3巻 pp.154-158

■吉田竜介：九州大学大学院歯学研究院口腔機能解析学分野，専門：口腔生理学，神経生理学

第2章

嗅覚

7 虫の鼻はどこ？ 電気で測る触角の働き
―カイコガのフェロモン腺の観察と触角電図によるにおい応答解析―

大学生向き

カイコガ（*Bombyx mori*）：弥生時代より養蚕業で飼育．桑で育つ．雄の婚姻ダンスでおなじみ．古くから突然変異系統が維持されている．ゲノムが解読されている．

藍 浩之：福岡大学理学部地球圏科学科・助教，専門：社会性昆虫の神経行動学

　空中には様々な種類のにおいが存在するが，私たちはすべてのにおいを感じることはできない．ヒトにしかわからないにおい，昆虫にしかわからないにおいなど，動物によって感じることのできる「においの世界」は異なる．では昆虫の鼻はどこにあるのだろうか？『ファーブル昆虫記』で雄のオオクジャクガが雌のにおいに惹きつけられ，雄は触角でそのにおいを感じていることが書かれており，現在ではこのにおいが，雌が放出する「性フェロモン」であることがわかっている．それでは，昆虫の触角が本当ににおいの感覚器であることを実験で確かめてみよう．

実験のねらい

　雌のフェロモン腺の観察，性フェロモンの粗抽出，フェロモンに対し雄カイコガの触角が電気的にどのように反応するのかを触角電図（electroantennogram，EAG）で調べる．1) 雌のフェロモン腺を観察し，どのような形態をしているのか，肉眼，顕微鏡やルーペで確認する．ヒトはカイコガの性フェロモンを感じることができるか確かめる．2) 抽出した性フェロモンを希釈し，各濃度の性フェロモンに対する EAG を記録する．さらに EAG から濃度―応答曲線を描き，その特徴を調べる．

実験の準備

動物：カイコは人工飼料で飼育できる（☞動物飼育 2 巻 pp.163-169）．

試薬：*n*-ヘキサン

器具：実体顕微鏡（または虫眼鏡），眼科用はさみ（解剖用の小さいはさみ），マイクロチューブ

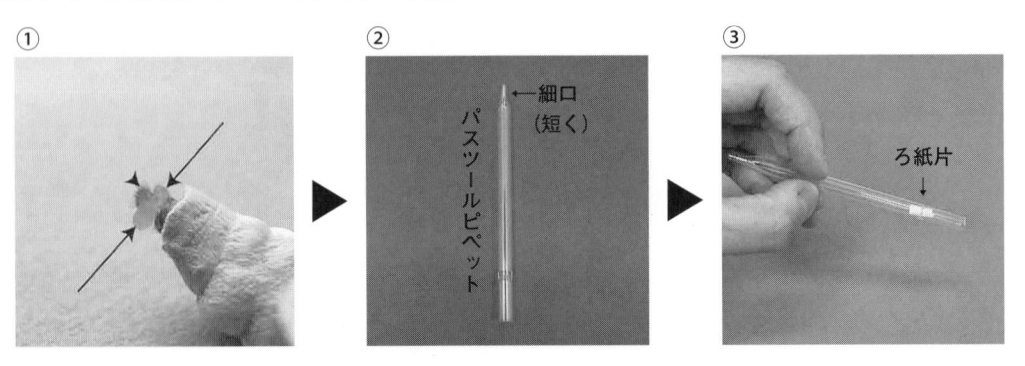

（1〜2 mL），マイクロピペット，マイクロピペットチップ，アイスボックス（氷を入れた発泡スチロールの箱），ろ紙片（5 mm×10 mm），パスツールピペット，スポイト，塩ビ栓（片方の端を熱であぶって閉じた塩ビ管，適当な太さで長さ約 5 cm），ピンセット，臭気瓶（試薬瓶などで作製），脱脂綿，活性炭，蒸留水，シリコンチューブ，流量計，におい刺激制御装置【⑨】（電磁弁，タイマー，電源とスイッチを組み立てて作製），DC 増幅器，データ収録装置（☞付録 3 参考資料），ドラフトチャンバー（換気装置）

方法 1) フェロモン腺の観察

1. カイコガの準備

　雌雄の蛹をそれぞれ 10 匹以上用意し，雌雄を別の容器で飼育する（☞動物飼育 2 巻 pp.163-169）．羽化直後，カイコガは蛾尿をする．蛾尿を吸い取るため，飼育容器の底にペーパータオルを敷き，毎日取り換える．また垂直の壁につかまって翅を伸ばすため，段ボールを短冊に切り，アコーデオン状に折って適当な間隔で立てる．羽化後 1 日たった成虫は，雌雄別に異なる容器に入れ，インキュベーターで保存する．その際，必ず容器の蓋をする．なお，カイコガは餌を摂取しないので，体力を消耗しないように気を付ける．雌の性フェロモンやその他の刺激を与えて雄を羽ばたかせるなどさせてはいけない．

2. 雌のフェロモン腺の観察

　フェロモン腺は雌の尾端にあり【①】，雌は尾端を高く上げて雄に求愛する．【①】の左右一対の黄色い袋がカイコの性フェロモンの袋（矢印）で，その中央には産卵管（矢尻）がある．フェロモンのにおいをヒトが感じることができるか，実際に嗅いで確かめる．

方法 2) EAG の記録と解析

1. 性フェロモンの調製

1-1. マイクロチューブに 500 μL のヘキサンをあらかじめ入れておく．

1-2. 雌（10 個体）のフェロモン腺を眼科用はさみで切り離し，10 個体分すべてを 1-1. で用意したヘキサンに浸し，室温で 15 分間放置する（フェロモン原液）．フェロモン量の単位は FE（1 FE＝1 個体のフェロモン腺から調製したフェロモン）とする．つまり，フェロモン原液 50 μL が 1 FE である．フェロモン原液を保存する場合は，マイクロチューブの蓋をパラフィルム® で密封し，冷凍庫内で保管する．

1-3. フェロモン原液をヘキサンで 10 倍ずつ薄めて，3 種類の濃度の希釈液を用意する．

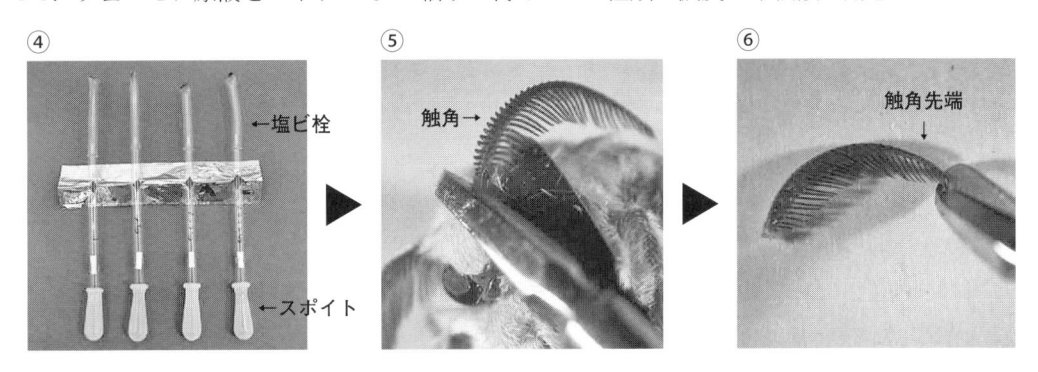

④

←塩ビ栓

←スポイト

⑤

触角→

⑥

触角先端
↓

- 1/10 倍希釈液：フェロモン原液 55.5 μL＋ヘキサン 499.5 μL　（→ 50 μL が 0.1 FE）
- 1/100 倍希釈液：1/10 倍希釈液 55 μL＋ヘキサン 495 μL　（→ 50 μL が 0.01 FE）
- 1/1000 倍希釈液：1/100 倍希釈液 50 μL＋ヘキサン 450 μL　（→ 50 μL が 0.001 FE）

2. 触角電図の記録と解析

2-1. パスツールピペットの細口を切り落として，短くする【②】．

2-2. フェロモン原液（1-2.），3 種類の希釈液（1-3.）とヘキサン（対照）をそれぞれ，マイクロピペットで 50 μL 取り（1, 0.1, 0.01, 0.001 および 0 FE），ろ紙片にしみこませ，パスツールピペットに入れる（においカートリッジ）【③】．ドラフトチャンバー内でにおいカートリッジを振って溶媒のヘキサンをろ紙片から揮発させる．ヘキサンが乾いたら，スポイトを着け，先端を塩ビ栓でふさぎ，実験直前までドラフトチャンバー内で保管する【④】．実験終了後，スポイトと塩ビ栓は中性洗剤で洗浄し，水でよくすすいで乾燥させる．

2-3. 雄カイコガの触角を基部から切り取り【⑤】，先端も少し切る【⑥】．双眼実体顕微鏡下で触角先端に記録電極（ニクロム線，φ0.025 mm，電極抵抗は約 1 MΩ），基部断端に不関電極（ニクロム線，φ0.15 mm）を差し込み【⑦】，DC 増幅器付属のプローブ（直流の前置増幅器）に接続し，EAG はデータ収録装置の画面に電位変化として表示する．

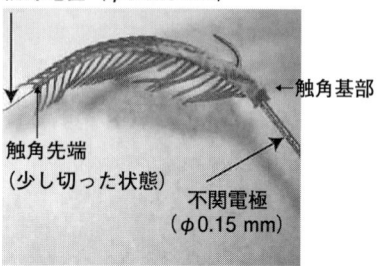

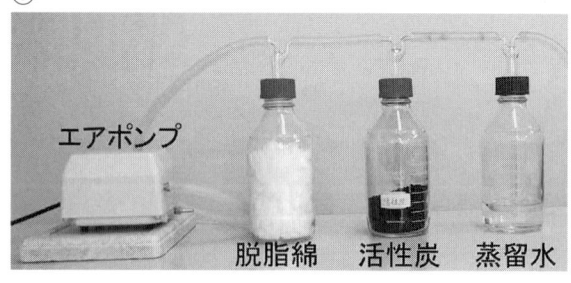

2-4. あらかじめエアポンプの噴出口を，3 つの臭気瓶に入れた脱脂綿，活性炭，蒸留水にシリコンチューブでつないでおく【⑧】．臭気瓶からの圧縮空気を流量計で毎秒約 3 L に調節する．流量計から出た空気は，シリコンチューブを通して 2-2. で準備したにおいカートリッジに流す．においカートリッジは電極を装着した触角から 1 cm 離れたところに設置する．このとき，触角に対しにおいが垂直に当たる

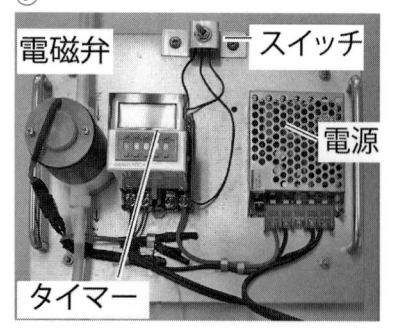

応用・発展課題のヒント

（雄は性フェロモン以外のどんな匂いに反応するのかな？）

（カイコは桑の葉を食べるね．カイコガは口が塞がっていて何も食べられないらしいよ．それでも桑の葉の匂いに反応するのかな？）

（そうだね，触角電図で調べてみよう．）

ようカートリッジの位置を調節する．触角へのにおい刺激は電磁バルブを用いて，タイマーで刺激時間を制御するとよい【⑨】．感覚順応を防ぐため，刺激時間は0.1～1秒とし，刺激と刺激の間隔を空ける．

2-5. 刺激を与え，EAGを記録する．EAGは，ゆっくりとした負の電位変化を示し，その大きさ（振幅）は十数mVに達することもある．またその時間経過は，電位変化が始まってから0.5秒以内にピークに達し，数秒かけて緩やかに元の電位レベルに戻る．フェロモン濃度を上げるにしたがって，振幅が大きくなる．ただしEAGの振幅は，においを受容する神経への電極の接触具合や触角の新鮮さに依存するため，標本によってかなり異なる．

2-6. 濃度―応答曲線を片対数グラフ（横軸ににおい濃度を対数で示す）で作成する．それぞれのにおい濃度で生じたEAGの最大振幅を計測し，その平均値と標準偏差を算出し，グラフの縦軸に示す．におい濃度とEAG応答にどのような関係があるのかを考察する．

注意すること・役立ち情報・耳よりな話

- EAG記録で，1) その開始時に電位が安定しない場合は，10分ほど放置し安定するまで待つ．2) 連続的に刺激をする場合は，30秒以上の間隔を空ける．3) 同じ濃度で同じ大きさのEAGを取ることができなくなったら，新しい触角標本と取り換える．
- カイコガは古くから養蚕を通して身近な生き物であるため，遺伝学，生理学，生化学，病理学などの研究が進んでいる．また高校では，変態時のホルモンの影響を調べる実験で扱われている．また筆者の大学では学生実習で性フェロモンにより生じる雄の雌探索行動の性質を行動解析した後，本実習項目である性フェロモンにより生じる触角電図の記録・解析を行っている．
- カイコガは全ゲノムが解読されており，トランスジェニックカイコを用いた実験手法が適用できるモデル動物である．そのため遺伝子→分子→脳神経系→行動の総合的な研究に適したモデル動物といえる．

リンク

- 研究者が教える動物飼育2巻 pp.163-170

8 鼻はにおいで電気的な興奮をする
―アカハライモリのにおい応答：嗅電図の測定―

大学生向き

アカハライモリ
(*Cynops pyrrhogaster*)：
山中の池等にすむ．小魚・虫等が餌．嗅覚実験の好材料．

中村　整：
電気通信大学大学院情報理工学研究科・先進理工学専攻・教授，専門：神経科学

　多くの動物にとって，嗅覚は食物や毒物，敵・味方や配偶相手を離れたところから探り出すための強力な手段である．ヒトは周辺の情報の多くを視覚から得ているため嗅覚の重要さを忘れがちであるが，食事のおいしさは嗅覚に大きく依存しているし，香料によって気分が左右される場合もあるなど，思ったよりも多くを嗅覚に頼って暮らしている．

実験のねらい

　動物の鼻腔には粘膜に覆われた嗅上皮があり，においの混じった気流を受け取ると嗅上皮中の多くの嗅細胞が電気的興奮を示す．これらの多数の嗅細胞の電気的興奮を，嗅上皮を横切る電圧の変化として記録したものが嗅電図（electroolfactogram, EOG）である．1）まず装置全体を組み立てて記録ができるようになることが第一関門．記録ができるようになったら，2）刺激に対する嗅細胞の順応（慣れ）がおきること，3）におい刺激の強度に依存して応答が変化することを観察する．

実験の準備

動物：アカハライモリ（☞動物飼育3巻 pp.103-109）は冬季に不活発になるが，水温25℃前後で飼育すると改善する場合がある．

試薬：リンガー液（単位mMで，NaCl 110, KCl 3, CaCl$_2$ 2, MgCl$_2$ 1, HEPES 10, pH 7.4）を100 mLほど作製しておく．におい物質（酢酸アミル，ゲラニオール，バニリンなど），ミネラルオイル，液体台所用漂白剤（次亜塩素酸ナトリウムを含むもの）

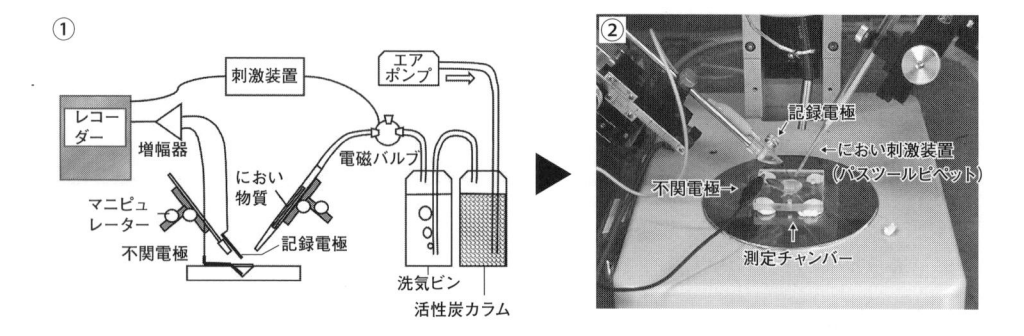

器具：生体用増幅器，チャートレコーダー（周波数 50 Hz 程度に対応できるもの），鑑賞魚飼育用エアポンプ，三方電磁バルブ，生理学用刺激装置（単一パルス発生器），アクリル板（約 30 mm×30 mm×5 mm），蜜蝋または油粘土，コード類，木綿糸，パスツールピペット，細いビニールチューブ，流量調節用クランプ，ティッシュペーパー，銀線（φ0.3 mm×30 mm，2 本），電磁篭（ファラデーケージ），ピンセット，解剖バサミ，ピス用千枚通し，マイクロピペット（100 μL），マニピュレーター 2 台，アイスボックス（砕いた氷を入れた発泡スチロールの箱）

方法：嗅覚の順応と濃度依存性の観察

1. 装置の作製【①】

1-1. 測定チャンバー

電気ドリルなどでアクリル板の中央に直径約 5 mm の窪みを作る【②】．銀線はアルコールで拭いた後，端から 2/3 程度までを液体台所漂白剤に数分間浸して塩化銀コーティングする．水洗いした後，1 本は上記窪みの底に届き，非コーティング部が外に出るように置いて，蜜蝋等で固定する．もう 1 本は記録電極としてアクリル棒などに固定し，先端に木綿糸を結んで数ミリ垂らしたものをマニピュレーターに装着し，木綿糸は測定時にリンガー液で濡らす．電極から増幅器の入力導線につなげる．また増幅器の出力はレコーダーにつなぐ．

1-2. におい刺激装置

エアポンプの吐出口と三方電磁バルブ，パスツールピペットをビニールチューブでつなぎ，ピペット内にはにおい物質を含ませたろ紙片（約 3 mm×30 mm）を置く【③】．電磁バルブを生理学用刺激装置からの電気パルスで動かして，においパルスを得る．電磁バルブの駆動には必要に応じて電流増幅回路【④】を用いる．においパルスの吐出口をマニピュレーターで微調整して，においガスを嗅上皮に吹き付ける．増幅器やレコーダーなど一連の装置の接地端子とファラデーケージにそれぞれ長さ 50 cm 程度の導線をつなぎ，それらを 1 点にまとめてから部屋のアース端子に接地する．

2. 嗅上皮試料の準備

イモリはアイスボックス内に 5～10 分間閉じ込めて低温麻酔し，両眼のすぐ後ろにハサミを入れて断頭し，手早く脊椎と頭部それぞれに千枚通しを差し込んで脊髄および脳脊髄を破壊（ピス）する．頭部はハサミを用いて左右の鼻腔に切りわけ，嗅上皮を傷つけないようにさらに上下に切りわける【⑤，⑥】．得られた 4 つの鼻腔試料は嗅上皮面に触らないようにピンセットで端

を持って取り扱い，水を含ませたティッシュペーパーなどと一緒に蓋をしたシャーレなどに入れ冷蔵すれば，たいてい翌日も実験に使うことができる．

3. 装置の組み立てとテスト記録

3-1. 1-1.の測定チャンバーの窪みに少量のろ紙または丸めたティッシュペーパーを置き，リンガー液で湿らせ，その上に試料を鼻腔内面が上向きになるように置く．記録電極の先端の木綿糸をリンガー液で湿らせてから嗅上皮表面を傷めないようにそっと置く．電極をアンプにつないで導通があれば，記録電極付近へ手を近づけるとノイズの発生が観察される．

3-2. 与えたいにおい物質を1-2.のにおい刺激装置にセットする．すなわち，におい物質をミネラルオイルで10％に希釈した溶液（100 μL）をろ紙片に染み込ませ，パスツールピペット内にセットし【③】，マニピュレーターで噴出口の位置を調整する．

3-3. 上記の操作を生理学用刺激装置のスイッチを調整して，においパルスの時間幅を0.1秒に設定し，また増幅器とレコーダーのスイッチを入れて行うと，においガスの嗅上皮への吹きつけによって，特徴のある波形が記録される【⑦】．

4. 繰り返し刺激に対するEOGの順応の観察

4-1. EOGは，繰り返し刺激をすると順応を示す場合がある．種類と強さを一定にした刺激を繰り返してEOGを記録するが，各刺激の間隔を，まず6分間に固定して繰り返し記録する．そして，誘発されるEOGのピークにおける振幅の大きさを読み取り，刺激回数に対する振幅の大きさの変化を，グラフにまとめる．次に刺激と刺激の間の待ち時間を3分，1分，30秒，と短くして同じ実験を行い上記のグラフに重ね描きする．

4-2. 4-1.の結果から，繰り返して刺激を行っても一定の振幅のEOGが記録できる最短の刺激間隔を求め，以下はこの刺激間隔に固定して実験する．ろ紙の小片に付けるにおい物質を鉱物油によって希釈して0，0.1，1，10，100％溶液を作り，ろ紙小片に100 μLずつ与えたものをパスツールピペットに入れ，3.と同様にしてEOGを記録する．得られた各EOGのピークの振幅を求め，におい物質の濃度に対してプロットし，いわゆる「濃度依存性曲線」を描く．濃度依存性曲線は本来高濃度で一定の最大振幅を示しそれ以上大きくならず，濃度依存性曲線は高濃度で平坦になり，その最大の半分の振幅を誘発する濃度を求める．もし，濃度依存性曲線に高濃度側に平坦部分が現れないときは刺激パルスの長さを数倍長く設定してもう一度試みる．

4-3. におい物質の希釈濃度とパルスの時間幅を一定にして，いろいろなにおい物質で4-2.の実験をやってみよう．各におい物質について最大の半分の振幅を誘発する濃度を求め，それ

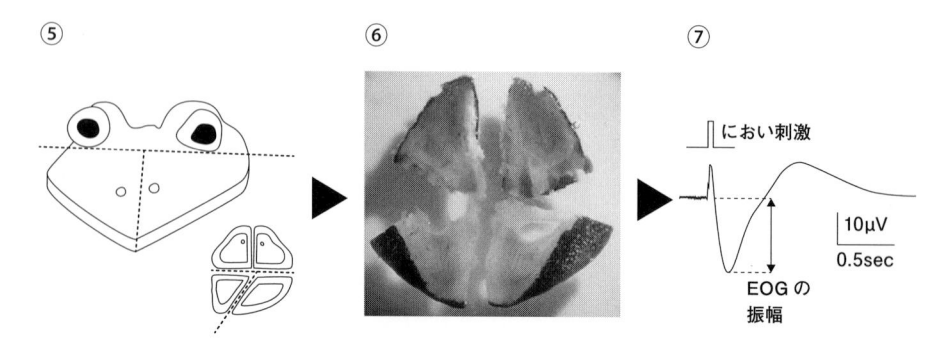

応用・発展課題のヒント

(女子生徒)「嗅上皮中の嗅細胞って皆同じ細胞なの？どうやって匂いの区別をしているの？」

「もし，いろんな嗅細胞があるのなら，違った匂い物質を使うと実験結果はどこが違ってくるのかな？」

(女性)「嗅電図だけでは結論は簡単には出ないかもしれないけど，いろいろ調べてみたいわね．」

がヒトの感じるにおいの強さと関係があるか，検討しなさい．得られる濃度が低いほどイモリにとって強いにおいということになり，ヒトの感じるにおいの強さとはよく一致している．しかし，すべてのにおいで一致しているわけではない．それは生態を反映した違いである．

注意すること・役立ち情報・耳よりな話

- 接地されていない周囲の導体はノイズの原因になる．また，実験操作を行う者自身もノイズの原因となる．EOGを記録するときは，ファラデーケージに触れるなどして，実験者自身も接地することが必要である．
- 自分の息を吹きかけてEOGを記録してみよう．イモリは動物の息のにおいに敏感なことを実感できる．
- 4-1.や4-2.の実験で波形記録に失敗したときも，におい刺激をしたのなら1回と数え，慌てて短時間の内に刺激をしないように気を付ける．
- におい物質の中には濃すぎると健康によくないものもありえる．濃いにおいガスを直接嗅いだりせず，少し離して手で扇いで嗅ぐなど注意が必要である．
- 本稿では刺激をにおいガスとしたが，嗅細胞が受け取るのは粘液に溶けたにおい物質である．したがって嗅上皮表面を灌流しながら，におい物質を溶け込ませた灌流液をパルス的に与えてもEOGは記録できる．
- EOGは電気生理学としては最も簡単なものといえるが，ノックアウトマウスのにおい感受性を検査するなど，現在も重要な役割を果たしている．

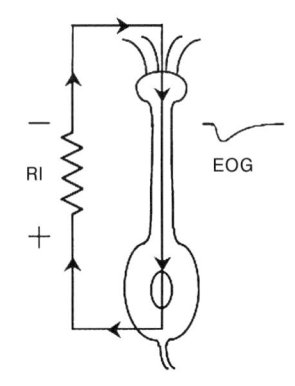

2本の電極は，どちらも嗅細胞の外にあるのに，嗅細胞の応答が電圧となるのはなぜ？「応答電流（I）と細胞間抵抗（R）の積」というのがその答え．

リンク

- 研究者が教える動物飼育3巻 pp.103-109

9 嗅細胞の情報変換機構に迫る
―イモリの嗅細胞の単離とパッチクランプ法―

研究者向き

アカハライモリ（*Cynops pyrrhogaster*）：山中の池等にすむ．小魚・虫等が餌．嗅覚実験の好材料．

中村 整：電気通信大学大学院情報理工学研究科・先進理工学専攻・教授，専門：化学感覚

においの種類は何万種もあり，未知の物質でも揮発性であればにおいを嗅ぎ取ることができるかもしれない．その嗅覚情報の入り口である嗅細胞は，視覚や味覚，痛覚などの感覚受容だけでなく，神経伝達物質やホルモンなどの細胞間情報伝達機構とも多くの共通した要素をもっている．

実験のねらい

イモリの嗅上皮から単離嗅細胞を調製し，ホールセルクランプ法とインサイドアウトパッチクランプ法を行い，におい応答電流とその電流を担うイオンチャネルの活性を検出する．

実験の準備

動物：アカハライモリ（☞動物飼育 3 巻 pp.103-109）は冬季に不活発になるが，水温 25 ℃前後で飼育すると改善する場合がある．

試薬：基本のリンガー液（単位 mM で，NaCl 110，KCl 3，$CaCl_2$ 2，$MgCl_2$ 1，HEPES 10，pH 7.4），低 2 価イオン溶液（同，NaCl 91，KCl 3.7，NaH_2PO_4 10，glucose 15，pH 7.4），擬似細胞内溶液（同，KCl 120，$MgCl_2$ 1，EGTA 5，$CaCl_2$ 0.5，HEPES 10，pH 7.2）と 2 価イオンフリー溶液（同，NaCl 118，EDTA 0.1，EGTA 0.1，HEPES 5，pH 7.4）を作り冷蔵する．におい物質（酢酸アミル，ゲラニオール，ヴァニリンなど）はエタノールに溶かした後，リンガー液に希釈して終濃度を 100 μM，エタノール 0.1 ％程度とする．氷，細胞分離用コラゲナーゼ．

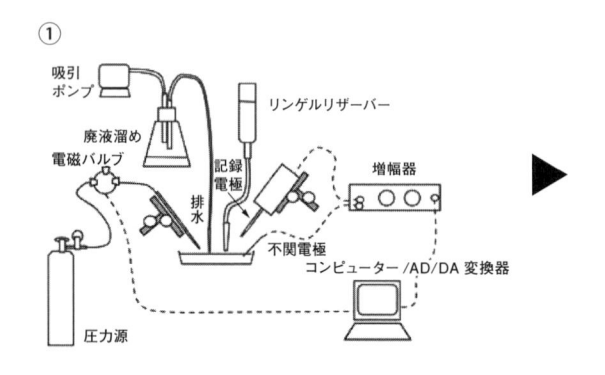

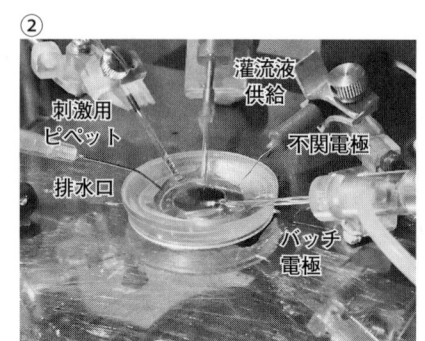

器具：解剖ハサミ，ピンセット，カミソリの刃とそのホルダー，スピッツ管，ファラデーケージ，パッチクランプ用増幅器，AD/DA 変換ボードとパッチクランプ実験用プログラムをインストールしたコンピューター，顕微鏡，粗微動電極マニピュレーター，蓋付シャーレ（径 30 mm），硬質ガラス管（ϕ2 mm 程度），多段引き電極プラー，除振台，銀線，その他信号線用同軸ケーブルなど．

方法 1）ホールセルモードによるにおい応答の記録

1. パッチクランプ実験装置の設定【①，②】

1-1. 実験台と顕微鏡：一般には倒立顕微鏡を防振台上のファラデーケージ内にセットする．顕微鏡のランプは直流駆動とし，AC 電源はファラデーケージの外に置く．除振台は周辺で何か作業をしたときも，400 倍程度の顕微鏡下で電極先端の震えが見えない程度の性能が必要である．

1-2. 増幅器と実験用プログラム：パッチクランプ増幅器は，膜電位の制御と膜電流の検出などを行う．ヘッドアンプはマニピュレーターに固定する．増幅器とセットになった計測用プログラムと AD/DA 変換ボードは購入可能であるが，高価である．

1-3. 電極プラー，電極マニピュレーター，不関電極：パッチ電極は，開孔径が 0.5～1 μm 程度で，先端勾配が急なものを多段引きプラーにより作製する．小さな開孔径が必要な場合にはファイアポリッシュ（軟質ガラスでコーティングした細いフィラメントを近づけて加熱溶融する）を行う．電極液を詰める際は，まず陰圧を利用して先端 1 mm 程度に液を吸い込んでから，後方より細い注射針で液を満たす．次にヘッドアンプ上の電極ホルダーに電極をセットして，電気的結合をすると同時に，電極内の圧力はホルダーにつながる軟質チューブを介して調節できるようにしておく．増幅器の専用端子からつないだ銀塩化銀電極を不関電極とし，先端が測定チャンバー内の液に触れるよう，顕微鏡ステージにホルダー等で固定する．

1-4. 灌流装置，刺激装置：灌流液は点滴の要領でリザーバーから細いチューブで細胞を入れたチャンバーに導き，ローラークランプ等で流速を調節する．測定用チャンバーの液面の位置には，廃液溜めを備えた吸気ポンプにつなげた細管（25 G の注射針など）の先端を置き，その液面を越える液を吸い取る．におい刺激は，適当な圧力源につないだ電磁バルブをプログラムから駆動し，得られた圧力パルスを，チューブによってにおい物質溶液をつめた微小ガラスピペットに導く．このピペットにはパッチ電極と同様に引いたガラス細管を用

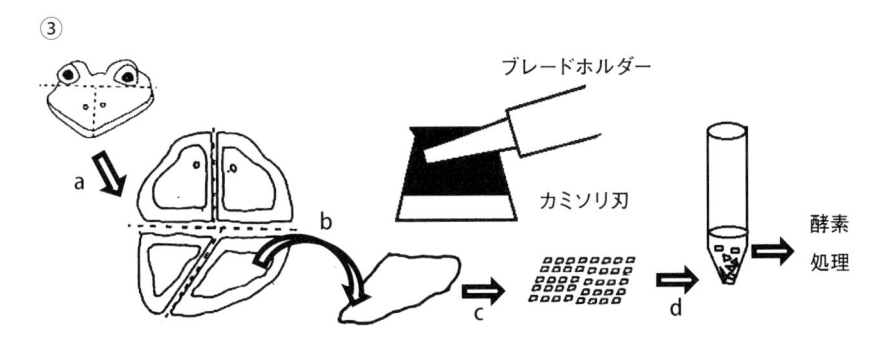

い，マニピュレーターにより調節して顕微鏡下でにおい物質を吹き付ける場所を決める．

2．嗅細胞の単離

イモリの鼻腔組織試料（☞**8**鼻はにおいで電気的な興奮をする）は上下に分け嗅上皮を露出させてリンガー液中で冷蔵する【③a】と，1日程度は実験が可能である．実体顕微鏡下，低2価イオン液中で，細いピンセットで嗅上皮を剝離【③b】したら，ブレードホルダーあるいは小型の鉗子に挟んだカミソリ刃小片などで繊毛を傷めないように細断する【③c】．組織細片を液ごとスピッツ管に移し【③d】，沈むのを待って上澄みを除き，0.5％コラゲナーゼ液（低2価イオン液）を約1mL加え，軽く混ぜる．35℃で10分程静置すると組織は一塊りになって沈殿するので，リンガー液で軽く洗浄し，再度リンガー液を1～3mL加え，全体を軽く振る．塊が崩れて濁りが少し増すので，その0.5mL程を測定用チャンバーに移して10～20分待つと細胞が沈殿しチャンバーの底面に吸着される．リンガー液をできるだけゆっくりと灌流して細胞の洗浄を行う．

3．ホールセルモードによるにおい応答の記録

擬似細胞内液を詰めた電極先端に5mVの短いパルスを繰り返し与えながら，試料の入ったチャンバーの液に浸けると，矩形波状の電流が観察され，電極の導通が確認できる【④a】．電極内部に陽圧をかけながら嗅細胞の細胞体に近づけ，先端が細胞に触れたら弱い陰圧に切り替え，しばらく待つと矩形波の振幅が急に小さくなる【④b】ので，パッチクランプ増幅器を微小電流モードに切り換え，電極先端の抵抗が1GΩ以上になりギガシールが形成されたことを確認する．そこで増幅器の電極容量の補償機構を使い，矩形波の高周波成分をできるだけ抑えた後【④c】，さらに短時間の強い陰圧を与えて電極内の細胞膜を破る．このとき細胞全体の膜がパッチクランプの対象となるので，抵抗の減少はわずかだが容量の増加が大きくなり，大きな微分波形が現れる【④d】．これによりホールセルモード【⑤】への移行が判別される．後は細胞を吹き飛ばさない程度のにおい溶液の吹き付けと，それに同期させて適当な膜電位固定下で膜電流の記録を行うだけである．刺激液には色素を加えておき灌流の下流から吹き付けて細胞に当たっていること，そしてにおい物質が含まれない刺激液で得られるコントロール波形との比較で，におい物質に対する反応を確認する．におい物質をいろいろ変えて，各細胞が反応するにおい物質の組み合わせが異なることを確かめる．

方法2）インサイドアウトモードによるチャネル活性の観察

1．パッチクランプ実験装置の設定と嗅細胞の単離

方法1）の1．，2．と同じ．

応用・発展課題のヒント

（女子）嗅繊毛にはCNGチャネルの他にCa²⁺感受性Cl⁻チャネルがあるんだって？

（男子）そのノックアウトマウスは野生型との違いはなかったそうだけど，そのチャネルは働いていないってことなの？

（女性）水棲動物でのみ機能する，という説もあるそうよ．

2. インサイドアウトモードによるチャネル活性の観察

灌流液として2価イオンフリー溶液を十分流し，同液をつめたパッチ電極を用いて**方法1）**の3.と同様な手順で，嗅細胞の繊毛基部にギガシールを得る．ヘッドアンプを保持するマニピュレーターを指ではじき電極の長軸と直角に急速に動かすとインサイドアウトパッチ膜が切り出される【⑥】．その際ギガシールをモニターする電流矩形波はほとんど変わらないが，0.1 mMのcAMPを疑似細胞内溶液（灌流液）に混ぜてパッチ膜に与えると環状ヌクレオチド感受性（CNG）チャネルが開孔して膜電流が流れるため，矩形波振幅が増大する．次に灌流液で洗い流すと膜コンダクタンスが低下して振幅は減少する．与えるcAMPの濃度をいろいろに変えて，cAMP濃度依存性を明らかにする．膜電圧を少しずつ変えるか，$-60 \sim 60$ mV程度の三角波の電圧を用いて反転電位を求める．

注意すること・役立ち情報・耳よりな話

- 灌流液は冷蔵保存するが，室温に戻さずそのまま用いると，低温で溶けていた二酸化炭素が泡となって細いチューブに詰まることがあるので要注意．
- CNGチャネルは嗅繊毛上で高密度に存在するが，嗅小胞でもかなりの密度で発現している．
- インサイドアウトパッチ膜は電極先端で膜小胞を形成しやすい．灌流液表面に近づけるか，空気中に短時間暴露して小胞を破裂させると，単層のパッチ膜が得られる．
- 嗅上皮を細かく切るのには，国産の昔ながらの炭素鋼製の両刃カミソリが一番．嗅細胞用に限らず，世界中に愛用する研究者がいる．

CNGチャネルは生物界に広く分布する基本的なタンパク質ファミリーの1つ．最初に眼の視細胞で発見され，次に本項で挙げた嗅細胞で発見された．植物にも存在することが知られている．

リンク

- 研究者が教える動物実験 1巻 pp.34-37
- 研究者が教える動物飼育 3巻 pp.103-109

10 においに慣れたらどうなるの？
—センチュウのにおい順応テスト：嗅覚順応行動の測定—

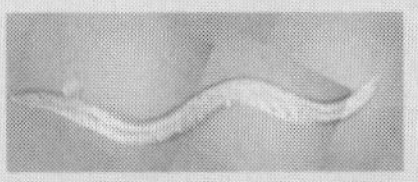

大学生向き

C. エレガンス
(*Caenorhabditis elegans*)：
土壌にすむ体長1 mmのセンチュウ．細菌が大好物．突然変異系統がいろいろ使える．神経と発生の実験でおなじみ．

太田　茜（右），園田　悟（左），久原　篤（中央）：
甲南大学理工学部生物学科／統合ニューロバイオロジー研究所，日本学術振興会特別研究員RPD（太田），大学院生（園田），准教授（久原），専門：動物の感覚と適応応答

　私たち人間は，同じにおいを長時間嗅ぎ続けると，そのにおいを感じられなくなる．これは，鼻に存在する嗅覚受容神経において，においに対する順応機構が働き，鼻がにおいを感じなくなったためと考えられる．このような嗅覚順応はヒトに比べて単純な神経系をもつ動物でも観察される．

実験のねらい

　センチュウを使い，においに対する順応を行動レベルで観察する．センチュウをあらかじめあるにおい物質の入った溶液に浸けておくと，そのにおい物質に順応した状態になる．これらの個体を使ってそのにおい物質に対する誘引行動のテストを行うと，誘引行動の低下が観察される【①】．ここでは，センチュウを利用して，神経可塑性の一例である嗅覚順応について学ぶ．

実験の準備

動物：通常培地で飼育した野生型センチュウ

試薬：イソアミルアルコール，ベンズアルデヒド，エタノール，塩化ナトリウム，寒天，蒸留水，クロロホルム 劇物 ，アジ化ナトリウム 毒物

器具：恒温槽，実体顕微鏡または正立顕微鏡（虫眼鏡），先細2〜3 mLガラス試験管，パスツールピペット，マイクロピペット，マイクロピペットチップ，マイクロチューブ，プラスチックシャーレ，油性ペン，ティッシュペーパー，パラフィルム®

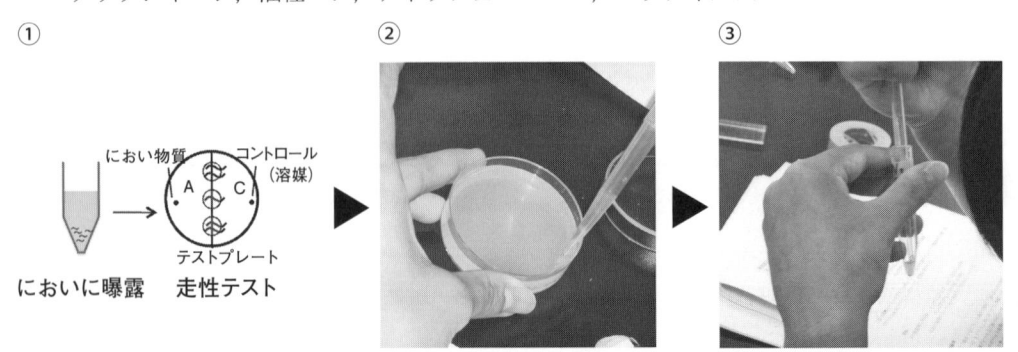

① においに曝露 → 走性テスト（におい物質 A，コントロール（溶媒）C，テストプレート）

②

③

方法：イソアミルアルコールとベンズアルデヒドに対する順応

1. センチュウの準備

通常培地で飼育した野生型センチュウ（☞**動物飼育1巻 pp.64-69**）を用いる．20℃で餌を十分に与えた条件で飼育した成虫個体（150〜300個体／通常飼育培地シャーレ）をテストに用いる．

2. 試薬の準備

2-1. 嗅覚順応用溶液（4倍濃度）：イソアミルアルコールを蒸留水で10000倍に希釈する（1/10000 イソアミルアルコール）．ベンズアルデヒドを蒸留水で3750倍に希釈する（1/3750 ベンズアルデヒド）．分注した溶液は，マイクロチューブに入れておく．原液のにおいが強いため，ドラフトチャンバー内で分注すること．本稿では，緩衝液を使わない簡便法を記載する．

2-2. 誘引行動テスト用のにおい物質：イソアミルアルコールをエタノールで400倍に希釈する（1/400 イソアミルアルコール）．ベンズアルデヒドをエタノールで800倍に希釈する（1/800 ベンズアルデヒド）．分注した溶液は，マイクロチューブに入れておく．原液のにおいが強いため，ドラフトチャンバー内で分注すること．

2-3. アジ化ナトリウム水溶液：蒸留水でアジ化ナトリウムが1 M（mol/L）となるように調製する（アジ化ナトリウムは毒物のため，取り扱いには十分注意する）．

3. テストプレートの準備

3-1. 化学走性テスト用の寒天プレート：塩化ナトリウム（0.3 g）と，寒天（2 g）を100 mLの蒸留水にいれ沸騰させ溶かす．完全に溶けた後に，直径9 cmのプラスチックシャーレに10 mLずつ分注する．沸騰により液量が減った場合は，蒸留水を足すとよい．十分に冷却し，寒天が固まってから使用する．

3-2. テスト用のプラスチックシャーレを裏返し，におい物質を置く位置に，油性ペンでAと書く（AはAttractant（誘引物質）の意味）【⑤】．対照実験として，溶媒であるエタノールをおく位置に，油性ペンでCと書く（CはControlの意味）．センチュウを置く場所（中央線）を油性ペンで記す【⑤】．

4. 嗅覚順応行動の操作

4-1. センチュウが飼育されている通常飼育培地シャーレ1枚に蒸留水を1 mL加え，センチュウを浮遊させる【②】．マイクロピペットかパスツールピペットを用いて，シャーレ上の

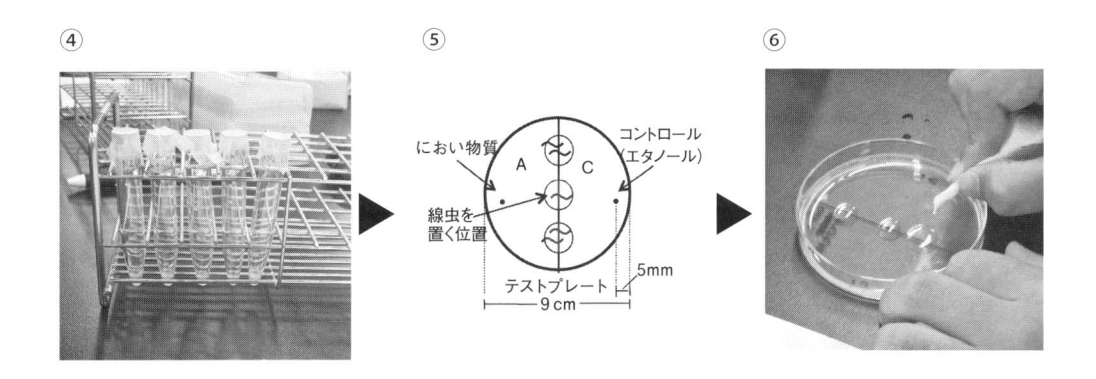

センチュウを蒸留水ごと，2 mL ガラス試験管に回収する．この状態の試験管を2本用意する（以下の操作は2本同時に行う）．

4-2. センチュウが試験管の底に十分沈んだ後に，パスツールピペットを用いて，上清を取り除く【③】．再度，蒸留水を1 mL加え，センチュウが底に沈んだ後に，上清を取り除く．この操作を合計3回繰り返す．センチュウを誤って取り除くのを防ぐため，溶液は完全に取り除かなくてよい．取り除いた溶液はビーカーなどにまとめておき，実験後に滅菌処理して捨てる．

4-3. センチュウが底に十分沈んだ後に，溶液の総量が，約150 μLになるまで除く．空の試験管に150 μLの蒸留水を入れて，それと見比べて，150 μLになるまで上清を取り除く．容量が少なくなってきたら，センチュウを誤って取り除かないようにマイクロピペットで取り除くとよい．

4-4. 2本の試験管のうちの1本には，50 μLの「嗅覚順応用溶液（1/10000 イソアミルアルコールもしくは，1/3750 ベンズアルデヒド）」を加え，指でやさしく叩いて撹拌させる．2本の試験管のうちの残り1本には，50 μLの蒸留水を加え撹拌する（対照実験）．

4-5. パラフィルムを試験管にかぶせ，蓋のかわりに使う．1時間静置する【④】．

4-6. 1時間後，上清をマイクロピペットで取り除く．蒸留水を1 mL加え，センチュウが底に十分沈んだのちに上清をマイクロピペットで取り除く．

4-7. プレート上の両端に1 M アジ化ナトリウム水溶液をそれぞれ1 μLずつ滴下する．パスツールピペットを用いて，プレートの中央線上にセンチュウを3点に分けて滴下する【⑤】．滴下後，先端を細く丸めたティッシュペーパーで水分を吸う【⑥】．

4-8. プレートのA点に誘引行動テスト用のにおい物質（1/400 イソアミルアルコール，または1/800 ベンズアルデヒド）を4 μL滴下し，C点にはコントロールとして溶媒であるエタノールを4 μL滴下する【⑦】．におい物質は揮発するため，素早く滴下しプレートの蓋をすぐに閉める．

4-9. テストプレートを裏返し，センチュウをおいた位置を油性ペンで囲って記しておく【⑧】．60分間静置してセンチュウを自由に行動させる．

4-10. テストの終了時間になったら，テストプレートを裏返したまま，クロロホルムを蓋に滴下しセンチュウを殺す（注：この作業はドラフトチャンバー内で行うこと）．クロロホルムがプレート中に充満しているので，蓋を開けずにドラフトチャンバー内に5分以上置い

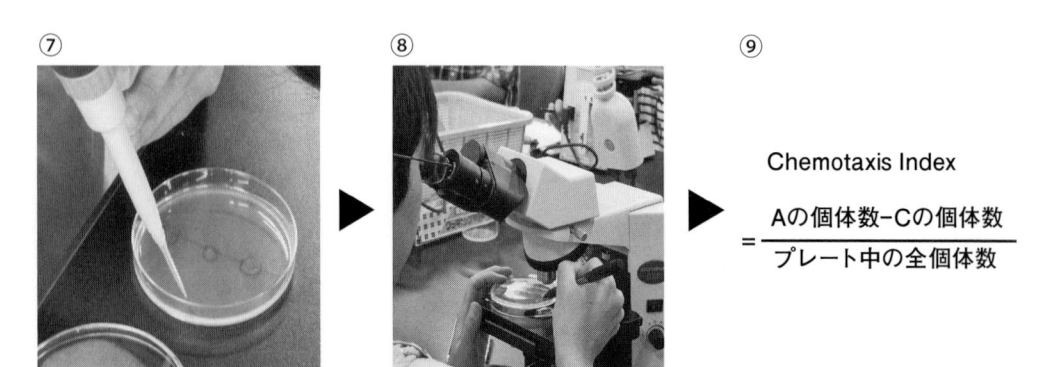

⑦　　⑧　　⑨

$$\text{Chemotaxis Index} = \frac{\text{Aの個体数} - \text{Cの個体数}}{\text{プレート中の全個体数}}$$

応用・発展課題のヒント

（男性）遺伝子操作で作った突然変異体の順応の異常を簡単に調べる事ができるよ．

（女子生徒）食品の添加物の効果をいろいろ調べられそうだね．

（女性）化粧品の匂いも調べられるかしら？

ておく．その後，プレートの蓋を半開きにして5分間クロロホルムを揮発させる（クロロホルムは劇物なので，吸い込まないように十分注意する）．

5. 嗅覚順応行動の結果の測定

5-1. 顕微鏡などを用いてテストプレート中のセンチュウを数える（プレートを裏返して，油性ペンでセンチュウのいる位置に点を打ちながら数える．卵をもっている成虫のみを数える）【⑧】．

5-2. 化学走性の指標（chemotaxis index, CI）を，数式を用いて算出する．「CI＝（A－C）/プレート中の全個体」として求められる【⑨】．なお，作業中に傷ついて動けなくなっているセンチュウを計算に入れないように，初めにセンチュウを置いた場所（4-9. 油性ペンで囲った円の内側）にいる個体は数えない．

注意すること・役立ち情報・耳よりな話

- センチュウの至適生育温度は15〜25 ℃であり，それ以上の高温になると弱ってしまうため，センチュウの入った溶液や沈殿を手で握ったり温かい物の近くに置かないこと．
- パスツールピペットを使って上清を吸い取って除くときは，スポイトをゆっくりと操作し，絶対に吐き出さないようにする（センチュウが浮き上がるため）．また，勢いよく溶液を吹き出さないこと．テストプレートの寒天に傷がつくと，センチュウがもぐるため，ピペットを寒天に刺さないように注意する．
- この実験法は，におい走性に異常のある突然変異体の研究から世界で初めて特定の嗅覚受容体遺伝子が決定されたときに使われた（Sengupta *et al*., 1996）．

リンク

- 研究者が教える動物飼育 1 巻 pp.64-69
- 比較生理生化学会誌 29 巻 3 号 pp.112-120
- 久原研究室　http://kuharan.com/

11 暗黒で有毒な深海の火山で動物は何を感じる？
—深海の熱水噴出孔に適応した動物の化学受容実験—

マリアナイトエラゴカイ
(*Paralvinella hessleri*)：
動物界で最高の高温耐性能力をもつ．小笠原海域と沖縄トラフなどのチムニーにすむ．

滋野修一：
海洋研究開発機構・海洋生物多様性研究分野・研究員，専門：感覚と脳の進化生物学

　太陽光が届かない深海の海底火山である熱水噴出孔の周辺には，一般に高温・高圧であり，嫌気状態に近く，有毒である硫化水素，活性酸素，メタン，二酸化炭素，重金属に富んだ環境が広がっている．この環境下では，太陽光に依存しない細菌が生み出す化学エネルギーを利用する生態系が成り立っている．その極限環境に適応した動物たちは，特殊な化学受容システムを保持すると推測されるが，その特性は明らかになっていない．

実験のねらい

　深海に生息する動物の採集と飼育は大変難しい．ただしここで紹介するマリアナイトエラゴカイ，ゴエモンコシオリエビ，そして一部の深海動物は短期または数か月に渡る長期維持が可能である．本実験では，多様な化学物質を頭部に噴射することにより，動物の嗜好性や嫌悪反応を調べる．1）熱水噴出孔の最近傍に生息し，動物界で最も優れた高熱耐性をもつ一種とされる，全身黄色のマリアナイトエラゴカイと，2）高温には弱いが熱水域に生息し，自身の剛毛に共生するバクテリアを食べて生きるゴエモンコシオリエビの応答を調べる．

実験の準備

動物：毎年，海洋研究開発機構（JAMSTEC）などで行われる一般公募により，乗船プロポーザルを研究計画書と共に記す．採用された場合に乗船準備を行う．標本は無人潜水艇ハイパードルフィンなどが装備する吸引装置スラープガンなどで熱水噴出孔近辺から採取する．

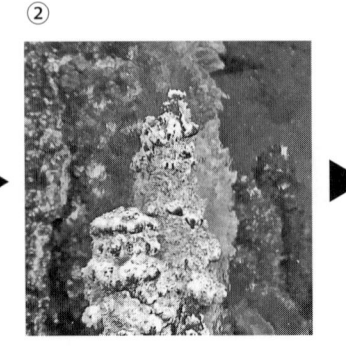

採集後に船上にて低温水槽で維持して，実験に使用する．

試薬：昆虫の研究で汎用されるにおい物質の試薬類を主に使用する．酸類（酢酸，塩酸，硫酸），アンモニア，過酸化水素，エタノール，エーテル，石油ベンジン，アロマティクス（香り成分，ラベンダー香，オレンジ香など），腐らせた魚，海藻，大腸菌，カプサイシン（唐辛子），メントール，その他研究室にある試薬など．

器具：クーラー付きの水槽（10℃以下を維持），動画記録装置（接写機能が付いたデジタルカメラやハンディカムでも可能），小型観察用プラスチック水槽，マイクロチューブ，マイクロピペット，マイクロピペットチップ，アイスバケツ（氷を入れた容器），使い捨て注射器など．

方法 1) 無人潜水艇を用いた採集および船上での飼育と実験

1. 動物の採集

潜水艇の装備を最終的に確認してチームの指示にしたがって潜行する【①】．既知の熱水群が知られる海域で，深さおよそ1200 m程度の熱水噴出孔に近づき，噴出孔近辺の白いバイオマット【②】を目印に動物をスラープガンもしくはチムニー岩石そのものをマニピュレーターで採取する．

1-1. 動物の準備：デッキに帰還した潜水艇から，海水の氷塊を入れたバケツにサンプルを入れる．放射能測定で採取したチムニー岩石の安全性を確認した後，イトエラゴカイが生息するか確認する【③】．イトエラゴカイがすむチムニーは海水で満たした小型飼育容器に入れて冷蔵庫で数日保存する．保存に使う海水はなるべくなら噴出口周辺から採取したものがよいが表層水でもよい【④】．

1-2. 保存したチムニーから使用するイトエラゴカイをピンセットで丁寧に取り出してシャーレ（6穴プレート）に数十個体を移す．作業はすべて氷温もしくは低温で行う．用意したにおい物質（例えば市販99％酢酸原液を10倍希釈ストック）をそれぞれ10倍，100倍，1000倍に適切な溶媒（DMSO，エタノールなどを添加した海水）で希釈した溶液（必要ならばさらに希釈）とコントロール液（表層海水，DMSOなど溶媒分を溶かしたもの）を1.5 mLマイクロチューブを用いて実験の直前に作る．

2. 観察の準備

2-1. 実体顕微鏡もしくはマクロレンズをもつ動画装置を配置する【⑤】．機器の転倒や，危険物質が漏出しないようにすべり止めマットやテープでしっかり固定する．

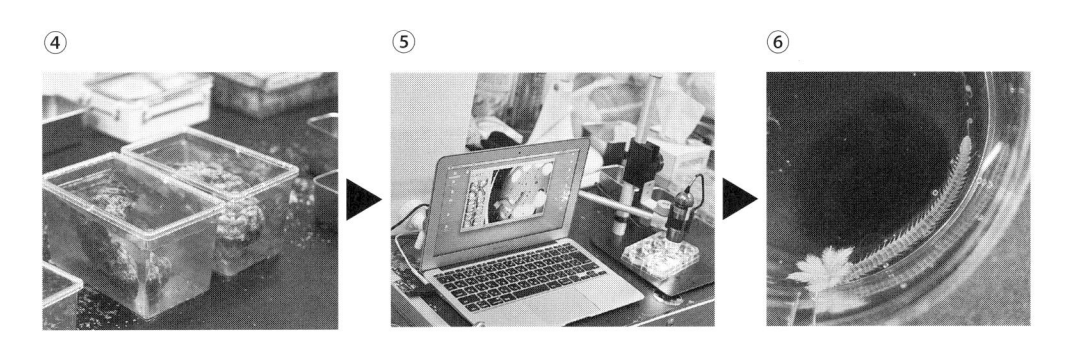

④　⑤　⑥

2-2. 基本的に不規則な揺れの中で実験を行うことになる．有害物質が目や皮膚に付着しないように十分な対策を練る．

3. 化学物質の噴射
3-1. 室温に戻すとゴカイが動き始めるので個体の活動能力を記録しておく【⑥】．
3-2. 6穴プレートの蓋を開けて，用意したにおい物質の水溶液を頭部に100 μL程度マイクロピペットで噴射する．溶液が動物に当たったかどうかは溶液の流れで判別できる．

4. 反応の測定
4-1. イトエラゴカイは通常，嗜好性，無反応，嫌悪性の3タイプの行動が見られる．これらを動画に記録する．また各種の化学物質の最低の濃度閾値を割り出し，高感度で感受する物質を同定する．
4-2. 化学物質によっては，エラのみが反応して個体の行動全体に反応が現れないものもある．その場合は同一個体に対して何回か繰り返し噴射を試みて，注意深く観察する．
4-3. 化学物質の受容体が他の動物でわかっていれば，その阻害剤などを用いて反応を見る．
4-4. イトエラゴカイはそれほど敏速な反応を行わない．また採集時の損傷もあり，個体差もあるので，元気な個体と無感な個体の双方を試みる必要がある．
4-5. 小型ホットプレートで，20℃から55℃まで徐々に温度を上げていくと，動物は次第に活気を増す傾向がある．このとき，同様な実験をして反応を調べてみる．
4-6. 沿岸種のゴカイや固着性イトヒキゴカイなどと比較して熱水に適応した動物の特徴を考えてみよう．

方法2）ゴエモンコシオリエビを用いた陸上の研究室での実験

1. 動物の準備
　方法1）と同じだが，コシオリエビは低温（4〜10℃）で長期飼育可能，運動も比較的活発で，人工海水を用いて陸上の施設で実験ができる．10℃以上では死んでしまうので低温室内か氷上で実験する．人間の体温でも弱ってしまうのであまり触りすぎないことが肝要．

2. 試薬の準備
　他に，通常のエビが好むグルタミン酸ナトリウムなどの旨味成分やバクテリア（大腸菌）を準備しておくとよい．

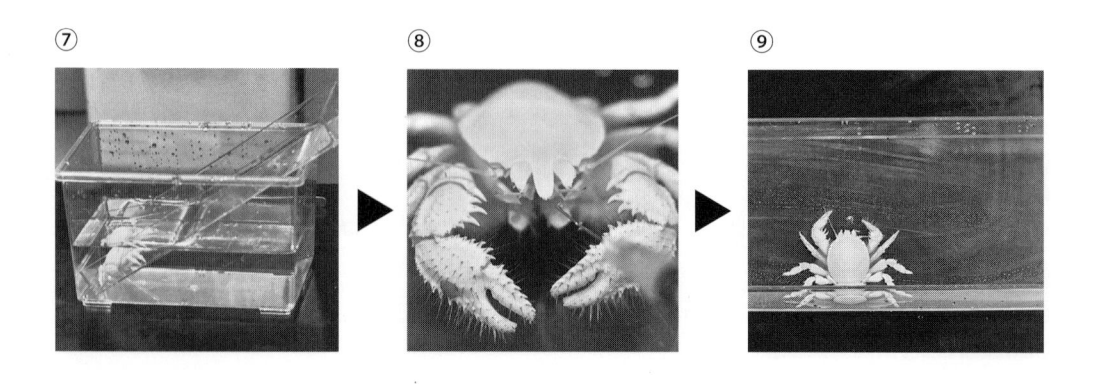

⑦　⑧　⑨

応用・発展課題のヒント

（吹き出し）
- 深海の海水って酸素が少ないんだって？
- それなら，窒素で海水の酸素を脱気置換して実験するのも必要かも．
- 揺れている船の上では観察が難しそう．
- 一見鈍感そうだけど，敏感に反応する物質はあるのかな？

3．動画撮影装置の準備

3-1．デジタルカメラなどを，コシオリエビの口部が詳細に観察できるように角度を付けて設置する【⑦】．

3-2．各種の化学物質を噴射して反応を調べる．シリンジなどを用いて第一もしくは第二触角に噴射する【⑧】．

3-3．酸などを即座に嫌悪する一方，グルタミン酸ナトリウムなどに対しては鋏を交互に動かす特徴的な嗜好性行動が見られる．嫌悪性を定量化するために逃避距離を計測することもできる．スポンジに各化学物質の溶液を染み込ませ，距離を置いて設置し，動物の反応を見るのもよいが，物質ごとに海水中での拡散速度が異なるので注意を要する【⑨】．

注意すること・役立ち情報・耳よりな話

- 深海動物は入手が難しくても，沿岸域の種類を用いた実験はできる．ザリガニなどの甲殻類の行動研究を参考にする．
- 身近な薬品や香料を用いて反応を見ると意外な物質が好きなことがわかる．
- これまでにあまり研究が行われていないので，学生でも新しい発見が期待される分野である．

リンク

- 海洋研究開発機構海洋工学センター（研究船利用公募など）
  http://www.jamstec.go.jp/maritec/j/
- World Register of Marine Species: WoRMS
  http://www.marinespecies.org/

12 においの感覚：しっかり嗅げてる？
—ヒトに用いられる嗅覚検査法—

ヒト（*Homo sapiens*）：
ここで紹介する嗅覚検査法は過去に経験したにおいを言語によって表現することが求められており，まさに著しく発達した高次神経機能を有するヒトのみが適応となる．

奥谷文乃：
高知大学医学部地域看護学講座・教授，専門：神経科学（嗅覚情報処理）

　一般的にヒトの感覚はまとめて五感（視・聴・触・味・嗅）と称される．実際に視覚障害・聴覚障害をきたすと，人間らしい文化的な生活を送る上で大きな不便を感じることからドイツ語で視覚・聴覚を「精神に近い感覚」とよび，それに対し味覚・嗅覚は原始的で「生命に近い感覚」とよばれる．特に嗅覚は解明が遅れており，これまでなくても大して困らないとみなされてきた．実際に嗅覚障害があっても30％近くの人には自覚がないと報告されている．しかし近年，においに対する関心はますます高まっており，体臭のみならず環境のにおいに対する消臭剤・芳香剤市場は拡大傾向にあり，嗅覚機能への関心も徐々に高まりつつある．

実験のねらい

　嗅覚の異常を感じたときに受診する診療科として，耳鼻咽喉科が最も多く，次いで神経内科・脳神経外科となっている．本項目では，嗅覚機能検査として臨床的に確立され保険適応になっている，1）基準嗅力検査，新たに開発中の心理学的なにおい同定検査法である2）においスティック，3）オープンエッセンスについて，その原理・方法を紹介し，それぞれの特徴を述べる．これら3つの検査はいずれも日本人を対象として考案された検査法である．

実験の準備

動物：ヒト（被験者）嗅いだにおいを口頭で表現できる認知機能が保たれていることが必須条件．
試薬：嗅覚検査用キット 1) T&Tオルファクトメーター（基準臭とにおい紙，第一薬品），2) Odor Stick Identification Test for Japanese-J（OSIT-J）（においスティック12本・無臭スティック1本，薬包紙と選択肢カード），3) 嗅覚同定能力研究用カードキット（測定カード12枚と回答用紙，和光純薬）
器具：換気装置（ドラフトチャンバー，基準嗅力検査用），密閉型容器（におい紙などの廃棄用），使い捨て手袋

方法 1）基準嗅力検査（T&T olfactometry）

　AからEまでの5種類のにおいで構成されている．成分は**表1**のとおりである．

1-1. 基準臭はこれらの物質を流動パラフィンあるいはプロピレングリコールに溶解したものである．濃度は"0"がほぼ若年健常人の閾値になるように調整されており，10倍希釈により"−1"，"−2"となり，逆に10倍ずつ濃いものに"2"，"3"，と番号がふられている．Bのみ"4"が上限でそれ以外は"5"まである【①】．

1-2. 十分換気ができている室内で，基準臭を1cmほどにおい紙にしみ込ませ，被験者に自分でにおい紙を鼻に近づけてもらい，まず"においがするかどうか（検知域値）"，つづいて"もしにおいがするなら何のにおいか（認知域値）"を答えてもらう．基準臭の提示順序はまずAの−2から5までというように番号を上昇させてAの検知域値と認知域値を測定し，つづいて基準臭を替えてBを同様に−2から4まで測定する方法【②】が推奨されている．しかし実際にはまず−2をAからEまで，つづいて−1をAからEまでというように，同じ番号（相対的濃度）で基準臭の種類を変えておこなう方法を採用している施設も少なくない．特に認知域値を決定する際，選択肢がないと非常に時間がかかる場合がある．限られた時間内に数をこなさなければならない臨床の現場では，「ニオイ表現語表」（表2）を用いて解答を促す施設がある．

1-3. 検知域値あるいは認知域値が決定されたら，それ以上濃い基準臭は用いず，そこでそのにおいに関しては検査終了となる．検知域値を○，認知域値を×で記入しオルファクトグラム（嗅力図）を作成する．もし最高濃度でも域値が求められなかった場合には下向きの矢印を付けて表記し，平均値を計算するときには+1として扱う（Bならば5，それ以外は

表1　基準臭の成分および正解とされるにおいの表現

	成　分	においの表現
A	2-phenylethyl alcohol	バラの花のにおい
B	3-methylcyclopentenolone	カラメルシロップ，砂糖を焦がしたにおい
C	isovaleric acid	靴下の汗のにおい
D	γ-undecalactone	モモの蜜の甘いにおい
E	3-methylindole	オナラ・糞便のにおい

表2　ニオイ表現語表

A	(イ) バラの花のニオイ	(ロ) 汗くさいニオイ	(ハ) 良いニオイ	(ニ) いやなニオイ
B	(イ) こげたニオイ	(ロ) バラの花のニオイ	(ハ) カラメルのニオイ	(ニ) 甘いニオイ
C	(イ) 汗くさいニオイ	(ロ) 良いニオイ	(ハ) いやなニオイ	(ニ) 甘いニオイ
D	(イ) 良いニオイ	(ロ) いやなニオイ	(ハ) 甘いニオイ	(ニ) 糞のニオイ
E	(イ) いやなニオイ	(ロ) 良いニオイ	(ハ) 糞のニオイ	(ニ) 甘いニオイ

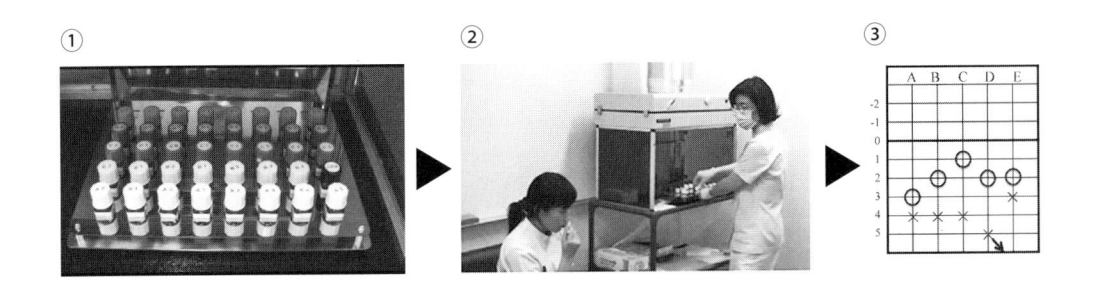

6 とする)【③】．用いたにおい紙は密閉型の容器に捨て，においが放散しないように気をつける．

方法2) においスティック検査法

2-1. 本検査法では 12 種類のにおいについて同定能を検査する．においスティックの先端を出し台紙に従って【④】，薬包紙（半分に切ったもの）に塗り付ける【⑤】．さらに薬包紙を 2 つ折りにし，親指と人差し指ではさんで擦り合わせ，成分を薄く広げる【⑥】．それを刺激物質として被験者に嗅いでもらい，選択肢カードを見ながら 4 つの選択肢あるいは「わからない」「無臭」のどれかから回答してもらう．

2-2. 正しいにおいの名称を選んだ点数をスコアとする．

方法3) オープンエッセンス

3-1. においスティック法の欠点としてスティックを薬包紙に塗布する際や，蓋をかぶせる際にスティック本体がつぶれることによる汚染があった．そこで同様のにおい物質を用いてマイクロカプセルとし，カードに封入して利便性を高めたものがオープンエッセンスである【⑦】．

3-2. におい刺激の際はそれぞれのカードを開いて嗅いでもらう【⑧】．においが薄いと感じたらカードを再度合わせて両手で擦り合わせるようにし，においの発散を促す【⑨】．回答用紙は複写式になっており，選択した番号が正解であるか否かは 2 枚目を見るとすぐわかるようになっている．これもにおいスティックと同様正解数をスコアとする．

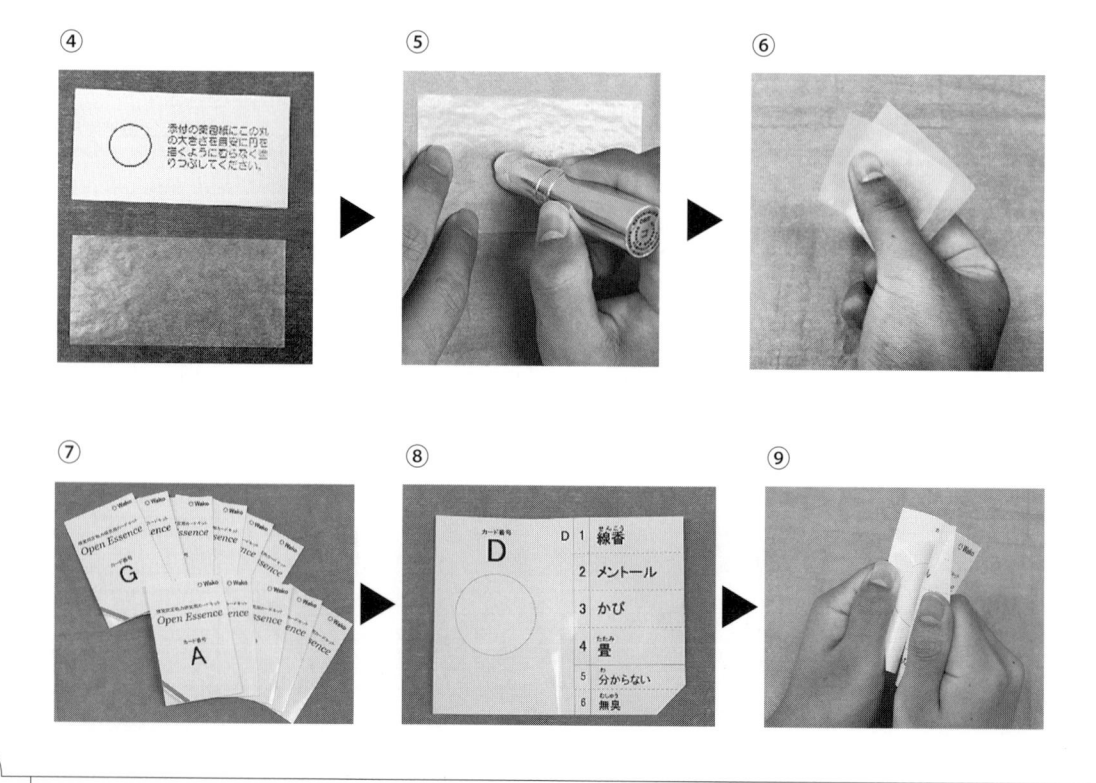

応用・発展課題のヒント

（女性）他の感覚と違って「においそのもの」を表現する言葉はないのよ．通常「甘いにおい」「〇〇のにおい」などと表現されるよね？

（男性）認知機能と深い関わりをもつのはそのためだね．脳の高次機能と関連づけて調べたら何かわかるかもしれない．

注意すること・役立ち情報・耳よりな話

- 基準嗅力検査（T&T olfactometry）の最大の欠点は換気装置を必要とすることである．そのために国内でも限られた施設でしか実施されていない．特に嗅覚脱失が疑われる場合には高濃度の基準臭を用いる必要があるので，十分な注意が必要である．
- 基準嗅力検査（T&T olfactometry）では選択肢がないために，被験者は必ずしもこのとおりににおいを表現するとは限らない．例えばAであれば，あまりバラの花のにおいを嗅いだ経験のない被験者は「柔軟剤のにおい」などと表現することも少なくない．認知域値に達したかどうかの判断は，検者および被験者の経験に左右される．
- 基準嗅力検査（T&T olfactometry）によりもとめられた認知域値の平均値から障害の程度を判定区分する．検知域値と認知域値に乖離が見られる場合には中枢性の嗅覚障害を考える．
- 一方でにおいスティックやオープンエッセンスのようなにおいの同定機能検査では域値を求めることができない．しかしながら不正解が「誤答」「わからない」「無臭」のいずれであったかに着目することにより，嗅覚障害の原因を推測することが可能である．例えば，嗅粘膜性の嗅覚障害であれば「無臭」が多くなり，高齢者にみられるような認知機能の低下では「わからない」が多くなり，まさに検知域値と認知域値の乖離を反映する．
- 臨床の現場で最も広く実践されているのが，静脈性嗅覚検査（通称：アリナミンテスト）であり，肘静脈へアリナミンを静脈注射し「ニンニクのにおい」がし始めた潜伏時間と消失するまでの持続時間を測定するものである．医療技術を必要とするため，今回は省いた．

表3　嗅覚障害程度の判定基準

平均認知域値	障害程度
0〜1.0	正　常
1.2〜2.4	軽度低下
2.6〜4.0	中等度低下
4.2〜5.4	高度低下
5.6〜	嗅覚脱失

リンク

- T&Tオルファクトメーター　http://www.j-ichiyaku.sakura.ne.jp/kyukaku/t-t.html
- においスティック（OSIT-J）　http://www.j-ichiyaku.sakura.ne.jp/kyukaku/stick.html
- Open Essence（オープンエッセンス）
  http://www.wako-chem.co.jp/siyaku/info/ana/article/openessence.htm

コラム3　ハエがもつ第2の鼻「マキシラリーパルプ」

クロキンバエ（*Phormia regina*）：訪花・吸蜜昆虫，味覚・摂食研究のモデル動物，北海道から東北にかけて生息．

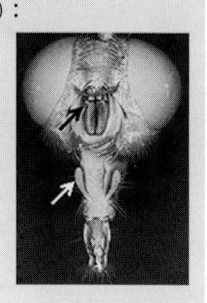

　私たちが鼻でにおいを感じるように昆虫は触角でにおいを感じる．このことはよく知られているが，実は，ハエは第2の嗅覚器官をもっている．クロキンバエの脚先にある味覚器を糖溶液で刺激して吻伸展反射をさせたときに伸びた吻をよく観察して見ると，吻の中程に長さ1 mm足らずの1対の突起があるのに気づく（上の動物写真：白矢印）．これがマキシラリーパルプ，第2の嗅覚器である．小顎鬚（しょうがくしゅう）と訳されているが，ここでは，英語のカタカナ読みの名称で呼ぶことにする．

　クロキンバエのマキシラリーパルプには，雄で150本，雌で180本の嗅覚感覚毛が生えていて，においの情報を集めて脳へ送っている．嗅覚感覚毛は1本あたり2個の嗅覚受容細胞が含まれていて，その組み合わせによって3種類に分類されている．それぞれの嗅覚受容細胞は，7種類の嗅覚受容体タンパク質のどれかを，1つずつもっているということがショウジョウバエでわかっているので，第2の嗅覚器の働きは分子レベルでかなり説明することができる．

　けれど，嗅覚受容体の分子生物学的な正体を突き止めることができたとしても，なぜハエが第1の嗅覚器である触角（左の動物写真：黒矢印）とは別に第2の嗅覚器マキシラリーパルプを発達させてきたのか，マキシラリーパルプの存在にはどういう必要性や利便性があるのかという問いにはどのように答えればよいのだろう．

　マキシラリーパルプはハエが食事中に吻を伸ばしているときに食べ物のにおいが漂う外気にさらされる【①〜③】．このことから，食べ物のにおいを嗅ぐために発達してきたのではないかという仮説をたてることができる．それを証明するにはどういう実験が適しているだろうか．参考にできる1つの実験方法は，本書で紹介している実験法の中の「触角電図」の測定法をミツバチの触角をハエのマキシラリーパルプに替えて，応用した「マキシラリーパルプ電図」の測定法であろう．マキシラリーパルプを切除するとマツタケオールのような食欲を増すにおいの効果がなくなることから，食べ物のにおい，ハエの嫌いな食べ物のにおいにどのような応答がみられるか興味深い．

【リンク】
研究者が教える動物飼育2巻 pp.212-217

■前田　徹：神戸大学大学院理学研究科，専門：動物行動・感覚

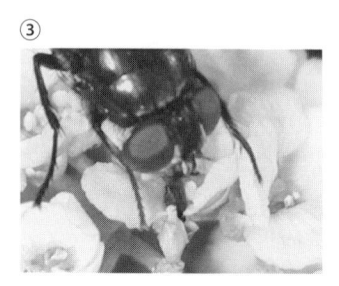

① ② ③

第3章

聴覚, 重力感覚

13 音への応答行動を測る：求愛歌は効果あり？
―ショウジョウバエの聴覚テスト：雄の求愛行動を利用した実験―

大学生向き

キイロショウジョウバエ
(*Drosophila melanogaster*)：
分子遺伝学的な実験方法が充実．脳の研究にも使われる．

石元広志（右）：
名古屋大学大学院理学研究科生命理学専攻，専門：分子神経科学，行動遺伝学，動物生理

上川内あづさ（左）：
名古屋大学大学院理学研究科生命理学専攻，専門：分子神経解剖学，神経行動学，神経生理学

　私たち脊椎動物や昆虫類は，外界の環境を捉えるために聴覚を発達させてきた．中でも，同種間交信の手段として発達した音を使ったコミュニケーションは，威嚇や求愛の手段として，いろいろな動物で使われている．本稿では，ショウジョウバエの雄が求愛するときに発する「求愛歌」と呼ばれる羽音を模した人工音を使った実験を紹介する．

▌実験のねらい

　キイロショウジョウバエを使って音への応答性を行動学的に調べる．1) ショウジョウバエの雄に人工音を聞かせた際の行動を観察する．2) 行動の観察結果から，音への応答行動を定量化する．3) 音受容に必要なレシーバー部分（触角先端）を手術で取り除いた個体では音への応答行動がどのように変化するかを調べる．

▌実験の準備

動物：通常培地で飼ったキイロショウジョウバエ（☞**動物飼育 2 巻 pp.200-205**）

器具：吸虫管（☞**付録 3 参考資料**），実体顕微鏡，小筆，ピンセット，アイスバケツ（氷を入れた発泡スチロールの箱），空き瓶（餌を入れていない飼育瓶），スポンジ栓，アルミ板（厚みは 5〜10 mm 程度，大きさは 50 mm 幅×100 mm 長程度），透明アクリル板（2 mm 厚×50 mm 幅×170 mm 長を 2 枚，5 mm 厚×50 mm 幅×20 mm 長を 2 枚），不透明アクリル四角棒（6 mm 厚×10 mm 幅×50 mm 長を 9 本），アクリル用接着剤，ナイロンメッシュ（目開きが 0.2〜0.5 mm 程度のもの），竹串（細長い棒であれば何でもよい），ハンドドリル，ドリルビット（直径 5 mm，アクリル素材用），針金，ラジオペンチ，フルレンジスピーカー（再生周波数帯域が 100〜200 Hz を含むもの），オーディオアンプ，コンピューター，ビデオカメラ，セロハンテープ，穴あけパンチ，透明クリアファイル，白色 LED 光源のトレース台，三脚，油性マーカー（細字），温湿度計

方法1）聴覚行動の測定

1. 行動観察容器の準備

1-1. 2 mm 厚×50 mm 幅×170 mm 長の透明アクリル板2枚で，行動観察容器の天井板と床板を作成する．油性マーカーで図面【①】に従って1枚ずつマークする．以下，この線に沿って加工を行う．そのうちの1枚に，マークに従ってハンドドリルで8個の丸穴（直径5 mm 程度）を開けて床板とする．この丸穴は，実験時にハエを出し入れするためのものである．

1-2. 床板の丸穴が開いていない部分の区画に，6 mm 厚×10 mm 幅×50 mm 長の不透明アクリル四角棒を線に沿って1本ずつアクリル用接着剤を用いて貼り，間仕切りとする．次に天井板を床面と位置が揃うように貼り合わせる．2枚の5 mm 厚×50 mm 幅×20 mm 長の透明アクリル板を両サイドにそれぞれ貼り付けて，脚とする【②】．

1-3. 次に，行動観察容器の側面にメッシュを取り付ける．ハエはにおいに敏感なので，接着剤を使わずに竹串を使って押さえつけることで，メッシュを固定する．まずは10 mm×170 mm に切断したナイロンメッシュを2枚用意する．170 mm の長さに切断した竹串4本，10 mm 以下の長さに切断した竹串片を12個作成する．長い竹串で，ナイロンメッシュの上下をアクリル容器の側面に押さえつけ，たわまないように両サイドと真ん中に竹串片を2個ずつはさみ，針金を【②】のようにアクリル容器の脚の部分の内側に巻いて固定する．この際に竹串片は，間仕切りの位置に配置し，行動実験の区画にはかからないようにする．以上により，それぞれの側面がメッシュで塞がれた，8個の個室をもつ行動観察用のアクリル容器が作成できる【②】．使用前によく洗浄して乾かしておく．

1-4. 次に，ハエを出し入れする穴をふさぐための蓋を作る．穴あけパンチでクリアファイルをパンチし，屑受けから丸い透明シートを回収する．1 cm 長に切ったセロハンテープに丸い透明シートを貼り付けたものを8個，作成する．これを，行動観察容器のハエを出し入れする8個の穴に貼る．この際，行動実験時にハエがセロハンテープに貼り付かないよう，丸い透明シート部分が容器の丸穴部分を塞ぐようにする．

2. 行動観察用キイロショウジョウバエの準備

2-1. 通常培地で飼育した野生型系統（☞**動物飼育2巻 pp.200-205**）を用いる．実験用に，未交尾の成虫を集める．成虫と蛹を含む飼育瓶からすべての成虫を取り除き，室温で静置す

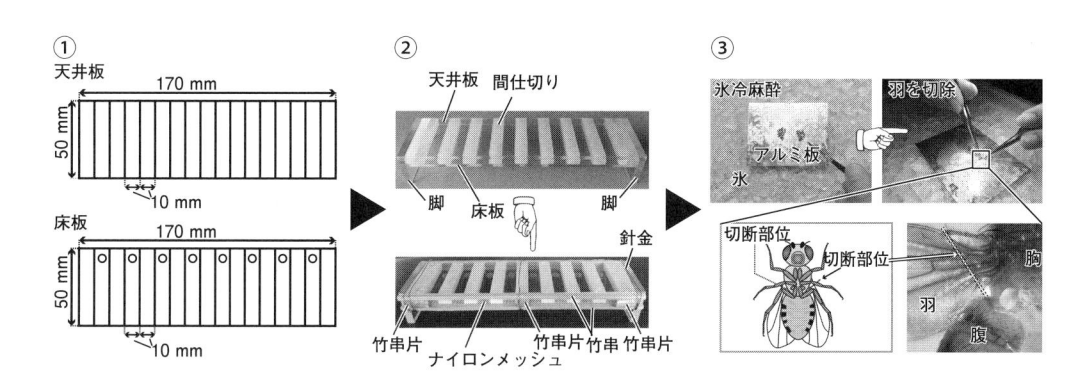

る．その後 8 時間以内に羽化した成虫を飼育瓶から空き瓶に集め，スポンジ栓をしてアイスバケツ上で氷冷麻酔する．数分で麻酔されて動かなくなるはずである．

2-2. 麻酔したハエをアイスバケツの上に置いたアルミ板の上に広げる【③】．ハエを傷つけないように小筆を使って雄と雌を分け，雌は廃棄する．アルミ板が結露するので，時々ティッシュペーパーで水滴を拭い取る．吸虫管，あるいは小筆を使って雄をいったん空き瓶に回収し，アイスバケツ上で氷冷麻酔を続ける．

2-3. 麻酔された雄を 5～10 匹ずつアイスバケツの上に置いたアルミ板の上に広げ，氷上麻酔下で両羽を切除する【③】．こうすることで，雄バエが自分では求愛歌を奏でられないようになる．この切除手術の際，ハエを傷つけないよう，体の他の部分には触らないようにする．なお，あまり短く切りすぎるとハエが弱るので注意する．切除後，吸虫管を使って餌の入った飼育瓶に 7 匹になるまで入れる．作成した行動観察容器で飼育瓶 8 本分の実験ができるので，7 匹ずつ入れた飼育瓶を 8 本用意するとよい．

2-4. 飼育瓶に入れた羽を切除したハエを，実験日までそのまま飼育する．25 ℃ 付近で飼育する場合は 5 日後から 7 日後に，18 ℃ 付近で飼育する場合は 10 日後から 15 日後に実験を行う．これにより，日齢の揃ったハエだけを実験に使用できる．ハエの健康状態を保つため，3 日ごとに餌の入った新しい飼育瓶に移し替える．ただし，実験当日は移し替えをしないようにする．これは，実験当日のハエによけいな刺激を与えるのを防ぐためである．

3. 音刺激と撮影装置の準備

3-1. Audacity® などのオーディオエディタソフトウェアを使って，音ファイルを作成する．キイロショウジョウバエはパルスとパルスの間隔が 35 ミリ秒のパルス音によく反応して行動することが知られている．そこで，200 Hz のトーン（サイン波）を 1 周期（5 ミリ秒）生成し，この 1 周期のサイン波の開始点がそれぞれ 35 ミリ秒ごとになるよう配置する．これにより，パルス間隔が 35 ミリ秒のパルス音を生成する．このパルス音を使って，最初の 5 分間は無音，その後 5 分間は「パルス音が 1 秒，無音が 2 秒」という音が繰り返すような，音ファイルを作成する【④】．

3-2. スピーカーとアンプをコンピューターに接続し，音ファイルの再生音をスピーカーから出力する．人の話し声程度の音量があればよい．

3-3. 行動観察容器がスピーカーから 10 cm の距離に収まるように，行動観察容器のメッシュ面をスピーカー側に向けてトレース台の上に置く【⑤】．スピーカーと行動観察容器との距

離が実験ごとに一定になるように，行動観察容器を置く場所を油性マーカーなどでマークしておく．次に三脚を用いてビデオカメラをセットする．トレース台のLED光源をオンにして，行動観察容器の直上からビデオカメラで試し撮りする．8個に区分けされた個室のうちの4つの区画が画面一杯に収まるように，ビデオカメラの位置や倍率を調整する．

4. 行動実験

4-1. 実験室の温度と湿度の管理は，動物行動実験を行う上で重要．エアコンや加湿機・除湿機などを用いて，室温が25℃，湿度が45〜60％になるように調整する．温湿度計で実際の温度と湿度を確認する．トレース台，オーディオアンプ，ビデオカメラ，コンピューターの電源を入れる．

4-2. 行動観察容器の各区画の穴に貼ったセロハンテープを一部分だけはがし，そこから吸虫管を使ってハエを内部に移す【⑥】．1匹ずつ確実に移動させて，逃げないように再びテープで塞ぐ．合計6匹を観察容器の1区画に入れる．吸虫管を強く吸ったり吹いたりするとハエにダメージを与えるので注意する事．合計4区画にショウジョウバエを入れる．

4-3. キイロショウジョウバエを入れた行動観察容器をトレース台上のマークした位置に置く．行動観察容器の直上から4つの区画がビデオカメラの画面一杯に収まっていることを確認する．

4-4. 音楽再生ソフトを用いて音ファイルの再生開始と同時にビデオ録画も開始する．5分間の無音と5分間の音刺激で合計10分間の行動を録画する．

4-5. 実験が終了したら，行動観察容器を洗剤入りの水に浸して殺虫する．行動観察容器は内部のハエを水流で流し出して水でよくすすいだ後，自然乾燥させる．

5. データ解析

ビデオ録画されたショウジョウバエの行動を観察して，音刺激に対するショウジョウバエの行動を数値化して評価する．通常，雄は雌を見つけると求愛行動（羽をふるわせて求愛歌を奏でる，雌を追いかけるなど）をするが，雄同士では求愛行動は見られない．面白いことに，求愛歌やそれを模した人工音を雄のショウジョウバエ集団に聞かせると配偶行動が活発化し，雄同士にも関わらず，互いに求愛行動を示すようになる．この性質を利用してショウジョウバエの音に対する応答行動を調べる．

5-1. ショウジョウバエの求愛行動を評価するために，Chain indexを算出する．複数の雄を1か所に集めて求愛歌を聞かせると，雄が他の雄に対して求愛行動をとる．このとき，求愛されている側の雄（個体A）は逃げようとするので，それを求愛行動をしている側の雄（個体B）が追いかける様子が観察できる．雄（個体B）をまた他の雄（個体C）が追いかけると丁度，ショウジョウバエが数珠つなぎに連なった隊列が観察できる【⑦】．この様子を鎖に例えてチェーン行動（Chain behavior）と呼ぶ．チェーン行動に参加している個体数をカウントして，Chain indexとする．先ほどの例だと，個体A，個体B，個体Cの3個体でチェーンが形成されているのでChain index = 3となる．また，例えば3個体のチェーンが2組できた場合は，合計6匹がチェーン行動に参加しているのでChain index = 6である．

5-2. 録画したビデオを録画時間を表示させて再生する．3秒間ごとに一時停止をしてチェーン行動に参加しているショウジョウバエの数をカウントし，ノートに記録する．各区画ごと

にカウントして，10分間のデータを表計算ソフトに入力する．

5-3. 表計算ソフトの一番左端の行に観察時間を入力し，次行以降にチェーン行動をカウントした数値を入力する．行動観察容器の一区画ごとのデータを各行に入力して，再終行でChain indexの平均値を計算する．20区画分（120匹分）ほどのデータを取得すれば十分である．計算した平均値の次行に標準誤差を計算する．縦軸にChain index，横軸に時間をとって折れ線グラフを描画する【⑧】．次に，音を聞かせる前（フェーズⅠ：231〜290秒），聞かせた直後（フェーズⅡ：311〜370秒），実験終了直前（フェーズⅢ：541〜600秒）の1分間のチェーン行動参加数の累積値を計算する．この累積値を用いると，音に対する応答行動を時間ごとに比較することができる．Ⅰ〜Ⅲの各フェーズに含まれるChain indexを観察区画ごとに合計する．20区画分の実験データから，1つのフェーズにつき20個のチェーン累積値を得る事ができる．この行動実験でのChain indexは正規分布しないことが知られているため，各フェーズのチェーン累積値に対してフリードマン検定とScheffeの多重比較を用いて有意差の判定を行う．チェーン累積値は箱ひげ図を用いて描画する【⑧】．

方法 2）聴覚器のレシーバー部分を手術で除去したハエの音への応答行動の測定

1. 行動実験装置の準備
方法1）と同じ．

2. ハエの準備

2-1. **方法1）**と同様にハエを麻酔し，小筆を使って雄と雌を分ける．

2-2. アイスバケツの上に置いたアルミ板の上に実験用の雄バエを置き，ピンセットを使って触角から先端部（触角第三節）を切除する【⑨】．この際，ハエを傷つけないよう，他の部分には触らないようにする．ショウジョウバエの触角先端部は音を受容するためのレシーバーとして機能するので，この手術でハエは音が聞こえにくくなるはずである．

2-3. 切除手術後のハエを**方法1）**と同様に吸虫管を使って餌の入った飼育瓶に移し，そのまま飼育する．以下，**方法1）**と同じようにハエを維持して実験に使用する．手術の際に傷つけていないか，歩きかたなどを観察し，元気なハエのみを実験に使う．

3. 行動実験
方法1）と同じ．

⑦

⑧

⑨

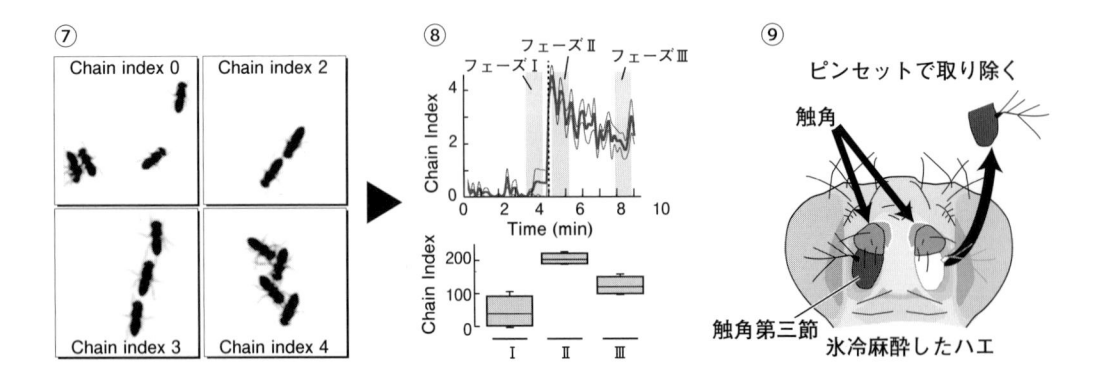

応用・発展課題のヒント

（漫画内の吹き出し）
- 特定の遺伝子が変異した遺伝子変異系統を使って実験すれば，遺伝子機能と聴覚行動の関係が分かるね．
- 音の種類を変えてみるとどうなるのかな？クラシック音楽にはまさか反応しないよね？
- ハエが求愛歌を持っているなんて，初めて知ったよ．台所でも歌っているのかな？
- いろいろなショウジョウバエ近縁種を使って，それぞれの求愛歌に似せた音を聴かせ比べてみてもおもしろいわね．

4. データ解析

方法1）の5-3.で示した解析方法を用いて，今度は各フェーズにおける正常なハエ（対照群）と触角第三節を除去したハエ（実験群）のチェーン行動累積値を比較する．有意差の判定はマン・ホイットニー検定で行う．

注意すること・役立ち情報・耳よりな話

- 実験動物（キイロショウジョウバエ）は丁寧に扱うこと．ストレスやダメージを与えると行動が安定しない．吸虫管の扱いに慣れること．また，羽を切るためにハエを長時間低温にさらすのもダメージになるので手早く行うこと．
- **方法1）**でチェーン行動があまり観察できなかった場合には，音量を上げてみる，あるいは下げてみるとよい．
- チェーン行動の解析を大規模に行うため，コンピューターを用いた画像解析ソフトウェアが開発された（Yoon et al., 2013）．http://jfly.iam.u-tokyo.ac.jp/chain/ からソフトウェアとマニュアルをダウンロードできる．
- ショウジョウバエ科には3000種類以上の種がいることが知られている．種によって求愛行動の様式が少しずつ違っており，求愛歌の音パターンも様々である．
- キイロショウジョウバエは，「分子遺伝学」という実験手法が充実しているため，発生生物学や神経科学など，様々な研究分野で重宝されている実験動物である．

雄は雌に求愛歌でアピールする

リンク

- 研究者が教える動物飼育2巻 pp.200-205
- Audacity®　http://audacity.sourceforge.net/?lang=ja

14 重力への応答行動を測る：ショウジョウバエは上に逃げる？
─ショウジョウバエを使った反重力走性の測定：上方向に移動する割合を決定する─

高校生向き

キイロショウジョウバエ
(*Drosophila melanogaster*)：
分子遺伝学的な実験方法が充実．脳の研究にも使われる．

松尾恵倫子（右）：
名古屋大学大学院理学研究科生命理学専攻，専門：神経解剖学

上川内あづさ（左）：
名古屋大学大学院理学研究科生命理学専攻，専門：分子神経解剖学，神経行動学，神経生理学

　どちらが「上」でどちらが「下」か，私たちは無意識のうちに知覚して，姿勢保持などの反応をする．ヒト以外の動物でも，重力に対する行動は，本能的に引き起こされることが多い．本章では，遺伝学実験によく使われるモデル生物であるショウジョウバエが示す，重力に対する本能行動を調べる実験を紹介する．

実験のねらい

　キイロショウジョウバエを使って重力応答性を行動学的に測定する．1) ショウジョウバエが驚いたときに重力方向に逆らって上側に逃避する行動を観察する．2) 逃避行動の観察結果から，重力方向に逆らって移動する確率の平均値を決定する．3) 重力感覚器を手術で取り除いた個体では重力への応答行動がどのように変化するかを決定する．

実験の準備

動物：通常培地で飼ったキイロショウジョウバエ．
器具：円柱形のプラスチック容器2つ，スポンジ，クリアファイル，吸虫管（☞**付録3 参考資料**），実体顕微鏡，小筆，ピンセット，アイスバケツ（氷を入れた発泡スチロールの箱），空き瓶（餌を入れていない飼育瓶），漏斗，ビニールテープ，タイマー，シール，アルミ板，段ボール，ティッシュペーパー．

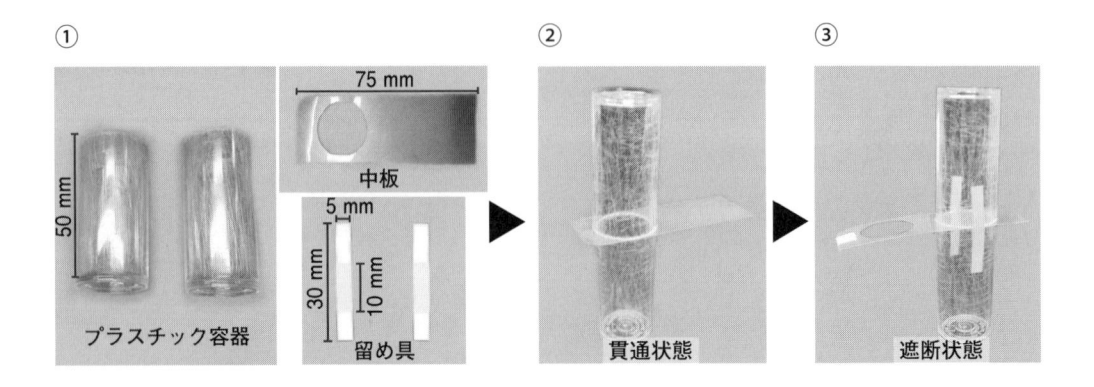

① プラスチック容器（50 mm） / 中板（75 mm） / 留め具（30 mm, 5 mm, 10 mm）
② 貫通状態
③ 遮断状態

62 ● 第3章 聴覚，重力感覚

方法 1）反重力走性の測定

1. 行動実験装置の準備

1-1. 行動実験装置を作成する．プラスチック容器の外径が短辺になるように，クリアファイルを長方形に切り取り，プラスチック容器の内径に合わせてくり抜く（以下，「中板」と呼ぶ）【①】．プラスチック容器2本にくり抜いた中板を挟んで，それぞれ底が外側に来るように合わせる．この状態だと，ハエが上下の容器の間を自由に移動できる．これを「貫通状態」と呼ぶ【②】．

1-2. 2本の容器がずれないように，ビニールテープで作った留め具【①】（☞付録3 参考資料）で2点を固定する．この際，中板が横にスライドできるようにしておく．2本の容器が中板で遮られている状態を「遮断状態」と呼ぶ【③】．中板をスライドさせて「貫通状態」と「遮断状態」を滑らかに切り替えられるように練習をしておく．

1-3. プラスチック容器に栓ができるような大きさでスポンジを切り取ることで，スポンジ栓を2つ作成する．

2. ハエの準備

2-1. 通常培地で飼育した野生型系統（☞動物飼育2巻pp.200-205）を用いる．その日に羽化した個体を飼育瓶から空き瓶に集め，アイスバケツ上で氷冷麻酔する．

2-2. 麻酔したハエをアイスバケツの上に置いたアルミ板の上に広げ，ハエを傷つけないように小筆を使って雄と雌を分ける【④】．アルミ板が結露するので，時々ティッシュペーパーで水滴を拭い取る．雄と雌は運動性が異なるので，どちらか一方だけを使って実験を行う．30匹から50匹の雄，または雌の集団を吸虫管を使って餌の入った飼育瓶に移し，そのまま飼育する．

2-3. 24℃付近で飼育する場合は2日後から4日後に，19℃付近で飼育する場合は3日後から7日後に実験を行う．これにより，日齢の揃ったハエだけを実験に使用できる．なお，4日以上飼育する場合には，3日ごとに餌の入った新しい飼育瓶に移し替える．ただし，実験当日は移し替えをしないようにする．これは，実験当日のハエによけいな刺激を与えるのを防ぐためである．

3. 行動実験

3-1. 行動実験装置を解体し，片方のプラスチック容器（下側容器）に，漏斗を使って飼育瓶か

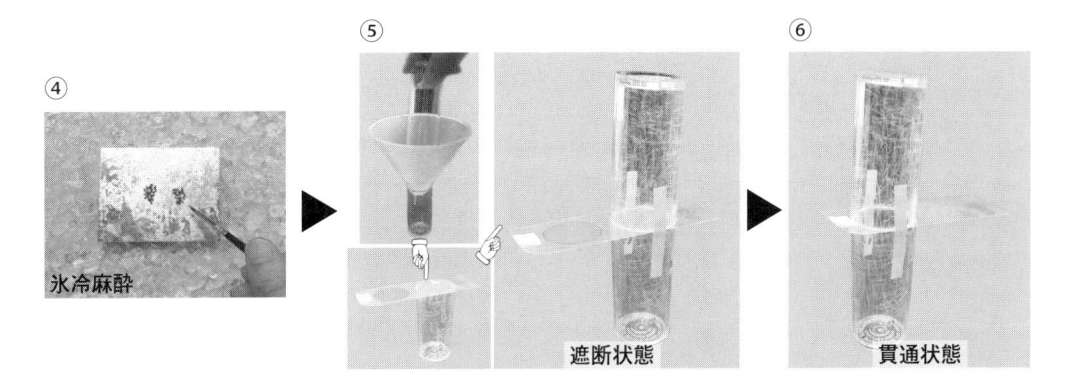

④ 氷冷麻酔

⑤ 遮断状態

⑥ 貫通状態

らハエを移し替えて中板で蓋をする．もう1つのプラスチック容器を下向きにして重ねて，「遮断状態」にする．2本の容器を留め具で再び固定する【⑤】．

3-2. これ以降の操作は暗室状態で行う．これは，ハエが光に近づいていく性質（走光性）の影響を除くためである．「遮断状態」の行動実験装置を実験台に叩き付けて，ハエを下側容器底部に落とす．これがハエを驚かせる刺激となる．叩き付ける際の音がうるさい場合，マウスパッドや厚紙を下に敷くとよい．叩き付けた直後に中板をスライドさせて「貫通状態」とする【⑥】．そのまま30秒静置した後，中板をスライドさせて再び「遮断状態」にする．30秒後に音がなるように設定したタイマーを使うとよい．

4. 上方向に移動した割合の決定

4-1. 上下の容器をそれぞれ「上」「下」と書いたシールなどを貼ってラベルする．行動実験装置を解体し，上側容器と下側容器にスポンジ栓をして，内部にハエを閉じ込める【⑦】．それぞれの容器の中にいるハエをアイスバケツ上で氷冷麻酔する．麻酔したハエをアイスバケツの上に置いたアルミ板の上に広げ，上側容器，下側容器それぞれに含まれるハエの数を数える【⑧】．なお，使用したプラスチックチューブは洗浄，乾燥して再利用できる．

4-2. 全体のうち，上方向に移動したハエの割合を分配係数として計算する．

分配係数＝上側容器のハエの数／（上側容器のハエの数＋下側容器のハエの数）

ハエがランダムに上下の容器に分布した場合，分配係数は0.5になるはずである．分配係数が0.5より大きいとき，ハエは反重力走性をもつといえる．

方法2）重力感覚器を手術で除去したハエの反重力走性の測定

1. 行動実験装置の準備

方法1）と同じ．

2. ハエの準備

2-1. **方法1）** と同様にハエを氷冷麻酔し，小筆を使って雄と雌を分ける．30匹から50匹の雄，または雌の集団を実験に使用する．

2-2. アイスバケツの上に置いたアルミ板の上に実験用のハエを置き，ピンセットを使って触角先端（【⑨】，重力受容に必要）を切除する．この際，ハエを傷つけないよう，他の部分には触らないようにする．触角の根元には重力感覚器があるので，一緒に取り除かないように注意．

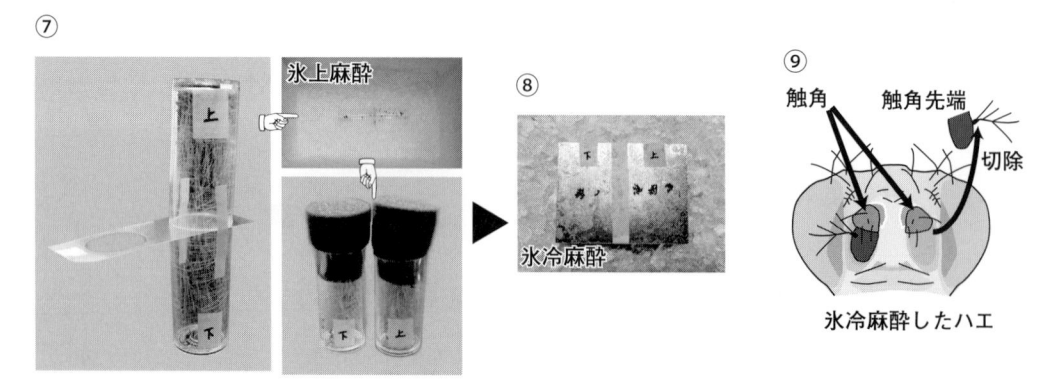

応用・発展課題のヒント

> 特定の神経細胞の機能を抑えたハエを遺伝子操作で作って，反重力走性にどういった影響が出るかも調べられるよ．

> 同じ行動実験装置を使って走光性の実験もできるね．

> ハエは驚くと上に逃げるんだね．今度驚かせてみよう．

> もっと本格的に調べる方法として，「カウンターカレント装置」というものを使った実験方法もあるのよ．

2-3. 切除手術後のハエを**方法 1**）と同様に吸虫管を使って餌の入った飼育瓶に移し，そのまま飼育する．以下，**方法 1**）と同じようにハエを維持して実験に使用する．

3. 行動実験
方法 1）と同じ．

注意すること・役立ち情報・耳よりな話

- 少しでも光が漏れ込むと，ショウジョウバエはそちらの方向へ移動してしまうので，実験は完全な暗室で行う．
- 暗室で上から光を当てて同様の実験をすることで，ショウジョウバエの走光性を測定することもできる．
- この実験法をより本格化させた，「カウンターカレント装置」を使った実験で，ショウジョウバエの重力感覚細胞が世界で初めて決定された（Kamikouchi *et al.*, 2009）．
- 「カウンターカレント装置」を使った本格的な重力行動検定法の詳細は，以下の英語論文に詳しく記載されている（Inagaki *et al.*, 2010）．
- 触角で受け取った重力の情報を脳へと伝える神経回路地図も報告されている．

カウンターカレント装置
走光性や反重力走性を調べることができる．

リンク

- 研究者が教える動物飼育 2 巻 pp.200–205

15 ラブソングの作り方
―フタホシコオロギの歌の音声解析―

フタホシコオロギ
(*Gryllus bimaculatus* DeGeer)：
熱帯・亜熱帯地方に生息．爬虫類などのペットの餌としても利用される．

熊代樹彦：
元：岡山大学大学院自然科学研究科，専門：動物生理学

大学生向き

　動物の中には求愛のために特殊化した器官を用いて，化学感覚・視覚・聴覚・振動感覚など様々な感覚刺激を作り出し積極的に求愛を行うものが多く知られている．コオロギ類の雄は左右の前翅にある発音器をこすり合わせて生じる「歌」によって雌の聴覚に訴えアピールする．この歌は種ごとに構成パターンや周波数が異なっており，雌はこれらのうちの特定の要素に誘引される．

実験のねらい

　まず発音器である雄の前翅を形態学的に調べ，さらに実際に鳴いている雄を観察することで求愛歌の発音の仕組みを考察する．さらに基本的な音声解析ソフトを用いて，コオロギの歌の時間パターンと周波数を可視化して歌の構成要素を調べて，どの要素が最も重要であるのかを考察する．

実験の準備

動物：フタホシコオロギの成虫は成虫脱皮後1週間以上経過したものを用いる（☞**動物飼育2巻 pp.61-66**）．雌雄を混合飼育しているなら，実験前に雄を一晩雌から隔離して性的興奮性を高めておく．前翅の模様がシンプルで，腹部末端に1本の槍のような産卵管がある方が雌，前翅の模様が複雑な方が雄である【①】．

器具：実体顕微鏡，ルーペ，コンピューター（マイク付き），音声解析ソフト，金網など音が通りやすい仕切りを付けたケース，100 mL ビーカー，氷（麻酔用），ビデオカメラ，コオロ

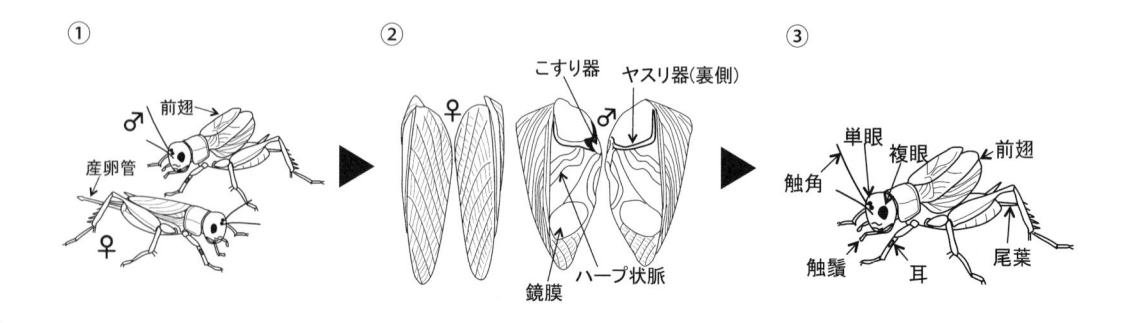

ギの鳴き声が入った市販の CD など．

環境：室温は 25〜27 ℃で一定にする．光条件は通常の室内光でよい．できるだけ外部からの音が入ってこない静かな部屋で実験を行い，実験中は必要以外の音をできるだけ出さないように注意する．

方法 1) コオロギの求愛に関わる器官の観察と求愛歌の確認

1. 発音器などの形態観察と求愛歌の確認

1-1. 雌雄の前翅を付け根から切り取り，翅を実体顕微鏡で観察，比較する【②】．特に雄にのみヤスリ器（右翅の裏側）とこすり器（左翅の表側の右端）という発音器があること，さらにその他の特徴的な場所（ハープ状脈，鏡膜など）を確認する．

1-2. 求愛，交尾に関わる器官【③】，特に前肢にある耳の位置と形態をルーペなどで拡大して観察する．

1-3. 100 mL ビーカーなどの透明な容器に雌雄のペアを入れる．その後求愛を開始した雄の求愛歌を実際に聴いて，そのパターンを確認しておく．

1-4. 求愛歌は，雌から少し離れた位置で「リーリーリー」といった少し長い音（チャープ音）が連続する「呼び鳴き」で始まる．次の段階として雌に近づいて「チッチッチッ」という短い音が連続する「口説き鳴き」に変わる【④】．今回は，主に「呼び鳴き」の音声解析を行う．

1-5. 求愛の際にどちらの翅を上にしているか，そして実際にヤスリ器とこすり器をこすり合わせているかどうかなどを観察する【⑤】．できればビデオカメラなどで動画記録し，スローやコマ送り再生して確認するとよい．

2. 求愛歌の発音の仕組みの確認実験

2-1. 雄コオロギを氷冷麻酔して，実際に翅を指でつまんで左右の翅を人為的にすり合わせて発音させてみる．さらに正常なすり合わせとは逆に左翅を上にしてすり合わせて発音するかどうか試してみる．

2-2. その他，例えば麻酔した雄の翅のヤスリ器とこすり器を残し，それよりも後ろの部分を切除して，麻酔から覚めた後に再び求愛させて音の大きさや聞こえ方が変化するかどうかを調べる．このような簡単な実験から，前翅のすり合わせ部分以外の役割など，発音の仕組みを考察してみる．

2-3. コオロギのような小さな体から大きな音が出る仕組みは，ヤスリ器とこすり器の摩擦で翅

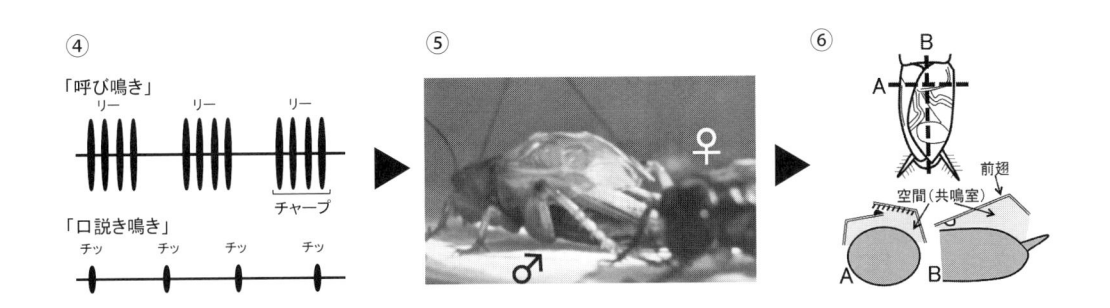

が振動することによって生じた音が，持ち上げた前翅と腹部の間にできた空間（共鳴室）にある空気を振動させ，まるでバイオリンなどの楽器のように，音が増幅されて共鳴することによると考えられている【⑥】．なお【⑥】の左下のAはコオロギ腹部の横断面，右下のBは縦断面の模式図．

方法2）歌の音声解析

1. 録音

1-1. マイクの集音部を雄の近くにセットしてパソコンと接続しておく．音声解析ソフトの操作法に従って，すぐに録音ができるように準備する．

1-2. 交尾させないように，仕切りをつけたケースの2つの部屋に，雄と雌をそれぞれ1匹ずつ入れる．雄が鳴き始めたら，パソコンのマイクで求愛歌の呼び鳴きの「リー」というチャープを5回以上コンピューターに録音し，音声解析ソフトのオシログラムに表示させる【⑦】．

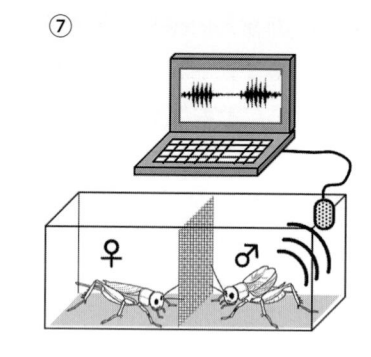

2. 解析

2-1. オシログラムから鳴き声の各要素を計測する【⑧】．例えばA：パルスの振動数，B：パルスの長さ，C：パルス間隔，D：パルス周期，E：1つのチャープ内のパルス数，F：チャープ間間隔，G：チャープ周期，そしてH：音の大きさなど．これらの要素の毎回の変動の様子を比べて，最も変動が少ない要素は何であるかを調べる．

2-2. 周波数については，解析ソフトにソナグラムの表示機能があれば主成分の周波数を調べる【⑨】．なお，主成分周波数の整数倍の周波数をもつ倍音が確認できることもあるので，主成分周波数の何倍の倍音が確認できるか，などを調べる．

2-3. 2-1.に挙げたどのパラメーターが，雌にとって誘引力があるかを考察する．

3. 追加実験

3-1. 方法1）の1-4.で紹介した「呼び鳴き」に続いて生じる「口説き鳴き」や，性的興奮性が高い雄同士をペアにした際に生じ，前翅を高く上げて激しくこすり合わせる「脅し鳴き」も同様に録音してパソコンで解析し，3種類の歌のパターンや大きさ，周波数などを比較する．

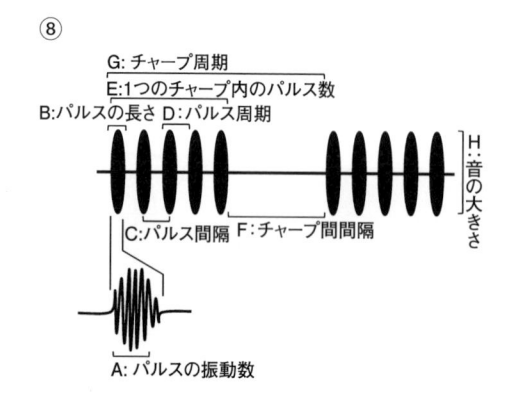

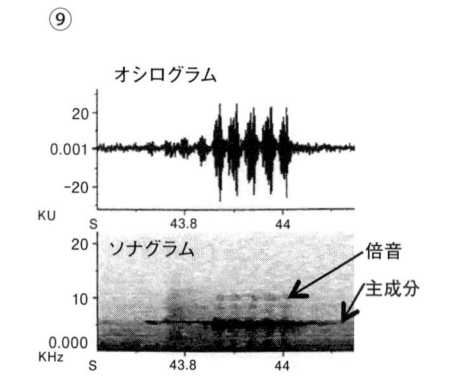

応用・発展課題のヒント

「音声解析ソフトの使い方に慣れたら，他の動物の声も調べてみるとおもしろいね．」

「セミとか，鳥とか，自分の声とかも．」

3-2. 季節によって入手可能な市販のスズムシや身近な野外に生息しているエンマコオロギなどを使って，フタホシコオロギと同様に求愛行動の観察をし，オシログラムやソナグラムを用いて歌の種間比較をしてみよう．なお，野外のコオロギ類は採集直後は求愛をしない傾向があるので，飼育条件下で十分慣らしておいて，求愛行動を確認してから実験に用いる．

注意すること・役立ち情報・耳よりな話

- この実験は静かな環境で行い，特に録音中は余分な声や音が録音されないように注意する．さらにコオロギのケースに振動を与えて歌が中断しないように注意する．
- 日本語で使える様々な音声解析ソフトがインターネット上にあるが，できるだけシンプルで使いやすいものを選ぶ．
- コオロギの翅の発音は，翅が閉じる際のヤスリ器とこすり器の摩擦で生じるが，その周波数は翅（特に薄膜部分）がもつ固有振動数（ある物体が自由振動した際に生じる，その物体がもつ固有の周波数）によって決まる．

リンク

- 研究者が教える動物飼育 2 巻 pp.61–66

16 魚の聴覚感覚
―魚はどれくらいの大きさの音が聴こえるのか―

高校生向き　大学生向き

キンギョ
（*Carassius auratus*），
コイ（*Cyprinus carpio*）：
実験魚として扱いやすい．これらの魚種は鰾と内耳が連結しており，とりわけ聴覚に優れている．

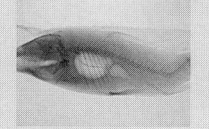

小島隆人：
日本大学生物資源科学部海洋生物資源科学科・教授，専門：魚群行動と聴覚

　魚には外耳がないが，頭の内部には内耳が2つあり，水中で音が聴こえていることも実験で確かめられている．魚類の中には発音する種もあるが，自ら発する音でコミュニケーションをするのであれば，これを聴き取らねばならない．その他，魚が餌を食べるときに発生する音に興味を示すのかや，さらには人間が聴いてリラックスできるクラシック音楽が魚にも同様な効果をもたらすのか，など魚の聴覚に関する謎は多い．

実験のねらい

　魚の聴覚感覚を測定する手法は大きく分けて，1）ある音に対して餌で条件づけした魚を使って，その音に対する行動を見る方法，2）魚の心電図を利用して，音が聴こえたら電気ショックを与えることで，心臓が一時停止するような条件づけをあらかじめ施し，伸びた心拍間隔により音の感知を判定する手法，3）脳幹部に電極を置き，聴音時に頭部に発生する極めて微弱な電流を，繰り返し記録して平均化し，その波形の特徴から聴音を判定する手法，の3つの手法が試みられている．2）と3）の実験は，微小な電位変化を増幅するための増幅器，および心電図や脳波を記録し，波形を描くオシロスコープもしくはパソコン上で駆動するソフトを必要とする．ここでは，こうした装置をできるだけ使わない方法で，高低いくつかの周波数に対して，音圧をどの程度大きくすると魚が聴くことができるか，の測定を試みる．

実験の準備

動物：キンギョ（☞動物飼育3巻 pp.55-61）やコイは鰾（うきぶくろ）と内耳がウエーバー小骨で連結されている骨鰾類と呼ばれる種で，魚類の中で最も優れた聴覚感度をもつとされている．入手や飼育が容易なこれらの魚を用いて，その聴覚感度を測定してみよう．

器具：魚が音（条件刺激）を聴いたら，餌（無条件刺激）をもらえる場所に集まってくる条件づけを行うのに十分な大きさの水槽を用意する【①】．水槽が十分大きければ，水槽中央部に通路を設けて，魚が餌（市販のペレット）を取りに行くためには，この通路を通らなければならないようにしておくと，音に対する反応の判定がしやすい．魚がどちらか片側の区画に滞留してもよいように，水槽の両側から放音が可能な状態にしておくと，実験がス

ムーズに行える．魚に聴かせる音は，周波数発生装置など，正弦波の電気信号を発生させる装置が必要であるが，こうした特殊な機器を用いなくても，周波数発生を行うフリーソフトを利用して特定の周波数音をパソコンに取り込むことができる．ここでは，100 Hz，300 Hz，500 Hz，1000 Hz および 2000 Hz の 4 種類の音を 1 秒間隔でオン・オフが繰り返される断続音に編集して保存しておく．スピーカーはパソコンに備え付けのものは音量が小さいので，実験を行う際にはイヤホンの接続端子に別売スピーカーを接続するなどして，放音を行う．音量がそれでも小さいときは，イヤホンコードのイヤホン側のコードを切断して芯線を露出し，この部分をオーディオアンプの入力端子に接続して，増幅後の信号をスピーカーから放音すると，大出力を得られる．音の感受性の実験には，音の強弱を圧力として測定する水中音圧計が必要であるが，ここではパソコンやオーディオアンプを介して放音したとき，人間が聴いてもかなりうるさいと感じる程大きな音（5）からほとんど音が鳴らなくなる（0）ところを探し，その間のボリューム目盛を 4 等分する位置に目印を付けておき，ボリューム上の 0〜5 の目盛を相対的な音圧とする．各周波数の断続音は 30 秒間放音し，このとき餌をスピーカー付近に撒く．餌の投下にフードタイマーを使用する場合は，放音信号が流れている間にモーターが回るように改造する必要があるが，手撒きで与えてもよい．手撒きの場合，人の影が近付くと魚が集まって来るので，水槽の回りに幕を張って，外側からパイプを通して餌が落下するようにしておくとよい【①】．また，観察者が水槽をのぞきこむと魚の行動に影響を及ぼすので，水槽上部にビデオカメラを設置しておき【②】，その映像で観察を行うとよい．

方法 1) 音と餌による条件づけを用いた聴覚感受性の測定

1. 実験水槽の環境に魚を慣らす

　実験に用いる魚（キンギョやコイ）5 尾を飼育水槽から，上記の装置を準備した実験水槽に移す．魚は環境が変化すると落ち着かず，しばらくは餌を取らなくなったり，通常の行動を示さなくなることがあるので，実験水槽に移動後，通常の給餌時と同じように餌に対して反応するようになるまで待つ．ただし，以下で行う条件づけは魚が空腹である必要があるので，ここでの餌の投下は魚の反応を見るためのみに用いる．飼育環境にもよるが，実験水槽へ移動した翌日から通常の行動をとることもあるし，1 週間程度待たないと摂餌を始めないこともある．

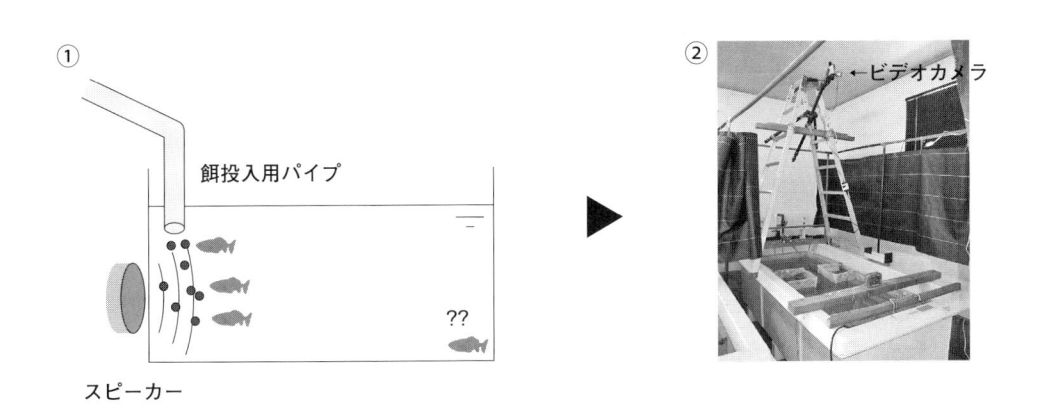

2. 放音と餌の投下による条件づけ

　魚が実験水槽に十分慣れたら，パソコンに保存した100，300，500，1000，および2000 Hzのいずれかの周波数を使って，放音時の音の大きさをオーディオアンプのボリュームの目盛4に合わせ，放音と餌の投下による条件づけを10分間隔で行う．このときの魚の行動をビデオカメラで録画しておく．魚が飽食すると餌には反応しなくなるため，1回の放音時に撒く餌は少なめにし，供試魚の尾数（5尾）とほぼ同数の粒数とする．条件づけの回数は1日30～50回程度とし，合計150回程度になるまで3～5日間繰り返す．条件づけを繰り返すと，放音しただけで魚がスピーカー近くの餌の投下場所付近に直ちに集まってくるようになる．これは，本来魚を寄せる効果のない音刺激（条件刺激）に反応して条件反射を引き起こす条件づけが成立したことを示している．餌を与えなくても放音によってスピーカー近くに集まる魚の数を数え，後の測定のため，条件づけ完了直後に放音から5秒以内にスピーカー周辺に集まってきた数を基準数とする．

3. 各周波数の放音に対する魚の反応の観察

　条件づけが完成したら，同じ周波数の音をボリューム目盛0から放音する．小さな音量では魚は全く反応しないが，目盛の数字を大きくして音量を上げると，やがて魚がスピーカー付近に集まり始める．条件づけ直後の基準数と同数もしくは上回った場合（○），集まる数が基準数の半分以下の場合（△），および時間内にはほとんど集まらなかった場合（×），で表し，目盛5までの反応を観察する．特定の周波数で条件づけを行った魚は，他の周波数では使えないので，別の周波数で測定を行う際には，すべての魚を入れ替えて，実験水槽に慣らすところから実験手順を繰り返し，各周波数の音に対して，反応が○となるボリュームの数値を結び，周波数別に魚が音に反応し始める音量を示す，オーディオグラムを描いてみる【③】．

方法2）周波数弁別能力の測定

　ヒトなどの哺乳類の内耳には，音の高低（周波数の違い）に対応した反応部位をもつ蝸牛と呼ばれる器官がある．一方，魚類の内耳には蝸牛のような構造物がない．このため，魚は，異なる人の声を識別したり，音楽を聴きとったりすることはできないと考えられている．そこで今度は，**方法1）**と同じ装置を使って，魚に複雑な音色の中に含まれる周波数の違いを識別する能力があるかを調べてみよう．

1. 合成音の作成

　フリーソフトを用いれば，**方法1）**で作成した，100，300，500，1000，2000 Hzの各周波数を

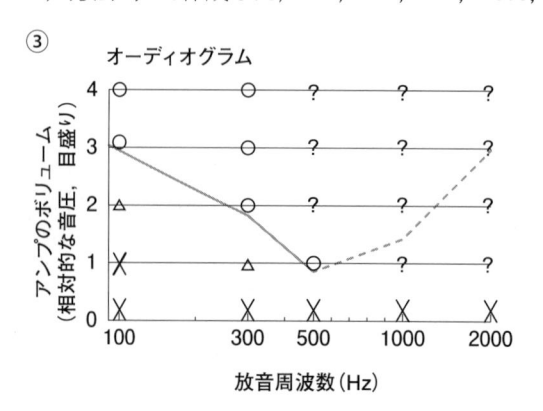

③ オーディオグラム

17 コンピューターを使って耳の機能を理解する
―直接計測が難しい生体挙動の推定―

大学生向き

ヒト（*Homo sapiens*）：
中耳は鼓膜と3つの耳小骨からなる．内耳の蝸牛には振動を感じ取る感覚細胞（有毛細胞）が存在する．

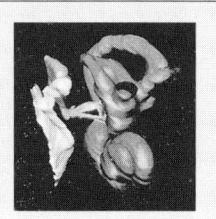

小池卓二：
電気通信大学大学院情報理工学研究科知能機械工学専攻・教授，専門：生体医用工学

　空気中を伝播してきた音（空気の疎密波）は，鼓膜を振動させる（固体の振動に変換される）．その振動はツチ骨，キヌタ骨，アブミ骨からなる耳小骨連鎖を介して蝸牛に伝えられる．蝸牛はカタツムリの殻のような形をしており，内部はリンパ液で満たされている．蝸牛内にはらせん状に基底板という膜が張られており，その上にはコルチ器と呼ばれる細胞群が存在する．コルチ器には振動を感知する感覚細胞（内・外有毛細胞）が存在している．耳小骨により蝸牛に伝わった振動は，リンパ液の振動に変換され，基底板を振動させる．外有毛細胞はその振動を感知し，伸縮運動をすることで，基底板の振動を増幅させる．内有毛細胞はその増幅された振動を感知し，神経線維に電気的なパルス信号を発生させる．この信号が脳へ伝達され，音として解釈されている【①】．

実験のねらい

　ヒトの体の動きを生理的な状態で計測することは，一般的に難しい．特に聴覚器官は頭蓋骨の内部に収められており，音波によって生じるその振動の振幅はナノメートル（10^{-9} m）のオーダーと非常に小さいため，直接的な計測は困難である．間接的な計測手法としては，音波を用いた外有毛細胞の働きの観測が行われている．先に述べたように，外有毛細胞は音による振動を感知し，伸縮運動をすることにより基底板振動を増幅しているが，その伸縮運動により生じた振動は，外部から伝播した音波とは逆に蝸牛から中耳に伝わり，外耳道に放射される．この現象を耳音響放射という．この耳音響放射を，外耳道に置いた高感度のマイクロホンで計測することにより，外有毛細胞の動きを間接的に評価することができる．外有毛細胞は蝸牛に伝わった振動を増

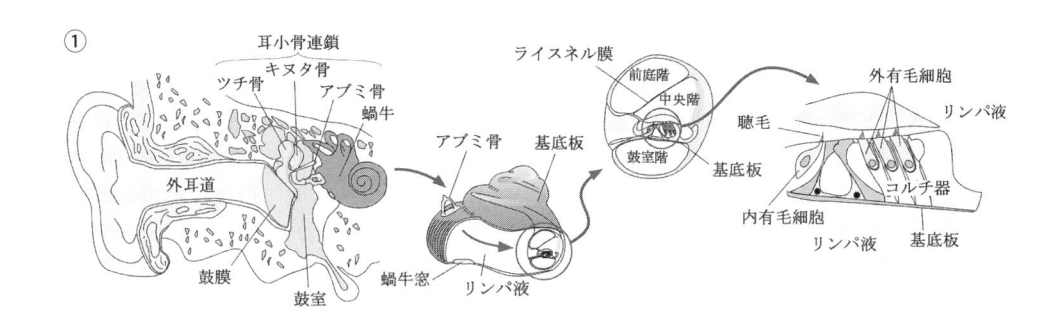

応用・発展課題のヒント

（女子生徒）2つの周波数を合成した音で条件付けを行った後に，各周波数に対する反応を測定すると，周波数弁別能力を確かめられるよ．

（男性）魚は人の声の違いや音楽がわかるのかな？

てくる筈である【⑥】．【⑥】のように，放音時に特定の波形が見られると，この魚は音を感知していると見なされ，何も変化が見られないときは，音が聴こえていないと判定する．魚は保持された状態でも，灌流が施されていれば1時間程度生きているので，時間の許す限り，音量，周波数を変化させながら，同じ操作を繰り返す．音が聴こえ始める音量と聴こえない音量の境界（聴覚閾値）が判定できれば，ABR技法を利用したオーディオグラムを描くことができる．

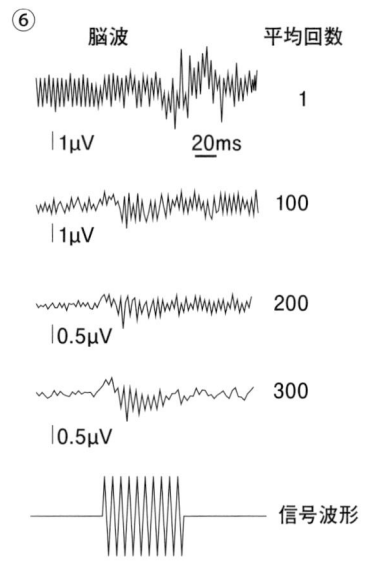

⑥ 脳波　　　　　　　　平均回数

1μV　　20ms　　　　　1

1μV　　　　　　　　　100

0.5μV　　　　　　　　200

0.5μV　　　　　　　　300

　　　　　　　　　　　信号波形

原波形にはノイズが含まれていて反応が見にくい．

注意すること・役立ち情報・耳よりな話

- 音に関する実験は，本来は水中音圧計で音圧を正確にチェックする必要があるが，特殊な機器であるので，ここではアンプのボリュームの目盛による聴覚閾値の測定を試みている．したがって，得られるオーディオグラムもあくまで相対的な音量である．
- 条件づけ1回で投げ入れる餌の量は，魚1尾の1日あたりの飽食量を体重の3％程度とし，全供試魚の飽食量を1日の条件づけ回数で割った量とする．

リンク

- 研究者が教える動物飼育3巻 pp.55-61, 62-63

1. 実験の準備

1-1. 動物：キンギョやコイが実験に用いやすい．測定前に 0.05 %に希釈した筋弛緩剤（ガラミントリエチオダイド）を 0.05 mL 注射し動かないようにするが，鰓呼吸が止まっても死なないように，十分曝気して酸素を含んだ水を口腔に差し込んだチューブから流し込む．動かなくなった魚は，体型に合わせた保定具などで固定する【⑤】．

1-2. 器具：放音には極めて短い時間間隔（0.1 秒以下）での断続音の作成が必要なため，信号発生装置（ファンクションシンセサイザー等）が必要となる．信号発生装置の出力を，**方法 1）** と同様，オーディオアンプ，スピーカーを介して放音する．不動化した魚を置くプラスチック製のタブには，口腔に流し込んだ水がトレイから溢れないように排水口を設けておき，魚を保持するため保定具は，クランプなどをトレイに固定して利用する．脳波は直径 1 mm 程度の銀線を魚の頭部の皮膚上に載せて導出する．脳波は極めて微弱（1 μV 程度）なので，生体電気アンプで増幅した後，パソコン上のオシロスコープを用い記録する．パソコンオシロには，脳波を入力する他，別の入力端子には，信号発生装置の出力信号も接続し，この信号を利用して，放音に対する脳波の反応のみが記録されるよう，放音開始のタイミングに必要な電圧値をエッジトリガ（立ち上がり）で設定する．さらに，放音時間に相当するデータ数，および記録の繰り返し回数を設定する．

2. 放音

信号発生装置からは，各周波数 10 サイクルの放音（100 Hz なら 0.1 秒間，200 Hz なら 0.05 秒）およびこれと同時間の放音のない，無音時間が断続して続くよう設定する．

3. ABR の導出

筋弛緩剤で不動化した供試魚を，保定具を使ってプラスチックタブ内で保持し，強制的な灌流を施しながら，両眼の中間付近に 1 つの電極，もう 1 つの電極はここから約 5 mm 後方の頭皮上に載せる【⑤】．電極の先端と皮膚間には湿らせたキムワイプの小片を置くとよい．2 本の電極を生体電気アンプに接続し，上記の設定をしたパソコン上のオシロスコープに，音波の信号と脳波を記録する．脳波は雑音のようにしか見えないので，設定された記録開始のタイミングとデータ数で記録される脳波を，Excel の列を使って同じタイミングで列方向にコピーしていく．パソコンの記憶容量にもよるが，200〜300 回程度の脳波を記録したら，同じタイミングの脳波の電圧値を平均化することにより，次第にノイズ成分が相殺され，その中に潜んでいる特徴が浮き出

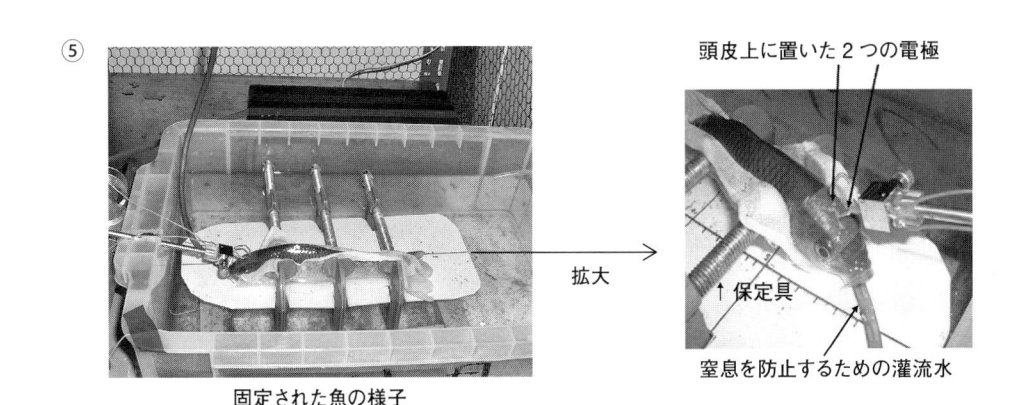

それぞれ合成することもできる．ここでは，① 300 Hz と 1000 Hz，および② 300 Hz と 2000 Hz をそれぞれ足し合わせた合成波の 1 秒間断続音を用意する．

2．合成音による条件づけ

方法 1) と同じ装置を用いて，合成音の放音と給餌による条件づけを行う．スピーカーからの放音周波数は①（300 Hz と 1000 Hz の合成音）と②（300 Hz と 2000 Hz の合成音）を別々に行い，音量は**方法 1)** と同様に，合成音を放音したときにかなり大きく感じる音（5）から音が鳴らなくなるところ（0）を探し，その間のボリュームの目盛を 4 等分して目盛 0〜5 に分け，目盛 4 で放音し，餌をスピーカー付近に撒く．餌を与えるタイミング，量，条件づけの回数はいずれも**方法 1)** と同様とし，放音とともに直ちにスピーカー周辺に魚が集まるようになるまで繰り返す．

3．合成音に含まれていなかった音も含む，各周波数の音の放音

合成音には①：300 Hz と 1000 Hz もしくは，②：300 Hz と 2000 Hz の 2 周波数のみが含まれていたので，条件づけが完了した魚が，合成音の放音とともにスピーカー周辺に集まれば，2 つの周波数の同時放音に反応していることを表し，合成音に含まれていた 2 周波数のいずれか片方が放音されても，反応する筈である．ここでは，条件づけに用いた合成音に含まれていた周波数と，それ以外の周波数も用いて放音に対する反応を調べるため，100，300，500，1000，2000 Hz の各周波数に加えて，200 Hz，400 Hz，700 Hz，1500 Hz も用意し，**方法 1)** と同様に 1 周波数の放音時の 5〜10 秒以内の集魚状況を観察する．このときの集魚状態は，条件づけ直後に合成音の放音に対して集魚した平均尾数に対する割合，（各周波数に対する集魚数）／（条件づけ時の合成音に対する集魚数）で評価してみよう【④】．

方法 3) 脳波による聴力の測定

ヒトを始めとする陸上哺乳類の聴力については，聴音時に脳幹部で発生する脳波の変化［聴性脳幹反応（auditory brainstem response, ABR）］で測定する手法が確立されている．近年になって魚類でも，同様な手法が適用可能であることが示され，様々な魚種や鯨類についても聴覚閾値の測定が行われている．ABR 技法の最大の特徴は，条件づけが不要なこと，対象動物を一時的に拘束するものの非侵襲であること，短時間で測定が終了することなどが挙げられる．ただし，頭部体表から導出する脳波は，微弱でノイズとの見分けがつきにくいため，極めて短い放音をできるだけ数多く繰り返し，このときの脳波を平均して表すことにより，ノイズ成分の相殺を行うことが必要になる．

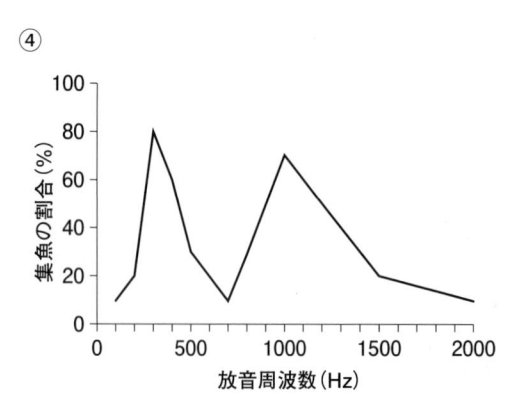

④

幅するアンプのような働きをしているので，その働きを調べることで聴力を他覚的に評価でき，例えば新生児の聴力検査法の1つとして応用されている．しかし，この方法で得られる音波は非常に小さいので，コンピューターを利用し高速で繰り返し計測を行い，計測結果を平均化することでノイズを除去する必要がある．ここでは，比較的計測が容易な歪成分耳音響放射の計測を行う．

一方，直接観察が困難な構造体の挙動の推定には，コンピューターシミュレーションが有効である．ここでは，コンピューターを利用した耳音響放射の計測を行うとともに，シミュレーション手法の1つである有限要素法［finite element method（FEM）］によって聴覚器官をモデル化し，外界の音の振動がどのようにして感覚細胞まで伝達されるのかを解析する．

実験の準備

計測対象：ヒト
器具：パソコン，イヤホン，マイクロホン，信号発生器，アンプ，FFTアナライザ（AD/DA変換器とシステム開発ソフトウェアでも代用できる），有限要素解析ソフトウェア（例えばANSYS，CFD-ACE＋など）

方法1）歪成分耳音響放射計測による聴力検査

1. 計測装置の準備

外耳道に音波を入力するための信号発生器，イヤホン，アンプをそれぞれ二系統，マイクロホン・アンプ一系統を【②】のように配置する．イヤホンとマイクロホンを1つの耳栓にまとめた耳音響放射計測用プローブが市販されている（例えばEtymotic Research社，ER-10C）ので，それらを使うと便利である．マイクロホンによって計測した音波は，FFTアナライザを用いて周波数解析し，入力刺激音と外有毛細胞由来の耳音響放射成分に分離する．信号発生器，FFTアナライザは個々に準備するよりも，AD/DA変換器とシステム開発ソフトウェア（例えばLabVIEWなど）が搭載されたPCで代用した方が安価で便利である．

2. 歪成分耳音響放射の測定

歪成分耳音響放射が最も大きくなるように，f_1とf_2の周波数比を1.2，f_1の音圧をf_2よりも10 dB程度大きく設定し，外耳道に音波を入射する．そのときに生じる$2f_1-f_2$成分の音波のレベルを計測する．入力周波数を変化させ，各周波数に於いて$2f_1-f_2$成分の大きさを計測する．$2f_1-f_2$成分は非常に小さいため，FFTアナライザの加算平均機能を使用して，信号を抽出する必要がある．横軸に周波数f_2を，縦軸に各周波数で得られた$2f_1-f_2$成分の大きさをプロットした図（これをDPグラムという）を作成する．この図が，聴力を反映したものとなる．

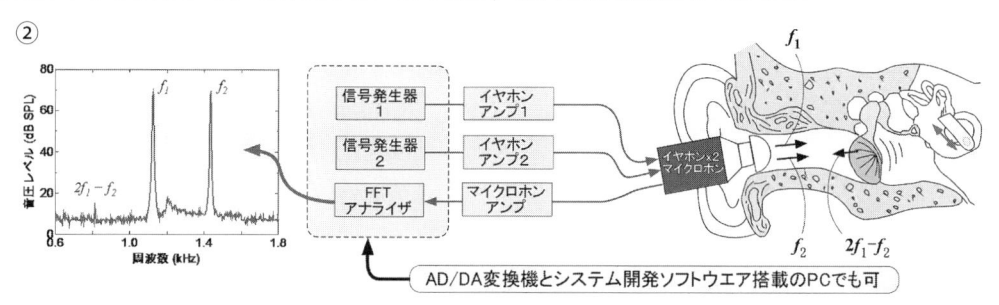

方法 2）聴覚振動の有限要素解析

1．計算環境の準備

　有限要素解析は一般に，1）対象物の形状作成，2）メッシュ分割，3）解析ソルバーによる計算，4）結果表示，という手順で解析する．これらを行うには，汎用の有限要素解析ソフトウェアパッケージを使用するのが便利である．商用のソフトウェアとしては，ANSYS，ABAQUS，CFD-ACE+ など多くのものがあるが，一般に高価であるので，各学校等でどのようなものが使えるのか，担当者に問い合わせる必要がある．その際，聴覚器の解析では，振動解析を行えるか，固体と流体の連成解析が行えるか，という点が重要となるので，この点についても問い合わせる必要がある．コンピューターの扱いに習熟している読者は，ADVENTURE というフリーで使用できるソフトウェアも公開されているので参考にされたい．

2．計算データの準備

　有限要素解析では，始めに計算対象の形状を決定する必要がある．聴覚器の形状決定は，従来は，標本を薄くスライスして各器官の座標を読み取り，そのデータを3次元に再構築する方法がとられていたが，近年では，コンピューター断層撮影（CT）技術の発達により，生体から直接形状計測が可能な時代となっている．しかし，一般にはこのような計測は困難であるので，読者はすでに発表されている論文等に記載されているデータを用いてモデルを作成するのが適当であろう（野村ほか，2012；小池ほか，1997；Koike *et al.*, 2012）．形状の決定については，必ずしも実際の形状を忠実に再現する必要はなく，解析結果に影響を及ぼさない程度にできるだけ単純化した方が，計算時間を削減でき，結果の解釈も行いやすくなる．しかし，どのような点を単純化するかについては，なかなか難しい問題であり，多くの解析経験を必要とするものである．また，作成した形状を小さい要素に分割（メッシュ分割）するが，その分割方法や要素の大きさの決定も経験を有するものであり，また，以下に示すように，トライアンドエラーにより決定していく必要もある．一例として，筆者が作成した中耳と蝸牛のモデルを示す（【④】，モデルについては http://www.bio.mce.uec.ac.jp/research/analyze.html を参照）．

③

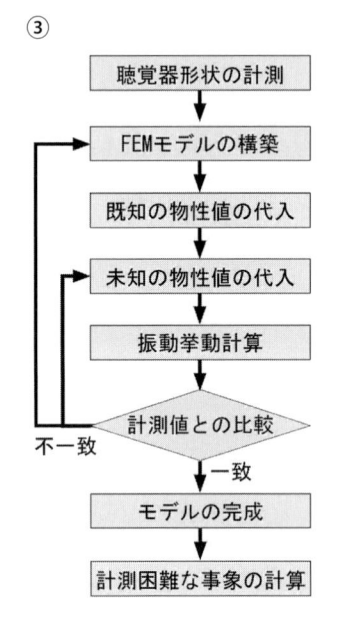

聴覚器形状の計測
↓
FEMモデルの構築
↓
既知の物性値の代入
↓
未知の物性値の代入
↓
振動挙動計算
↓
計測値との比較 — 不一致
↓ 一致
モデルの完成
↓
計測困難な事象の計算

④

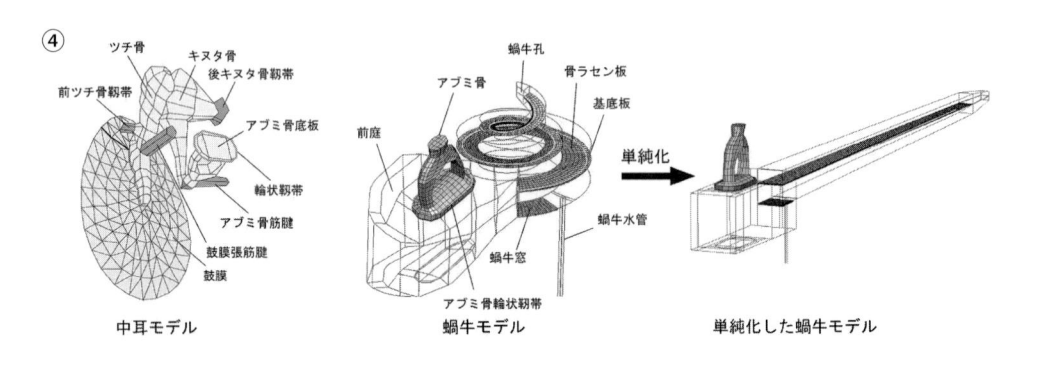

中耳モデル: ツチ骨, キヌタ骨, 後キヌタ骨靱帯, 前ツチ骨靱帯, アブミ骨底板, 輪状靱帯, アブミ骨筋腱, 鼓膜張筋腱, 鼓膜

蝸牛モデル: 蝸牛孔, アブミ骨, 骨ラセン板, 基底板, 前庭, 蝸牛水管, 蝸牛窓, アブミ骨輪状靱帯

単純化 → 単純化した蝸牛モデル

応用・発展課題のヒント

鼓膜や耳小骨の大きさには個人差があります．また，症例によっては，動きが悪くなった耳小骨を人工の物に置き換えたり，鼓膜にチューブを挿入したりします．この様な場合に，聴覚器の振動や音の伝わり具合にどのような変化があるのか計算してみましょう．

耳小骨に奇形が有ったり，動きが悪くなったりした場合に，それらを人工の耳小骨で置き換える手術が行われる

鼓室の中に水が溜まるのを防ぐためにチューブを挿入する

3. パラメーターの最適化・応用

3-1. 有限要素解析では，各部の密度，ヤング率，減衰特性などのパラメーターを選定する必要があるが，生体の場合，これらの物性値が未知であることが多い．そこで，既知である物性値を入力しておき，未知のものは計測結果と計算結果を比較しながら推定していく必要がある．聴覚器の場合では，音波を用いたインピーダンス計測や，レーザードップラー振動計などによる各部の振動結果と，有限要素法によって得られた結果を比較し，両者が等しくなるよう未知の物性値を決定していく．物性値の変更だけでは，計測結果と実験結果がうまく合致しない場合は，モデル自体を再検討し構築しなおす必要がある．このような作業を繰り返すことで，信頼性の高いモデルを作成していく【③】．

3-2. モデルが完成したら，実験では計測が困難な聴覚系全体の動きの把握や，音波の伝達効率などの計算をしてみる．また，耳小骨を支える靭帯や筋腱が加齢や疾患により硬化した場合の影響や，蝸牛の一部からリンパ液が漏れだした場合の影響などを調べてみる．

注意すること・役立ち情報・耳よりな話

- 有限要素法は比較的計算規模が大きいため，実際には機材やソフトウェアの調達が難しい場合がある．そこで，聴覚部分をいくつかのパーツに分けたうえで，【⑤】の対応関係に従って，機械的な振動系を電気回路に置き換えて解析することもできる（中耳の等価回路についてはZwislocki, 1962 より引用）．

- 電気回路のシミュレーションは，フリーのソフトが多くある（例えばLTSpiceなど）ので，簡単に行うことができる．

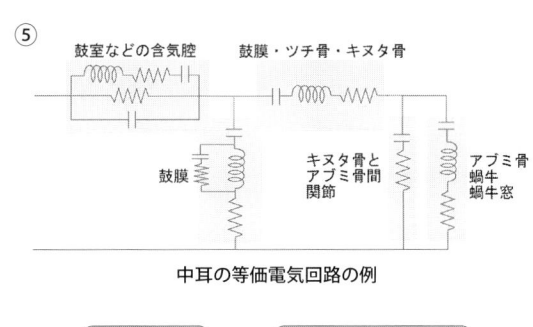

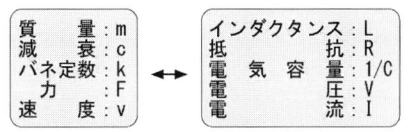

⑤

中耳の等価電気回路の例

質量：m	インダクタンス：L
減衰：c	抵抗：R
バネ定数：k	電気容量：1/C
力：F	電圧：V
速度：v	電流：I

リンク

- 比較生理生化学会誌 24 巻 3 号 pp.122–125

第 4 章

機械感覚，湿度感覚

18 空気流を感じる巧妙なセンサー
―コオロギが風を感じる仕組み：気流感覚と行動発現まで―

フタホシコオロギ
(*Gryllus bimaculatus*)：
本来の生息地は亜熱帯域．
ペットショップでも入手可能．
神経行動学の研究に広く利用．

松浦哲也：
岩手大学工学部・准教授，専門：
動物行動の神経や分子機構

子どもの頃，コオロギを手で捕まえようとして，意外と難しかったという経験をしたことはないだろうか．コオロギにも視覚は存在するが，彼らは捕食者や私たちが作り出す空気の動きを感じ取って逃避を行っている．一方，自然に吹く風にはほとんど反応を示さない．このような正確な行動の発現には，空気の動きを感知する尾葉と呼ばれる感覚器が重要な役割を担っているようだ．コオロギの空気流感覚を理解することは，これまで実現できなかった新たなセンサーの開発にもつながる．

実験のねらい

コオロギの繊細な気流感覚について，実験をとおして理解を深める．コオロギは捕食者が作り出す周囲の空気流の乱れを正確に感知して逃避行動を発現する．コオロギは刺激の方向がわかるかのごとく，刺激源から離れる方向へ正確に逃避する（☞**動物実験3巻18 追えば逃げる仕組み！**）．この行動の発現は非常に素早いため，反射の一種として考えられているが，刺激の入口である感覚器レベルでの巧妙な仕組みが特に重要であるらしい．コオロギの気流感覚と逃避行動の発現について観察しよう．

実験の準備

動物：フタホシコオロギ

試薬：グルコース，NaCl，KCl（1 M），$CaCl_2$（1 M），$MgCl_2$（1 M），TES，NaOH（1 N），マニキュア

器具：（**行動・形態観察**）実体顕微鏡，バット，ストロー，プラスチックカップ（透明なもの），

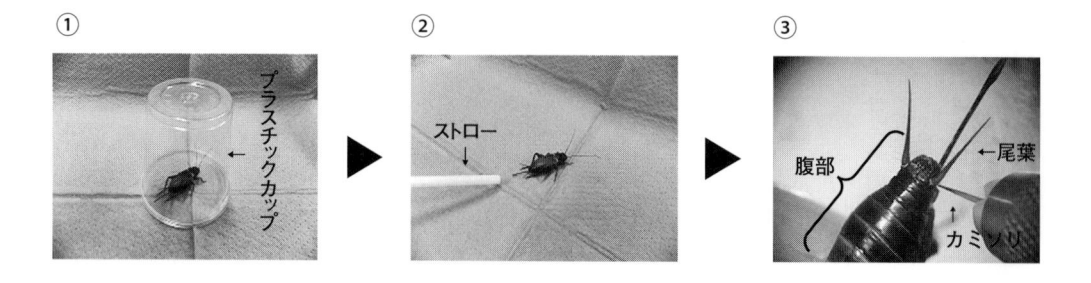

① ② ③

コルク板またはキムタオル®，キムワイプ®，カミソリ（フェザー®両刃），爪楊枝，接着剤（アロンアルファ®）．

（感覚ニューロンの応答記録） オシロスコープ（入力用プローブを含む），アンプ（電源と入力用のケーブルなどを含む），実体顕微鏡，鉄板，粗動マニピュレーター，マグネットスタンド，電極ホルダー，タングステン（直径 0.02 mm），銀線，解剖用コルク板，虫ピン 4 本，ピペット，ピンセット，ハサミ，マイクロ剪刀，容器 2 個（リンガー用と廃液用），キムワイプ®，ストロー，両面テープ（強力なもの）

方法 1) 行動観察

1. コオロギの準備
通常飼育したコオロギを使用する（☞動物飼育 2 巻 pp.61-66）．成虫を用いる場合は，成虫脱皮後 1 週間以内の個体がよい．

2. 実験室の準備
フタホシコオロギの生息環境から，実験室の温度は 25～30 ℃に設定する．25 ℃より低い温度では運動ニューロンの活動が低下する．

3. 実験の手順
3-1. コオロギが滑らないよう，バットにはコルク板またはキムタオル®を敷く．
3-2. コオロギをバットの中央に置き，プラスチックカップをかぶせる【①】．
3-3. コオロギが静止したら，プラスチックカップをそっとのけた後，後方からストローを用いて空気流刺激（呼気）を与える【②】．
3-4. 触角や翅を切除した個体，眼や尾葉にマニキュアを塗った個体を準備する．
3-5. 各個体をバットの中央に置き，プラスチックカップをかぶせる．コオロギが静止したら，プラスチックカップをのけて，後方からストローで空気流刺激を与える．
3-6. 正常な個体と各感覚器の入力をなくした個体の，空気流刺激に対する反応の違いについて観察し，気流感覚を受容する感覚器を同定しよう．

方法 2) 尾葉上に存在する感覚毛の方向性

1. コオロギの準備
方法 1) と同じ．

2. 観察の手順
2-1. コオロギの尾葉を腹部末端からカミソリで切除する【③】．

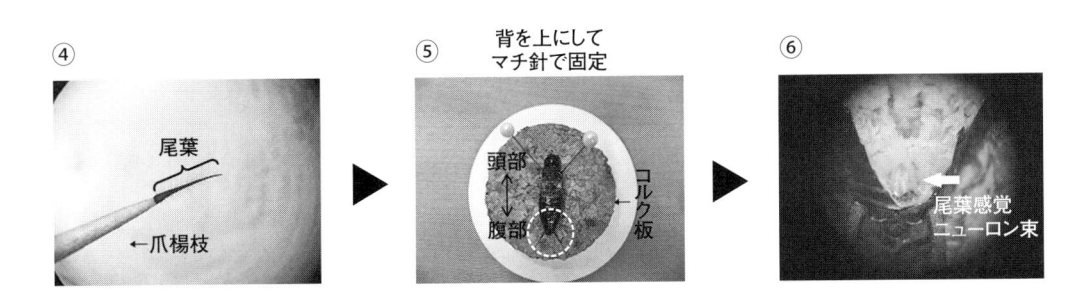

2-2. ピンセットを用いて尾葉を爪楊枝の先端に接着剤で固定する【④】．
2-3. 尾葉上の特定の感覚毛に注目し，実体顕微鏡下で空気流の方向と感覚毛が倒される方向を観察する．それぞれの感覚毛の倒れる方向には決まりが存在する．その理由について考察しよう．

方法3）空気流刺激に対する感覚ニューロンの反応

1. コオロギと実験室の準備
方法1）と同じ．なお，雌を使用すると標本の作成が比較的容易である．

2. リンガー液の準備
グルコース 10.8 g，NaCl 8.18 g，KCl 10 mL，$CaCl_2$ 1.5 mL，$MgCl_2$ 2 mL，TES 0.46 g，NaOH 0.8 mL に蒸留水 1 L を加える．pH 約 7.3 のコオロギ用リンガー液ができる．

3. 標本の準備と電極の接続

3-1. ハサミでコオロギの四肢や翅を切断し，解剖用コルク板に固定した標本を使用する【⑤】．

3-2. 腹部背板をハサミで切除した後，実体顕微鏡下で尾葉感覚ニューロン束が見えるようピンセットとマイクロ剪刀を用いて内蔵や周囲の脂肪などを取り除く【⑥】．実体顕微鏡下でのマイクロ剪刀やピンセットの上手な使用が綺麗な標本を作成する上でのポイント．

3-3. ピペットを用いてリンガー液で尾葉感覚ニューロン束の周辺部を掃除する．

3-4. コーティングされた銀線の両端を露出させ，腹部に刺した虫ピンの1本に銀線を巻き付ける．銀線の先端がコオロギ腹部に接触していることを確認すること．

3-5. 尾葉感覚ニューロン束が実体顕微鏡の視野に入った状態で，顕微鏡のステージと解剖用コルク板を強力両面テープで固定する．

3-6. 実体顕微鏡を鉄板の上に載せ，タングステン電極を取り付けた電極ホルダーをマニピュレーターに固定する．マニピュレーターはマグネットスタンドを介して鉄板に固定する【⑦】．

3-7. マニピュレーターを操作して，尾葉感覚ニューロン束に先端を曲げたタングステン電極を引っかける．マニピュレーターを操作して，タングステン電極に引っかけたニューロン束がリンガー液の液面から少し出る程度（ニューロン束が若干張った状態）まで軽く持ち上げる【⑧】．ニューロン束に付着しているリンガー液をキムワイプ® で吸い取る．

3-8. アンプの出力部をオシロスコープに接続する．ニューロン活動（スパイク）を観察しやすいように，アンプの出力レベル，オシロスコープの垂直軸と時間軸を調節する．詳細は，**動物実験2巻 18 目で見るニューロンの応答**を参照してほしい．

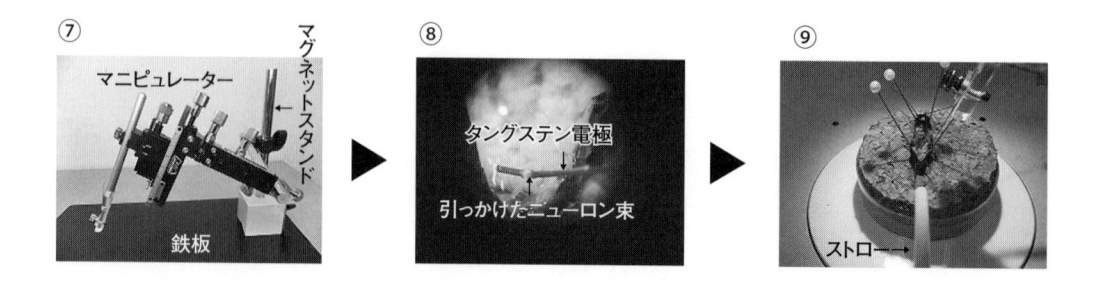

応用・発展課題のヒント

（女子生徒）倒れる感覚毛の方向をもっとちゃんと調べたいな．

（女子生徒）ハイスピードカメラで連続撮影するのはどう？ビデオカメラで撮影しても同じかな？

（男性）それぞれのカメラの機能を調べてみるといいよ．

4. 空気流刺激に対するニューロン応答

4-1. ストローを用いてコオロギの後方から尾葉に空気流刺激を与える【⑨】．

4-2. オシロスコープに映し出されるスパイクが，刺激を与える前と後でどのように変化するか観察する．

4-3. 異なる強さや方向から空気流刺激を与えた場合の，スパイク発生の変化についても調べてみよう．

注意すること・役立ち情報・耳よりな話

- 標本の作成には熟練を要する．尾葉と感覚ニューロン束のみの標本を作ってニューロン活動を記録してみてもよい．
- 尾葉からの感覚ニューロン束に，ガラス管微小電極を挿入する．うまくいくと，単一感覚ニューロンからの活動電位を記録することができる．細胞内記録用のアンプなど電気生理学の装置が揃っている大学の研究室などで行えるかもしれない（Shimozawa & Kanou, 1984）．
- コオロギの尾葉感覚毛が倒れるメカニズムを利用して，どの方向から，どの部分に力が加わっているかを検出できる触覚センサーの開発が進んでいる．昆虫がもつ様々な構造や機能は，これまで実現できなかった低侵襲で微小な医療・検査機器や高感度センサーなどへの開発にも利用されている．

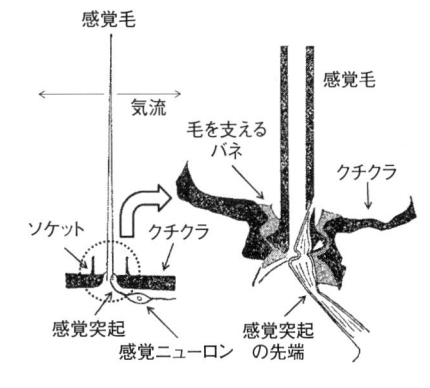

コオロギの尾葉感覚毛
（出典：日本動物学会編『現代動物学の課題8』より引用改変）

リンク

- 研究者が教える動物実験 2巻 pp.82-85, 3巻 pp.74-77
- 研究者が教える動物飼育 2巻 pp.61-66
- 動物の多様な生き方 2巻 pp.41-57

コラム4 手作りアンプで測るニューロン応答

フタホシコオロギ（*Gryllus bimaculatus*）：
本来の生息地は亜熱帯域．ペットショップでも入手可能．神経行動学の研究に広く利用されている．

　私たちの身近にあるラジオやテレビについて考えてみよう．アンテナで受信した放送局からの電波は極めて微弱なものである．この微弱な信号を音声や映像として楽しむためには，信号を増幅する必要がある．電気信号の電圧や電流を増幅するための装置を増幅器（アンプ）と呼んでいる．ニューロン活動のような生体から発せられる微弱な電位変化を計測する場合もアンプは必要である．ここでは，コオロギの感覚神経束や腹部神経束から得られるニューロン活動を可視化するためのアンプを紹介する．計装アンプと呼ばれるノイズに強い差動型アンプと，特定の周波数信号だけを通すためのフィルター回路が一体となっている【①】．多くの読者にとって回路図を見てアンプを作成することは難しい．そのため，基板をパーツ側から見た図【②】と各パーツを取り付けた写真を【③】～【⑤】に示した．基板にはユニバーサル基板を用いてもよい．

1）アンプの作成

1. 準備するもの

　はんだごて，はんだ，ドライバー，ニッパー，プリント基板，基板用スペーサーとねじ（各4個），入力ピン（メス型：2ピン），電源ピン（メス型：3ピン），出力ピン（オス型：2ピン），オペアンプ（2個），オペアンプ用ソケット（2個），抵抗（51 Ω，10 kΩ，150 kΩ）（各2個），可変抵抗（20 kΩ），コンデンサー（100 pF，1 μF）（各2個），コンデンサー 0.1 μF（4個）

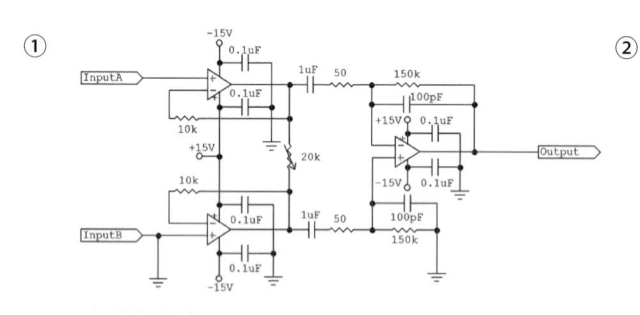

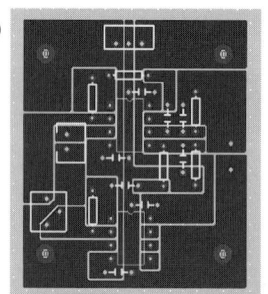

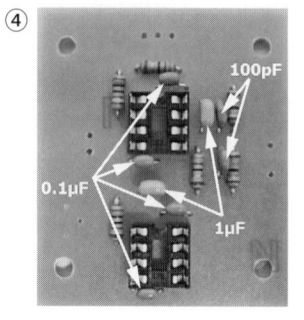

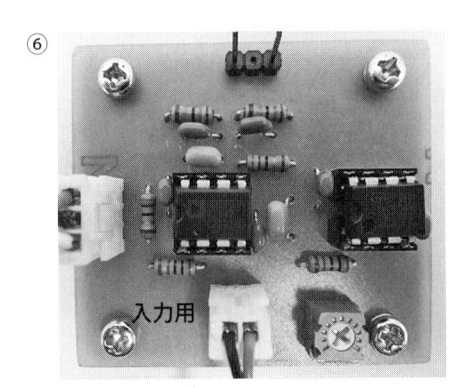

2. はんだ付け

2-1. はんだ付けは，背の低いパーツから順番に取り付ける．最初に抵抗とオペアンプ用ソケットをはんだ付けする【③】．50 Ω の抵抗の代用として，51Ω の抵抗を使用している．ソケットには方向があるので注意すること．

2-2. コンデンサー 0.1 μF（104）4 個，1 μF（105）2 個，100 pF（101）2 個をはんだ付けする【④】．

2-3. コネクターと可変抵抗をはんだ付けする．コネクターは向きがあるので注意する【⑤】．

2) 動作チェック

1. 準備するもの

テスター，ファンクションジェネレーター，オシロスコープ，ドライバー，入力用ケーブル，電源用ケーブル，出力用ケーブル，電源（直流±15 V，100 mA 以上）

2. ケーブルの接続

2-1. テスターを用いて不要な導通がないかチェックする．

2-2. オペアンプをソケットに挿入し，アンプに電源用ケーブルと入力用ケーブルを接続する【⑥】．オペアンプはソケットと同様に方向がある．挿入時に注意すること．

2-3. ファンクションジェネレーター（電位発生器）からの出力信号をアンプの入力端子に接続する．

2-4. アンプと電源を接続後，出力ピンからの信号をオシロスコープに入力する【⑦】．可変抵抗を回し，出力レベルの変化を確認しよう．増幅率は約 300 倍となるよう設計されている．

紹介した簡易アンプは，岩手大学大学院工学研究科千葉裕記さんの多大な協力と指導によって設計されたものである．

【リンク】

- 松浦研究室
  http://www.wel.iwate-u.ac.jp/matsuura/
- 研究者が教える動物実験 2 巻 pp.82-85，3 巻 pp.74-77
- 比較生理生化学会誌 16 巻 3 号 pp.180-190；19 巻 1 号 pp.30-38；23 巻 1 号 pp.10-19；25 巻 3 号 pp.96-105，4 号 pp.147-155；29 巻 4 号 pp.226-234
- 動物の多様な生き方 5 巻 pp.56-72
- 研究者が教える動物飼育 1 巻 pp.64-69

■松浦哲也：岩手大学工学部，
　専門：行動生理学と循環生理学

19 ニューロンが発生する電気を測ってみよう
―感覚ニューロンの活動電位と応答―

大学生向き

ワモンゴキブリ
(*Periplaneta americana*)：
世界中に分布するが，日本では九州以南でよく見られる．雑食性．飼育と繁殖が極めて容易．

岡田二郎：
長崎大学水産・環境科学総合研究科・教授，専門：無脊椎動物の神経行動学

　動物が外界や体内からの刺激を迅速に捉えて素早く反応することができるのは，神経系の働きによる．神経系を構成する神経細胞（ニューロン）は，活動電位とよばれる電気信号を発生することで，感覚や運動に関する情報を生み出し，その情報が特定の神経ネットワークを伝わるプロセスの中で複雑な外界を知覚したり，巧みな運動を実行することができる．ニューロンの活動電位とは一体どんな現象なのだろうか．本章では，生きているニューロンから活動電位を記録する方法について紹介しよう．

実験のねらい

　神経や筋肉などの興奮性細胞から生物電気を測定する電気生理学的手法は，学生実験としては特殊で難しい部類に入る．それは，動物を麻酔・手術して目的とする組織を露出または摘出し，生理的に良好な状態を保ったまま電極を設置する必要があるからである．ここで紹介する実験は，このような複雑な工程が一切なく，全くの初心者でも解剖から記録開始まで約10分間で完了できる．この点を生かして，活動電位についてじっくり観察してみよう．また1個の感覚ニューロンにおいて，外界からの刺激が活動電位としてどのように表現されるのか考えてみよう．

実験の準備

動物：ワモンゴキブリ（☞**動物飼育2巻 pp.43-47**）
装置：実体顕微鏡，シールドボックス，細胞外誘導用生体アンプ，オシロスコープ，スピーカー，データレコーダー，チャートレコーダー

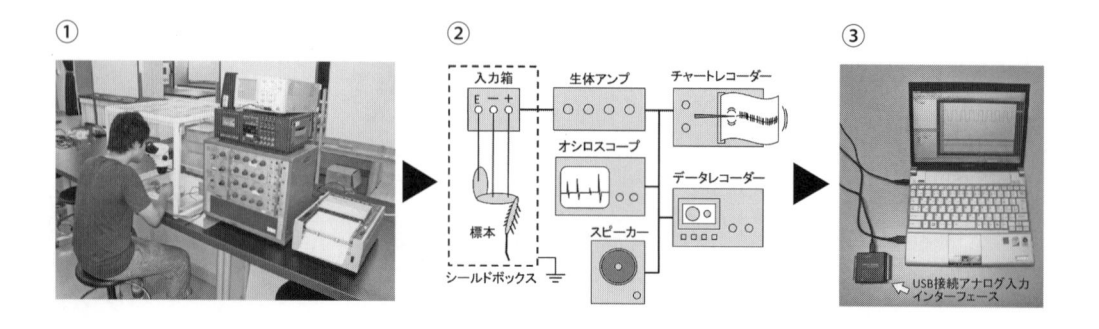

88 ● 第4章　機械感覚，湿度感覚

器具：バルサ板（軽く柔らかい木材で，ホームセンター等で入手可能），ピンセット，眼科ハサミ，微針，歯科用スティッキーワックス

方法：棘状感覚毛の屈曲に対する応答

1．実験標本の準備

　ワモンゴキブリの入手法は**付録3 参考資料**を参照のこと．蓋付きの容器にゴキブリを入れ，冷蔵庫中で30分ほど放置するか，容器中に炭酸ガスを満たして1分ほど放置することで麻酔する．動かなくなったゴキブリの後肢を根元から眼科ハサミで切断し，バルサ板の上に載せ，微針（昆虫標本作製用のステンレス製虫ピン，直径0.3 mm，長さ40 mm程度）で固定する．微針は【④】に示した3か所（プラス極，マイナス極，接地）へ刺すが，プラス極とマイナス極に関しては，図示された位置を正確にねらって刺す（ここを神経が走行するため）．このとき，何回も刺したり抜いたりせず，ねらいを定めて一気に刺す．実体顕微鏡のステージにバルサ板を載せ，スティッキーワックスで固定する．

2．実験装置

　実際の実験の様子と実験装置の概略を【①】と【②】に示す．今回は間接的な活動電位の記録法である細胞外誘導法を用いる．活動電位は微小な電気現象であり，外界の電磁ノイズの影響を受けやすいため，標本は接地されたシールドボックス（金網の箱）の中に置く．またすべての電気機器類は接地すること．活動電位は入力箱を介して，生体アンプで増幅され，映像モニターとしてのオシロスコープおよび音声モニターとしてのスピーカーへ出力される．オシロスコープは，波形が直感的にわかりやすいアナログタイプ（サンプリング周波数は10 MHzもあれば十分）を勧める．今回の記録機器は，データレコーダー（メディアはカセットテープ）とチャートレコーダー（メディアはロール紙）を用いる．活動電位は時間的に短い現象なので，データレコーダーに一旦記録した活動電位を低速度で再生し，ペン書き式のチャートレコーダーで再描画させる．しかしこれらの記録機器は，実はかなり旧式で現在では入手しにくい．そこでパソコンにアナログデータを直接取り込むためのインターフェースとソフトウェアの使用を勧める．最近の汎用アナログ入力インターフェース【③】は，最大サンプリング周波数も100 kHz以上と十分なうえ，データ取得ソフトウェアを含めて5〜6万円程度で手に入る（ただしパソコンとプリンタは別途用意する必要がある）．取得波形のブラウズと印刷機能はこのソフトウェアに備わっている．

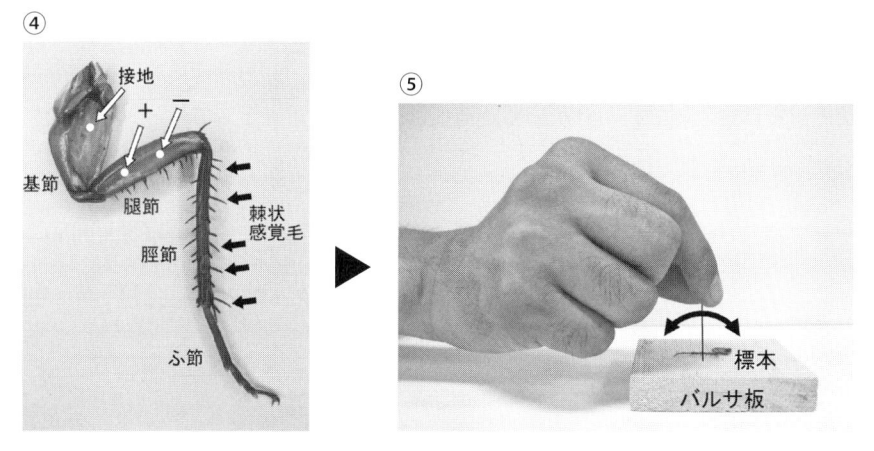

3. 活動電位の記録

　各電極（微針）を生体アンプに接続する．脛節に生えている棘状の感覚毛【④】を実験者が一本一本，微針を用いて実体顕微鏡下で曲げてみる．その際，微針を軽くバルサ板に突き立てて，ここを軸として微針を前後に動かすと，手のわずかな震えなどの影響を抑えることができる【⑤】．実験者の手が電極に接触すると，大きなノイズを出すので注意する．棘状感覚毛の根元部分は，ちょうつがい構造になっており，遠位側（脚の先端方向）へは大きく曲がるが，近位側（脚の根元方向）へは静止位置からせいぜい10度程度しか曲がらない．毛を無理に近位側へ曲げると折れてしまうので注意する．実験者の手が電極に触れていないのに，大きな交流ノイズが発生する場合は，実験者がシールドボックスの金属部など接地された箇所に触れるとよい．別の実験者は，活動電位の発生をオシロスコープで確認する．毛の屈曲に応じて振幅がほぼ等しい活動電位が繰り返し発生するはずである【⑥】．この活動電位は，各感覚毛の根元皮下に存在する単一の機械感覚ニューロンから発生するものである．活動電位はどのような時間経過をたどるのか．またその振幅は何ボルト程度なのか，アンプのゲイン，およびオシロスコープのゲインと掃引速度から求める．毛を曲げる実験者は，オシロスコープは見れないが，スピーカーの音声から，活動電位の発生の様子を知ることができる．

4. 棘状感覚毛の応答の記録

4-1. 明瞭な記録を得るために，振幅が比較的大きな活動電位を出す毛を選ぶ．活動電位の振幅は，電極から神経軸索までの電気的距離と軸索直径に依存する．明瞭な活動電位が観察されない場合はプラスおよびマイナス電極の刺入位置を変えることで改善されることもあるが，標本の劣化を招くこと多い．動物の数に余裕があれば，新たな標本に替えた方が良い．

4-2. 特定した感覚毛について，屈曲の方向，角度や速度を変化させ，活動電位の応答がどのように異なるのか観察する．応答は，毛によって，また曲げ方によって様々なパターンが予想される【⑦】．毛の曲げ方は，【⑦】に示すように，一定の屈曲位置を数秒程度維持した方がよい．実験者が手で操作する以上，定量的な解析はできないが，大まかな比較は十分可能である．より定量的な解析をしたければ，スピーカーを用いて感覚毛を刺激することもできる．スピーカーのコーン紙中心部にバルサ棒などの軽いレバーを立てるように取り付け，その先端部に細い針金のフックを取り付ける．棘状感覚毛をフックにひっかけて，スピーカーに適当な電源（信号発生器など）を接続すれば，簡易刺激装置となる．

4-3. 近位側へ屈曲させた場合，活動電位は圧倒的に高頻度に発生する．遠位側の屈曲では弱い応答が出るか，毛によっては全く活動電位が発生しない．角度を変える実験では，方向を遠位側または近位側のいずれか揃え，速度はできるだけ一定にする．速度を変える実験で

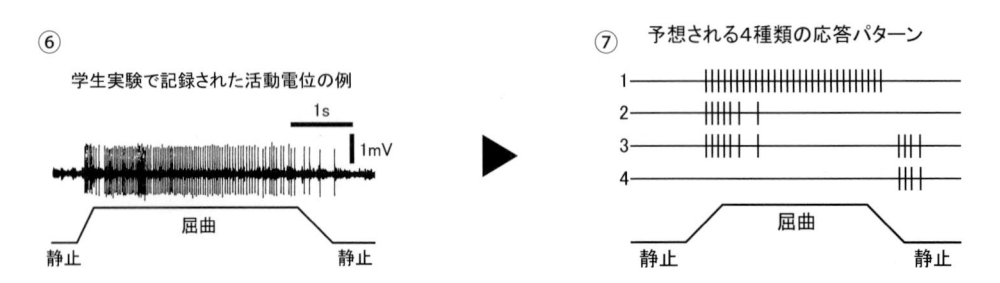

応用・発展課題のヒント

- 活動電位の振幅や応答の様子を複数の毛の間で比較してみたら面白いよ．
- 1本の毛でも曲げ方によって応答パターンは変わるよね．
- 活動電位の振幅は毛によって異なり，応答はいくつかのパターンに分けることが出来るね．

は，方向を揃え，角度をできるだけ一定にすることを心がける．

4-4. 感覚毛の曲げ始め，曲げ終わりのタイミングがわかれば，後でデータを見直す際に大いに参考になる．最も簡便な方法は，各タイミングにおいてデータレコーダーのカウンター数値をメモすることであるが，正確さに欠ける．データレコーダーとチャートレコーダーのチャネルが余っていれば，乾電池と手動押しボタンスイッチ（またはフィットスイッチ）でタイミングモニターを自作し，使用した方がよい．また上記のスピーカーを利用した簡易刺激装置を用いるのであれば，スピーカーへの入力を記録することで，毛の屈曲のタイミングを正確に知ることができる．

4-5. 描画させた応答波形には時間のスケールを記す必要があるが，これについては，記録速度，再生速度，チャート紙の送り速度から計算して求める．ただしアナログ入力インターフェース【③】を用いる場合は，この必要はない．

注意すること・役立ち情報・耳よりな話

- この方法では，数時間にわたって活動電位が記録できるが，標本の劣化は徐々に進んでいく．できる限り手際よくデータを取るように心がけたい．
- 電気生理学実験で用いる小物類（シールドボックス，ケーブルなど）は，自作しなければならない．日曜大工用の工具の他，はんだごて，ニッパー，テスターなど電気工作の基本セット【⑧】は揃えておきたい．
- 市販の生体アンプは数十万円程度する高額な機器である．しかし電子工作が得意な人なら，安価で比較的容易に自作できる．詳細は生体医用工学の専門書やインターネット等を参照されたい．

リンク

- 研究者が教える動物飼育 2 巻 pp.43-47

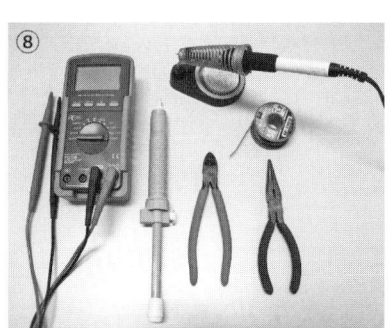

20 ダンゴムシは湿った所が好き？
―ダンゴムシの湿度定位実験：指向走性や無定位運動性を調べる―

大学生向き

オカダンゴムシ
(*Armadillidium vulgare*)：
意外にも生きた蘚類（コケ）の葉が大好物．落葉やティッシュペーパーでも飼える．落ち葉で長期飼育し，分解者でもあることを確認しよう．

原田哲夫：
高知大学大学院総合人間自然科学研究科黒潮圏総合科学専攻・教授，専門：ヒトと昆虫の環境生理学

　オカダンゴムシは世界中に生息し，数億年前から生息する「生きた化石」ともいえる節足動物である．オカダンゴムシは庭の石の下などで簡単に採集でき，暗くて湿ったところに生きている．オカダンゴムシは湿った所を好むか？　オカダンゴムシは空気中に含まれる水蒸気の濃度勾配を知覚し，それに反応して定位できるであろうか？という疑問が湧く．

実験のねらい

　ダンゴムシの湿度定位とその仕組みを調べる．1）オカダンゴムシを野外から採集してくる．2）水槽などに濡れたティッシュペーパーを敷き，その上に蘚類のブロック（葉，仮根，土がセットになっているもの）や落ち葉を敷きつめる．採集したダンゴムシをその上に放ち飼育する．3）角型ケース，脱脂綿，塩化カルシウムなどを用いて実験装置を作成する．4）実験装置を使ってダンゴムシが湿度に定位するか実験する．5）ガラス管を使った装置で指向走性と変向無定位運動性が存在するか調べる．6）4）で作った装置を用い，変速無定位運動性を調べる．

実験の準備

動物：落ち葉の下や石の下などで採集したオカダンゴムシ．年中採集可能．茶色で白い斑点模様があるのが雌で，斑点模様がなく紺色のものが雄．

① 実験アリーナと側辺に張る脱脂綿（4辺はテープでコートしている）．

② 高湿部分と中間部分の脱脂綿はあらかじめ貼っておく．

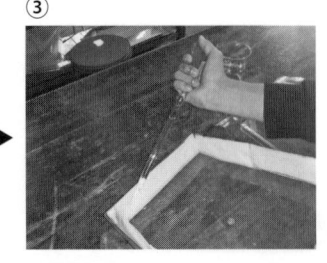

③ 高湿部の脱脂綿にピペットで水を含ませる．

試薬：塩化カルシウム

器具：スチロール製角型ケース（蓋付，株式会社ニッコー製，353 mm×255 mm×60 mm），ハサミとカッター，記録用シート（クリアシートポケット式），塩化カルシウム（乾燥剤用：粉状のもの），脱脂綿，透明テープおよび両面テープ，ストップウォッチ，棒温度計，照度計，黒画用紙，白画用紙またはケント紙，油性カラーペン（数色），500 mL ガラス製ビーカー，ピンセット，駒込ピペット，シャーレ，ガラス管

方法：湿度定位実験

1. ダンゴムシの準備

落ち葉や石の下で採取した野生型系統を用いる．実験を行う5〜6時間前にビーカーなどに移し乾燥した状態に置く．

2. 実験装置の作成【①〜⑦】

角型ケースの側面の大きさに脱脂綿を切る．脱脂綿片の上下左右端に透明テープで縁を付ける．角型ケースの空間が低湿度部，中湿度部，高湿度部の3つに区画できるよう，側面のうち片方の短辺と隣接する長辺の1/3ずつの面に，塩化カルシウムの粉末を表面に塗布した縁付脱脂綿を両面テープで貼り付ける．長辺の中央の1/3の面には縁付脱脂綿をそのまま貼り付ける．残った長辺1/3ずつと残った短辺には，駒込ピペットを用いて水を十分に含ませた縁付脱脂綿を貼る．下面と脱脂綿片の間，脱脂綿片と脱脂綿片の間等，隙間にダンゴムシが入り込めないように，テープなどで隙間を埋める．蓋には記録用シートを両面テープで貼り付ける．

3. ダンゴムシは高湿度に定位するか調べる【⑧，⑨】

雄と雌2頭ずつを各人シャーレ等にとる．1 cm角に切った脱脂綿を装置底面の中央に置く．蓋を閉めて3〜5分置き装置内の空間に湿度勾配ができるようにする．素早くダンゴムシを中央の脱脂綿の上に置き，蓋をする．計時を開始し，1，2，3，4，5，6，7分時にいたダンゴムシの位置を蓋に貼った透明のシートに書き込む．もし，単独で実験を行う場合，データ数が25を超えるまで，6回以上繰り返す．ダンゴムシが消耗したら，別の個体に代える．取れたデータは1試料または2試料χ^2検定などによって統計解析する．

4. 指向走性と変向無定位運動性が存在するか

もし指向走性が存在するなら，ダンゴムシは最初から体軸を高湿度方向に向けて進むはずであ

④ 高湿部の脱脂綿にピペットで水を含ませる．

⑤ 低湿部の脱脂綿に塗す塩化カルシウムの粉．湿性抜群！

⑥ 塩化カルシウムの粉を低湿度部に貼る脱脂綿に塗しているところ．

る．また変向無定位運動性が存在するなら，低湿度空間から高湿度空間へ移動するときは方向転換しないが，高湿度空間から低湿度空間に向かう場合方向転換をするので，結果的に高い湿度に定位するはずである．これを調べるため，直径1〜2cm，長さ50cmのガラス管を用意し，片方の端を塩化カルシウムを付けた脱脂綿で，他方の端を水に濡らした脱脂綿でそれぞれ栓をする．1時間程放置し，ガラス管内に湿度勾配を作る．ダンゴムシをその中央に入れ，ダンゴムシの動きを方向転換も含め克明に記録する．この場合も透明シートをガラス管に貼り付け，カラーペンで記録するとよい．どちらかの脱脂綿に達するまで記録を行い，10回ほど繰り返す．この場合雄雌5頭ずつ使用する．初動時の方向比や方向転換頻度比：(低湿度から高湿度への転換頻度)対(高湿度から低湿度への転換頻度)を期待理論値，1:1との間でχ^2検定を行う．

5. 変速無定位運動性の存在を調べる

3.で用いた装置を再び使い，4辺すべての脱脂綿に水をしみこませた高湿度ケースと，4辺すべてに塩化カルシウム粉末を塗布した低湿度ケースを作る．3.と同様に中央にダンゴムシを放ち，今度は1分間のダンゴムシの歩行軌跡をカラーペンで辿り記録する．雄雌5頭ずつ2回繰り返せば，統計解析可能なデータ数となる．この辿った線の長さが即ち歩行速度となるので，これを糸で辿って測る．高湿度ケースと低湿度ケースを交互に走らせ，同じ個体構成となるようにする．データはMann–Whitney U検定や平均値の検定などを用いて統計解析する．

6. 明るさで湿度定位が影響を受けるか

3.の実験を暗所と明所で行って比較する．実験室の照明を切ってブラインドを閉め，黒い紙を側面や底面に貼って実験を行う．一方暗い部屋の一角に蛍光灯のテーブルランプを点灯させ実験装置に上面から当てながら実験を行う．この2つの結果を比較する．暗所での定位の方が早い時間経緯で起こることを観察結果やデータから確認する．

注意すること・役立ち情報・耳よりな話

- ダンゴムシは乾燥と高温に弱い．飼育する場合なるべく目の届きやすく高温（30℃以上）になりにくい場所に置き，飼育場所の底にひいたティッシュペーパーが干上がっていないか確認する．
- 実験前に十分に乾燥下に置かないとダンゴムシは湿度定位しないので注意しよう．
- この実験は，大学の教養課程用教材として開発されたものである（原田，高知大学教育学部研究報告，1996）．

⑦ 塩化カルシウムの粉を塗ったら，それを湿度部に貼る．

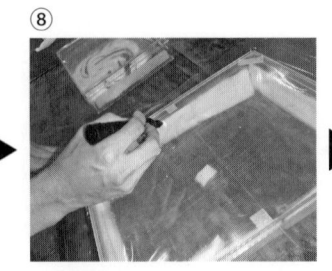

⑧ 中央に置いたダンゴムシに7分間自由に歩かせ，1分毎に位置を記録．

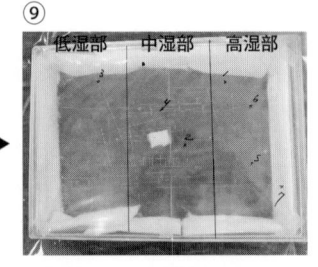

⑨ 実験終了．高湿度部に最後は位置していたようである．

応用・発展課題のヒント

（男子）「ダンゴムシは明るさによって湿度定位を変化させるかどうかも調べることができるよ．」

（女子）「1年くらい落ち葉で飼育してみると，ダンゴムシが分解者だってことがよくわかりそうね．」

（別の男子）「いろいろ実験できそうだ．」

- 筆者は本実験を 21 年間毎年行ってきているが，最近発見したことがある．それは，ダンゴムシが最も好む食物は，枯れ葉でも濡れたティッシュペーパーでもなく，蘚類（庭園などでよく見かける，ふさふさとしたコケである）の葉や仮根である．分解者としてのダンゴムシを考えると，枯葉やパルプから製造されるティッシュが土になるといった環境教育の視点がどうしても頭を支配しがちであるが，様々な被子植物の生葉や蘚類などを飼育用水槽に入れて観察すると，蘚類の葉や仮根を真っ先に食べつくしてしまう．こうして，蘚類を十分に与えたダンゴムシを湿度定位実験に用いると，最初に定位を確かめる実験も，変速無定位運動性も，非常に明確な結果を得ることができた．蘚類がダンゴムシの餌として適していて，生理的機能を高めている可能性がある．

リンク

- 比較生理生化学会誌 13 巻 2 号 pp.107-115

21 ヒトの触覚の実験
―触点の分布の特徴および 2 点弁別値―

ヒト（*Homo sapiens*）：
ヒトの触覚は，視覚とともに3次元空間の詳細をリアルタイムに認知する重要な知覚である．

田中浩輔：
杏林大学保健学部・教授，専門：甲殻類の心臓拍動と中枢神経機構

触覚は体性感覚に分類され，外部環境の検知システムとして微細なテクスチャを検知できる鋭敏な感覚である．その受容器は全身の皮膚に存在するが，身体の部位によって分布が異なり，異なった役割を担っていることが推測される．

実験のねらい

ヒトの皮膚に存在する受容器の分布および識別能力を体の各部位ごとに調べる．体の各部の機能と触覚との関連性を調べる．

実験の準備

動物：実験は，少なくとも被験者および実験者の 2 人 1 組で行う．
器具：刺激毛（直径約 200 μm のテグス），格子縞スタンプ（1 cm×1 cm で 100 マス）【①】，ディバイダ【②】

方法 1) 触点の分布

1. 手指の先端に格子縞スタンプを押す【③】．
2. 被験者は目を閉じて安静にする．

① 刺激毛（左）と格子縞スタンプ

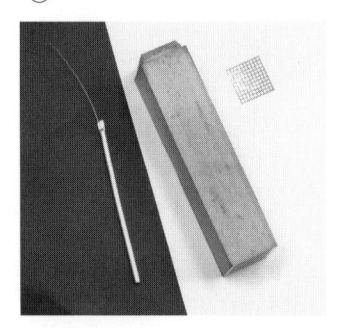

② ディバイダ

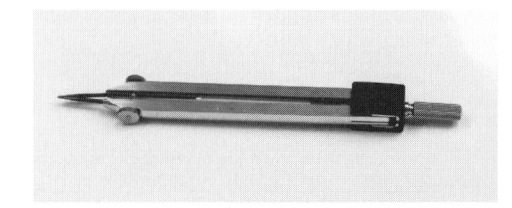

3. 実験者は，各マス目を刺激毛で刺激する【③】．この際，実験者は，被験者に対して合図をして刺激を行う．この合図は，毎回同じやり方で行うことが必要である．また，刺激毛の触る強さは，刺激毛が曲がる程度の強さで触る．このとき刺激毛の曲がるたわみ方をなるべく一定にすること．
4. 被験者は刺激に対して，「触覚」，「痛覚」，「感覚なし」の3パターンで答え，記録シート【④】に記入していく．触覚は黒，痛覚は赤，感覚なしは，無色など色分けするとよい．
5. 親指の付け根（手の平側），手の甲，前腕内側部，額，脚の腓腹部などでも試してみよう．また手や足では左右の同じ部分を試してみよう．
6. データは，面積あたりの数を計算し，場所ごとに表などにまとめ，比較考察してみよう．

方法 2) 2点弁別値の測定

1. 手指の先端を用いる．
2. 被験者は目を閉じて安静にする．
3. ディバイダの先端で，2点を同時に触る【⑤】．実験者は，触ったのちディバイダはすぐ離し，長時間（数秒以上）触り続けないようにする．触るとき実験者は合図をして触る．触り方は，軽く皮膚がへこむ程度で，両方の先端にかかる力が均等になるように注意する．また，ディバイダの先端が同時に触るように注意する．

   さらにときどき，一方の先端のみで触ることも行い，被験者が正しく判断できているかどうか判定する．また，実験者は被験者に「痛い」感覚を生じさせないよう注意して触る．
4. 被験者は，「1点」，「2点」または「わからない」の3つで答える．このとき触られた後，すぐに答えるように注意する．よく考えないと答えられないときは「わからない」に分類する．
5. 1か所において最低10回以上の計測を行い平均する．
6. 各指の腹，親指の付け根（手の平），前腕内側部，額，唇などで試してみよう．同じ場所においてもディバイダの幅を縮める方向を変化させて測定して比較してみよう．利き手とそうでない手，指ごとの違いがあるのかどうか調べてみよう．唇を行うときは，ディバイダの先端は消毒用アルコールで適宜消毒する．
7. データは場所ごとにグラフなどにまとめ，比較考察してみよう．

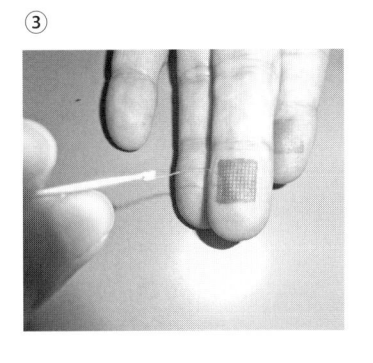

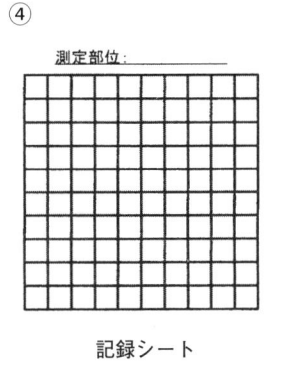

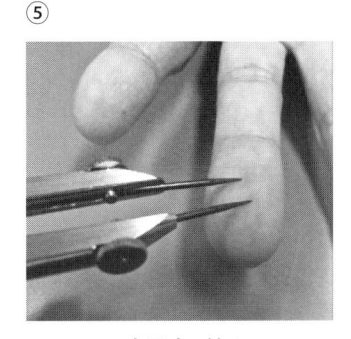

③

④

記録シート

⑤

2点同時に触る．

応用・発展課題のヒント

> 髪の毛を触られると，はじめは触られたのがわかるけど，だんだん気にならなくなるのはなぜ？

> 受容器で順応が起こって，反応の大きさが変化するんだ．この順応のしかたも受容器ごとに異なっているんだ．

> 昆虫などでは，古くから歩脚や触角の受容器を刺激して，受容器の種類ごとの反応パターンが調べられているよ．

注意すること・役立ち情報・耳よりな話

- **方法 2)** においては，ディバイダによる刺激の際に，痛覚を生じさせないよう注意を払う必要がある．これは，触覚と痛覚とが異なる感覚（モダリティーが異なる）であり受容器が異なるからである．このことは，**方法 1)** において触点と痛点が完全に重ならない結果からも推測される．ヒトの皮膚では，痛覚刺激は自由神経終末にて受容されている．一方触覚刺激は，マイスネル小体，パチニ小体，メルケル触盤などで受容されていることが知られている．

- ヒトなどの脳では，受容器ごとに脳内に 1 対 1 に対応した領域をもつ地理的対応があることが知られている．特に体性感覚野では Penfield の脳地図として知られている．また，大脳皮質では縦方向の 6 層にニューロンが並んでいる．この縦の層状構造を貫抜くような形で，機能的にカラム（柱状）構造を形成していることが知られている．体性感覚野で考えれば，個々の皮膚の受容器からの入力に対応した機能カラムが存在し，受容点が多いほどこの機能カラムが多く存在する必要があり相対的に Penfield の脳地図にみられるような大脳皮質で使用されている領域の広さに反映されるのである．

- 側方抑制は，Hartline によってカブトガニの複眼における光受容で発見されたメカニズムであり，コントラストが強調され感ずるメカニズムである．触覚における 2 点識別においては視床などの 2 次ニューロンでみられる．このメカニズムにより，特定の感覚情報をフィルターにより抜きだす効果がある．

リンク

- 比較生理生化学会誌 19 巻 3 号 pp.187-189

第5章

視覚，その他の光感覚

22 明るいのと暗いのとどっち好き？
―(1) クロキンバエの走光性の特性を調べる：受容器官と色感度―

クロキンバエ
(*Phormia regina*)：
以前の分布域は北海道だったが，現在は本州にもいる．

保 智己：
奈良女子大学理学部化学生命環境学科・教授，専門：光感覚

　動物にとって光は最も重要な環境因子の1つである．光に対して向かっていく行動（正の走光性）を示すものもいれば，反対に逃げるように向きを変える（負の走光性）動物もいる．その際の光源を認識する光受容器官もまた動物によって異なる．光受容の初期過程は光を吸収した視物質の構造変化によって引き起こされ，「色」感度はほとんどの場合，視物質の吸収波長特性を反映している．

実験のねらい

　クロキンバエを使って光に対する応答について行動を基準に調べる．1) クロキンバエの走光性（正または負）を確認して，青，緑，黄，赤のどの「色」の光に対して最も鋭敏に反応するのかを調べる．2) 走光性を示すために複眼が必要であるかどうかを調べる．この実験ではハエの光に対する反応を調べることが主たる目的であるが，それと同時に光，特に「色」に対する反応を見る行動実験手法の基本を学ぶ．

実験の準備

動物：クロキンバエを用いる（☞動物飼育2巻 pp.212-217）．
器具：行動観察用容器【①】，光源（LED照明装置），光強度測定装置，黒ペイント，透明ペイント，筆，実体顕微鏡，ハサミ，洗濯バサミ，（暗箱，CCDカメラ）

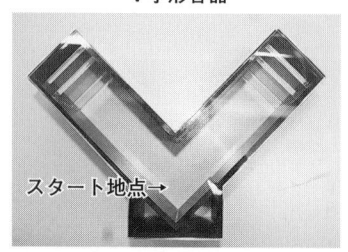

① I字形容器　　V字形容器（スタート地点→）

アクリル板などを使って自作した観察用容器の例

方法 1) 走光性の正負の判定と色感度

1. 光強度の測定光強度測定

1-1. 光源（LED照明装置）を用意する．LEDを用いると波長特性が把握でき，電流の大きさを変えることで光強度を変更することもできるため，この実験には便利である．LEDは様々な波長特性をもつものが電子部品の販売店で容易に入手でき，簡単な作業で実験に用いる光源を作製できる【②】．電源と一緒にキットでも販売されている．光源に通常のランプを用いてもよいがその場合は「色」を変えるために干渉フィルターを用い，強度を変える際にはNDフィルターを用意する必要がある．

1-2. 光強度は「色」（波長）を変える場合は光子数（光量子数）で表す（エネルギーではないので注意する）．光強度測定機器はエネルギー値で表されることが多いので，エネルギー値から光量子数へ換算する必要がある（換算式は☞**注意すること・役立ち情報・耳よりな話**）．また，本実験で用いる「色」（青，緑，黄，赤）の範囲であれば光量子センサー（☞**付録3 参考資料**）を用いると光量子数で表示されるので便利である．しかし，この装置は400～700 nmの範囲の光だけしか測定できないので，紫外光は測定できない．

1-3. 観察容器の中央（またはスタート地点）に測定装置のセンサーを置く．次に青，緑，黄，赤のそれぞれの光強度を測定する．例えば，青色光を点灯し，弱い光から徐々に強度を上げていき，それぞれの強さを測定する．この操作を4色の光でそれぞれ行い，横軸に照射装置のレベル値を縦軸に光量子数を取り，グラフを作製する．4色の光のうち一番弱い光強度の「色」の光の最大値の7～8割の光強度を基準とし，それと同じ強度になるような光量子数を算出して他の3色の光のレベル値を決める．つまり，ここで決定した照射装置のレベル値で照射することで4色の光で同じ強度の光を得ることができるようにする．

2. ハエの準備

実験に用いるハエは飛翔しないように翅を半分程度切除する【③】．行動観察容器を密閉可能なものにすれば切除していないハエでも実験可能である（以前にこの方法で行ったことがあるが，暗室での操作なので，逃げ出すハエへの対応が大変であった）．

3. 走光性の有無および正負の判定

観察用容器の中央（またはスタート地点）にハエを置く．まずはハエの走光性を調べるので，緑色光（白色光でもよい）で容器の片方から照射し，ハエが光源に向かうのかまたは反対方法に

動くのかを調べる．このときの光強度は，4色が同じ強度になるように決めた強度を用いる．

4.「色」（波長）による走光性への効果の違い

A. 高校生〜大学2年生向き

4A-1. 緑と赤の光源を観察容器の両端にそれぞれ設置する．

4A-2. 翅を半分切除したハエを試験管またはサンプル瓶などのガラス管に入れて，容器の中央に置く【④】．このとき，ガラス管の内側に油脂を塗っておくとハエが壁面を登らない．

4A-3. 観察容器に設置した照明装置から，それぞれの色の光源を，光強度を等しくして（等光量子数）点灯する．

4A-4. ハエが緑または赤のどちらの光源に向かうかを観察する．このとき，動き方にも注意して観察する．同じ実験を5〜10匹で行う．

4A-5. 上記の実験を光源（緑と赤）を左右で入れ替えて行う．

4A-6. 上記の実験を下記の「色」の組み合わせで同じように行う．すなわち，青―赤，黄―赤，青―黄，緑―黄，緑―青の組み合わせで4A-4.と4A-5.の実験を行う．

B. 大学2年生以上向き

4B-1. 容器の中央（またはスタート位置）に翅を切除したハエを置き，青色光を照射する．5段階の強さで照射し，その際の移動速度（容器の端に到達するまでの時間または一定時間に移動する距離【⑤】）を測定する．

4B-2. 同様の実験を緑色光，黄色光，赤色光でも行う．4色の光の5段階強度については，1-3.で作製したレベル値―光強度のグラフから同じ強さになる5段階の光強度を選択する．

方法2）複眼の走光性への関与の有無

1. ハエの準備

1-1. 実体顕微鏡（虫眼鏡）を用いて，正確に両方の複眼を黒色のペイントで塗りつぶす．また，同様にして透明のペイントで塗りつぶしたグループを作製する．それぞれ5〜10匹用意する．なお，ペイントで塗りつぶすときには翅を洗濯バサミで挟んで塗ると塗りやすい【⑥】．

⑤　　　　　⑥

方眼紙：容器の底に透明な板を用いると，
容器の下に置いた方眼紙は透けて見える．
この目盛を使って，移動距離を測定する．

応用・発展課題のヒント

> 複眼を片方を塗りつぶすとどのような行動を引き起こすの？
>
> 複眼を部分的に塗りつぶした場合は？どの部分を（どの程度）塗りつぶすと影響が出るの？
>
> 動物種を変えてもおもしろいね．

　　　塗り終わった後に翅を切除すると作業がやりやすい．
1-2. 光源は，**方法 1**) の実験で最も感度が高いと考えられる色（波長）の光を用いる．強度は，**方法 1**) の実験で十分な走光性が示されることが確認された強度を用いる．
1-3. 容器の中央（またはスタート地点）に複眼を塗りつぶしたハエを置く．
1-4. 光を点灯し，ハエの行動を観察する．

注意すること・役立ち情報・耳よりな話

- ハエの翅を切除したり，ハエを容器に設置する際には，複眼や脚にダメージを与えないように注意深くハエを扱う．
- 適当な暗室がない場合は，容器全体が入るような暗箱を作製する．アングルや黒のプラダンを用いると暗箱は容易に作製できる．この場合は暗箱の上部に CCD カメラを設置し，暗箱の外から観察できるようにするとよい．CCD カメラは赤外線対応のものがよいが，実験では単色光ではあるが，明かりがあるので，通常のカメラでも十分撮影可能である．
- エネルギー値から光量子数への換算式：
  光量子数：n，エネルギー：E（W/m^2/秒），波長：λ（nm），光速：$C=3\times10^8$（m/秒），プランク定数：$h=6.63\times10^{-34}$

$$n = (E \cdot \lambda) / (h \cdot C)$$

光量子数はモル数で表す場合もある．紹介した光量子センサーはモル数で表示される．

リンク

- 研究者が教える動物実験 1 巻 pp.104-107
- 研究者が教える動物飼育 2 巻 pp.212-217

23 明るいのと暗いのとどっちが好き？
―(2)マイコンを使ってアフリカツメガエルの光走性実験を自動化する―

大学生向き

アフリカツメガエル
(*Xenopus laevis*)：
一生を水中で生活．遺伝子導入が可能．発生生物学でおなじみ．

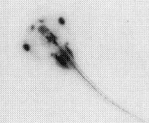

岡野俊行（右）：
早稲田大学先進理工学研究科電気・情報生命専攻・教授，専門：光生物学

岡野恵子（左）：
早稲田大学先進理工学研究科電気・情報生命専攻・研究員，専門：動物生理学

　動物の多くには，周囲の明るさを感じて，明るい方へ移動したり暗い方へ移動したりする光走性（phototaxis，走光性ともいう）がある．光走性は，餌の有無や捕食者からの逃避，あるいは繁殖行動などに関係していると考えられている．水棲動物の光走性は，網膜や脳で受容した光情報を脳で統合して泳ぐ方向を判断している．

実験のねらい

　動物を用いた行動学的実験は，実験を行う実験者の仕草や実験装置の作りが，対象動物に余分な情報（本来実験で加えたい刺激以外の手がかりなど）を与えてしまい，誤った結果を導くことがある．そのため，実験の刺激や測定を自動化することで，実験の信頼度を大幅に向上させることができる．ここでは，マイコンを使用した刺激の自動化装置を作製し，作製した装置を用いてアフリカツメガエルの幼生の光走性を測定する．

実験の準備

動物：アフリカツメガエルのオタマジャクシを用いる（☞動物飼育3巻 pp.110-114）．

器具：動物を入れる水槽は白色アクリル樹脂製（特注品：幅6 cm，長さ36 cm，高さ8 cm）．光刺激装置は，緑色LEDを一定時間左右交互，あるいは左右ランダムに点灯させる装置を作製する．ここでは簡単な解説のみを掲載するが，パーツリスト，基板の配線図，アセンブラによるプログラム等，詳細は筆者のホームページ（http://www.okano.sci.waseda.ac.jp/）のContentsにある"マイコン式ランダムシーケンサー"を参照のこと．装置製作が難しい場合は，LEDに適当な抵抗と電源をつなぎ，ストップウォッチを見ながら，スイッチをオン・オフしてもよい．筆者の研究室では，市販のWebカメラをPCに接続して動物行動を記録しているが，LED点灯時の動物の位置が録画・再生できるものであれば，ビデオカメラ，デジカメ，スマートフォンなどを用いても構わない．

方法1） マイコン式ランダムシーケンサーの製作

※手動で実験する場合は省略してよい

1. 装置の概要

　PICマイコンは，ワンチップのICの中にマイコンが納められており，スイッチやセンサー等の入力とLEDやリレー等の出力をつなぎ，アセンブラやC言語によるプログラムを書き込むことにより，一定時間ごとに決まった動作をさせることができる．本装置では，一定時間ごとに左右どちらかのLEDをランダムまたは交互に点灯させることができ，また，リレー動作により電気刺激を与えることもできる．［点灯＋リレー動作］と［消灯］を繰り返す1ステップモードと，［点灯］→［点灯＋リレー］→［消灯］を繰り返す2ステップモードがある．ランダムモードは，左右が純粋にランダムに繰り返すモードと，同じ側が一定回数（4回）以上繰り返さないように制限したモードがあり，これらの設定は装置全面のスイッチ（SW3,4）で切り替えられるようにしている．繰り返し間隔の時間は，基板上のDIPスイッチ（DipSW）1～6に2進数で1～64を設定，スイッチ7で秒か分を選ぶようになっている．

2. パーツ類の買出し（☞付録3 参考資料）

　ほとんどのパーツは秋葉原の秋月電子通商にて通販または直接購入可能．ケースは千石電商，その他，ケース加工に必要なドリルやヤスリは適宜ホームセンター等で調達する．

3. 回路

　回路図を【①】に示すが，LEDには必ず，定電流ダイオードもしくは適当な値の抵抗を接続すること．本装置ではマイコンとしてマイクロチップ社製のPIC16F627A, 628A, 648Aのいずれを用いてもよい．LED1およびLED2のみを使用する実験では，RA0, RA1からリレーに至る回路は省略してもよい．また，ブレッドボードが使える人は，ケースの調達や加工を省略して最小限のパーツだけをブレッドボード上に配線してもよい．LED1およびLED2を水槽の左右の端に取り付ける．バイアス抵抗内蔵トランジスタDTC144が手に入らない場合は，RN1201等のデ

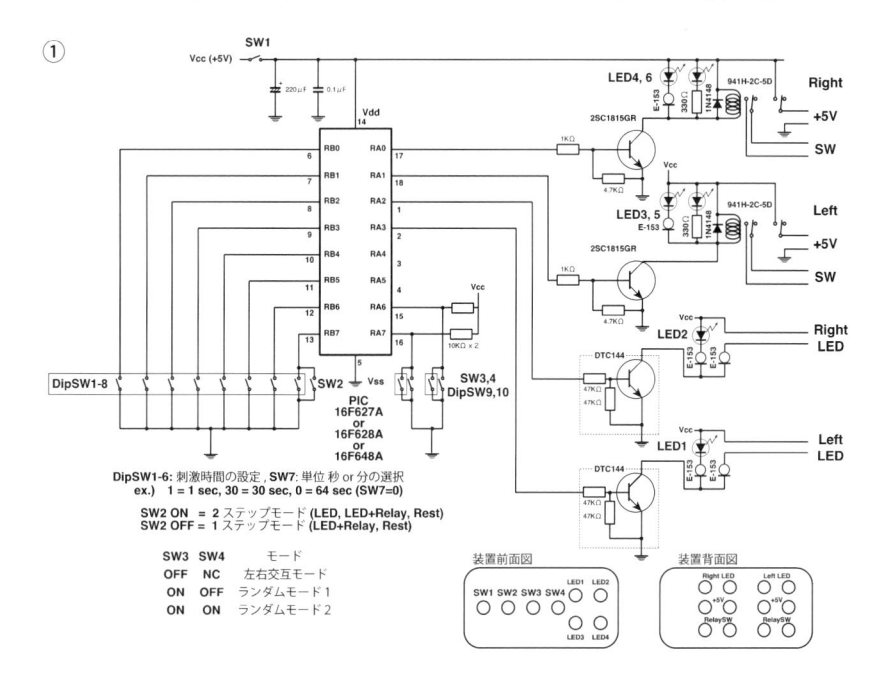

ジタルトランジスタで代用，もしくは，2SC1815GR 等と抵抗を組み合わせて代用可．

4．プログラムの書き込み

　プログラムを筆者のホームページよりコピーし，マイクロチップ社の PICkit™ 3 等を用いてマイコンチップに書き込む．書き込みには，Windows PC または Mac に専用ソフト MPLAB®X IDE（無料）をインストールする必要がある．書き込みの方法や専用ソフトの使い方は，マイクロチップ社の日本語マニュアルをはじめ，様々なホームページや書籍で紹介されている．

方法 2）オタマジャクシの光走性の測定

1．実験の準備

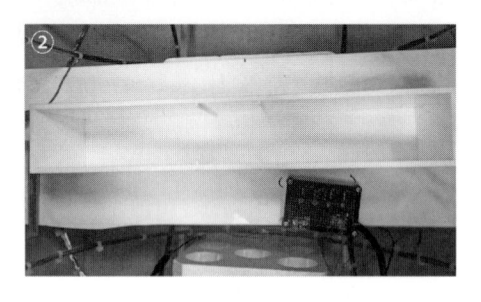

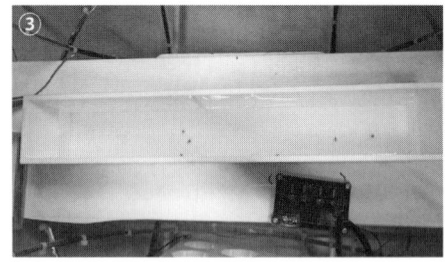

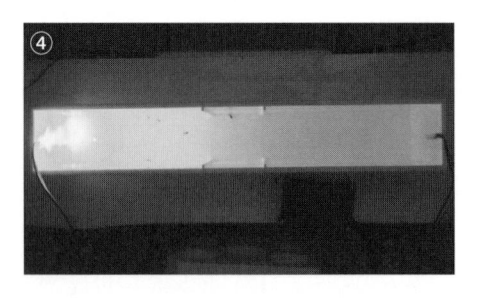

　光源のない実験用暗室の水平な場所にテスト水槽をセットする．水槽の左右に LED を，上には録画用のカメラをセットする．測定器があれば，LED の光量が左右で同じになるように取り付け位置を調整する【②】．水槽に水を入れ，オタマジャクシを数匹放ちしばらく待つ【③】．

2．測定

　カメラとランダムシーケンサーのスイッチを入れ測定を開始する【④】．実験者は暗室から退室する．測定したい回数だけ実験が終わったころに入室し電源をオフにする．

3．結果の解析

　解析の方法は，客観性のある方法で，統計的に問題がなければどのような方法で行ってもよい．以下には，筆者らが行っている一例を挙げる．水槽には，あらかじめ目印が付けてあり，左部分，中央部分，右部分の 3 つのエリアに分けてある．LED の点灯した側のエリアを 2 点，中央部分 2 を 1 点，点灯していない側を 0 点としてスコア化する．例えば，3 匹のオタマジャクシを用いた実験で，点灯直後に各区画に 1 匹ずついれば 3 点，消灯直前にすべてが点灯したエリアにいれば 6 点となる．実験の各サイクルごとに，点灯直後と消灯直前の画像を比較し，スコアが減少したか，増加したか，変化しなかったか，を調べた．オタマジャクシに光走性がなく，ランダムな動きをしている場合，スコアが増加する割合と減少する割合は同じはずである．そこで，変化しなかった場合を除外し，増加した回数と減少した回数を χ 二乗検定により解析した．その結果，LED を左右交互に点灯させた場合，左右ランダムに点灯させた場合，いずれも p 値が 0.01 以下となり，緑色の LED に向かって泳ぐ光走性があることがわかった．

応用・発展課題のヒント

> 様々なステージのアフリカツメガエルを使うことで，どの発生段階で光走性があるか，ということも調べることができるね．

> 測定する時間，季節や水温を変えてみると面白いかもね．

注意すること・役立ち情報・耳よりな話

- 紹介した装置を作製せずに，手動でLEDを点灯させて実験を行う場合は，刺激装置の電源コードを十分に長くして実験者の動きや音が実験動物に伝わらないよう注意すること．行動を目で見て実験するのも，実験者の動きが刺激となるので行わないこと．

- 実験のデータ解析に際して，本実験のように動物の行動を目で判定する場合は，実験者の意図が無意識のうちに結果に反映される可能性があり，これを排除すること（実験のブラインド化）が極めて重要である．例えば，本実験の場合，次のような手順で解析を行うことが望ましい．データ解析時にLED点灯直後と消灯直前の画像をまず取り出す．次に，この作業を行った者とは別の者が，これらの画像データに対し，実験条件がわからないようなファイル名をランダムに付け替える．続いて，このファイル名付け替え作業を行った者とは別の実験者が，目視によるスコア化を行う．スコア化がすべて終わった後に，ファイル名と実験条件の対応を調べて統計的に分析する．

- 今回は，行動測定および刺激した場所のモニターには，刺激したLEDの光自体を用いたが，カメラに写らない刺激や暗黒下で行う実験の場合には，工夫が必要である．すなわち，刺激のタイミングがカメラに写らない場合は，モニター用の赤外LEDを撮影画像内に配置する．写真【②～④】の水槽下にある黒四角の基板はモニター用の赤外LED．また，暗黒下で行う実験の場合には，赤外LEDを用いる必要がある．

- 本稿で紹介した装置は，プログラムを入れ替えるだけで，様々な装置を動かすことができるので，プログラミングに自信のある人は，自分独自のプログラムをぜひ書いてみてほしい．

- 筆者の研究室では，磁気応答性に関する動物の行動を調べる研究を行っており，マイコンから電源装置・リレー・MOSFET等を介して磁気発生コイルの電流を制御しながら動物の行動を測定する実験なども行っている（Takebe *et al.*, 2012）．

リンク

- 研究者が教える動物実験 1巻 pp.100-103
- 研究者が教える動物飼育 3巻 pp.110-114
- 岡野研究室　http://www.okano.sci.waseda.ac.jp

24 昆虫は季節をどうやって知るの？
―ルリキンバエの光周性と光受容器―

ルリキンバエ
(*Protophormia terraenovae*)：
大きく（体長1cm）生理実験に適する．ヨーロッパでは切手になったことのある瑠璃色のハエ．日本では北海道に生息．

志賀向子：
大阪市立大学大学院理学研究科・教授，専門：季節適応と生物リズム

多くの昆虫は，光周期によりこれからやってくる季節を知り，成長・生殖するか，あるいは休眠に入るかを調節する．寒さや乾燥など厳しい季節には，昆虫はあらかじめ休眠に入って成長を一時的に止める．そして，温暖な季節がやってくると成長や生殖を再開する．光周期は一定の明期と暗期の長さを組み合わせた情報であり，年による変動がない．このため，様々な生物にとって季節を知らせる信頼できる信号となる．昆虫はこの信号をどこで受容するのだろうか．ルリキンバエの大きな複眼を塗りつぶして，光周性が現れるか見てみよう．

実験のねらい

解剖や複眼への塗布が容易な大型のルリキンバエを用いて，光周期が生殖と休眠を調節する反応を調べる．インキュベーター2台を用いて，温度と光周期の管理を十分に行えば，比較的簡単にできる実験である．複眼に光を通さない塗料を塗り，光周性への影響を調べることで，複眼が光周性の光受容器であることを知る．

実験の準備

動物：ルリキンバエ．羽化した雌成虫約120匹を用いる．
試薬：角砂糖，牛あるいは鶏の肝臓片少し，酢酸エチル，ジエチルエーテル，銀ペースト（Aremco-Bond™ 556），水性シリコンアクリル樹脂塗料（黒），シンナー（プラモデル用），0.9％食塩水

器具：温度と光周期が調節できるインキュベーター2台［明期の時間：暗期の時間＝18 h：6 h（LD＝18：6）とLD＝12：12，温度はいずれも20 ℃］，実体顕微鏡と光源，丸型プラスチック容器，ストッキング，水瓶用サンプル管，解剖皿，マチ針，ピンセット2本，細い筆，50 mLのコルク栓付瓶あるいはプラスチック遠沈管（毒瓶と麻酔瓶用）合計2本，脱脂綿

方法1）光周反応の観察

1．幼虫と蛹の飼育（☞動物飼育2巻 pp.207-211）

幼虫から蛹までをLD＝18：6，25 ℃で飼育する．

2．雌成虫の飼育（☞動物飼育2巻 pp.207-211）

1.の条件で飼育した蛹から羽化した雌成虫を，羽化当日～1日後に集め，約20匹を丸型プラスチック容器とストッキングで作った飼育容器に入れる．これに水瓶，角砂糖，肝臓片を入れたものを2つ準備する．1つはLD＝18：6と20 ℃（長日条件），もう1つはLD＝12：12と20 ℃（短日条件）のインキュベーターに入れ5日間飼育する【①】．幼虫，蛹から温度が変わっていることに注意する．ルリキンバエの光周性はこの条件で見やすい．

3．卵巣の観察

長日，短日条件に入れてから5日目に卵巣ステージを判定する．50 mLのコルク栓付瓶あるいはプラスチック遠沈管の底に脱脂綿を2 cmほど敷き，酢酸エチルを少量入れてしっかり蓋をして毒瓶を準備する【②】．ハエを毒瓶に1～2分入れて殺す．ハエを取り出し，腹側を上にして解剖台に載せ，胸部の中央にマチ針を刺して固定し，食塩水を十分入れる．ピンセットで腹部を開き卵巣を観察する【③】．ルリキンバエの卵巣は多数の卵巣小管から成る【④】．その1本を取り出し，卵黄タンパク質（白く濁っている部分）が蓄積しているものを非休眠（【⑤】の2～4），蓄積が見られないものを休眠（【⑤】の1）とする．

4．休眠率の計算

次の計算式で休眠率を求め，休眠個体の割合を計算し，短日条件と長日条件で比較する．

$$休眠率（\%）＝休眠個体数／（休眠個体数＋非休眠個体数）×100$$

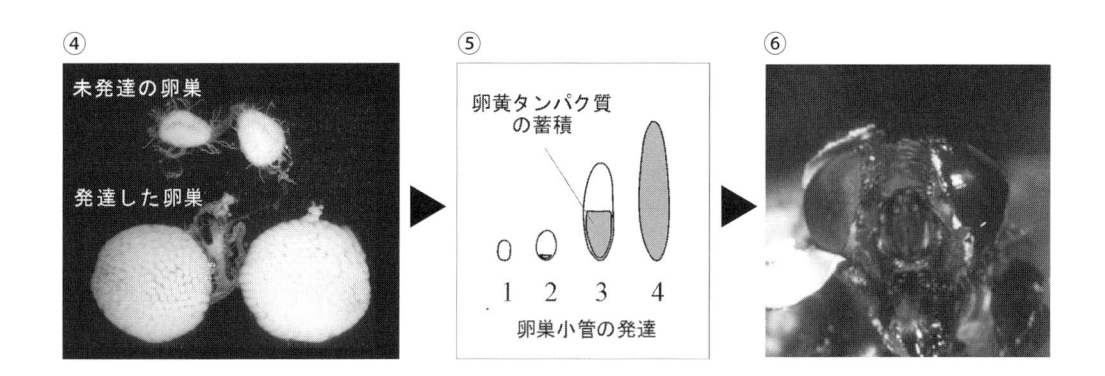

方法 2） 複眼塗布の光周性への影響

1. 複眼の塗布
　　50 mL のコルク栓付瓶あるいはプラスチック遠沈管の底に脱脂綿を 2 cm ほど敷き，ジエチルエーテルを少量入れてしっかり蓋をして麻酔瓶を準備する【②】．方法 1） の 1. で飼育した蛹から羽化した雌成虫を羽化後 1 日に集め，麻酔瓶に入れ，15 秒ほど麻酔する．ハエを取り出し，実体顕微鏡下で複眼に銀ペーストを筆で塗る．銀ペーストは少しシンナーで薄め，重ね塗りをする．銀が乾いた後，水性塗料を上から塗る．銀ペーストは完全に遮光するため，水性塗料は銀のはがれを防ぐために塗る【⑥】．これを実験区とする．次に，対照区として，複眼にシンナーだけを塗ったものを準備する．

2. 雌成虫の飼育
　　実験区と対照区のハエを各 10〜20 匹準備し，方法 1） の 2. と同様に長日条件と短日条件で 5 日間飼育する．

3. 卵巣の観察と休眠率の計算
　　毒瓶にハエを入れて殺す．ハエを取り出し，実体顕微鏡の下で複眼を観察し，一個体ごと塗料がはがれていないか調べ，はがれているものは除外する．方法 1） の 3. と同様に卵巣を観察し，休眠か非休眠を判定する．下の表内に休眠率［方法 1） の 4.］を書き込み，グラフを作る．これらの結果から，複眼を塗りつぶした効果を判定する．また，対照区と方法 1）の実験結果（無処理）を比較し，複眼に何かを塗るという作業自体に影響がないか判断する．

　　下記に数値を書き込み，グラフを作ってみよう．

	長日条件の休眠率	短日条件の休眠率
無処理		
対照区		
実験区		

応用・発展課題のヒント

（女子生徒）眼を塗りつぶしたらハエはどんな状態なのかな？光を全く消してしまって5日間真っ暗の中で飼ってみたらどうだろう．

（男子生徒）これだったらいろんな虫で試せるかもね．

（先生）でも，昆虫によってはキイロショウジョウバエみたいに低温で休眠に入り，光周性が見られないものもあるんだって．

注意すること・役立ち情報・耳よりな話

- ルリキンバエの雄と雌は左右の複眼の距離で簡単にわかる．眼が離れている方が雌である．
- 成虫の飼育ケースに雄が入ると，雌が交尾し産卵してしまうため，卵巣の状態がわかりにくくなるので注意すること．
- ルリキンバエは筆者らの研究室からも提供可能である．希望者は筆者研究室ホームページの「研究用動物の提供」（http://www.sci.osaka-cu.ac.jp/biol/aphys/teikyou.html）を参照されたい．
- ハエは噛まないし，刺さないので危険性は全くない．実験室で飼育する場合は衛生面でも問題がない．慣れれば簡単につかむことができる．

リンク

- 研究者が教える動物飼育 2 巻 pp.207-211
- 大阪市立大学大学院理学研究科生物学科情報生物学研究室
  http://www.sci.osaka-cu.ac.jp/biol/aphys/index.html

25 体内時計の存在を行動から観察してみよう
―概日活動リズムの観察と光同調における複眼の役割―

大学生向き

ルリキンバエ
(*Protophormia terraenovae*)：
大きく（体長1 cm）生理実験に適する．日本では北海道に生息．

志賀向子：
大阪市立大学大学院理学研究科・教授，専門：季節適応と生物リズム

　地球上に生息する生物は，およそ24時間周期の概日時計をもつ．この体内時計により，生物の様々な生理活動には内因性の約24時間のリズムが見られる．このリズムは，普段は環境からの光周期によりきっかり24時間に同調している．私たちの睡眠覚醒にも概日時計に支配された明瞭なリズムがあるが，これが内因性のリズムであることを実感するのは難しい．自動記録装置を作製して，内因性の概日リズムとその光同調をハエの行動から観察し，体内時計の存在を知ろう．

実験のねらい

　ルリキンバエの歩行活動を記録することにより，概日活動リズムの光周期に対する同調性と恒常条件下での自由継続性を観察する．また，複眼を除去しても光周期への同調が見られることから，複眼は概日時計の光同調に必要ではないことを学ぶ．

実験の準備

動物：ルリキンバエ（成虫，雄・雌はどちらでもよい）10頭
試薬：ショ糖，ジエチルエーテル
器具：インキュベーター1台，アンプ中継型フォト・マイクロセンサー（10個），Windows PC・モニター1セット，スチロール棒瓶［50 mL（直径35 mm×高さ65 mm）10本，40 mL（直径32 mm×高さ62 mm）10本］，鉢底ネット30 cm×30 cm，脱脂綿，ビニールテープ，カミソリメスホルダー，両刃カミソリ，低融点ワックス，ピンセット

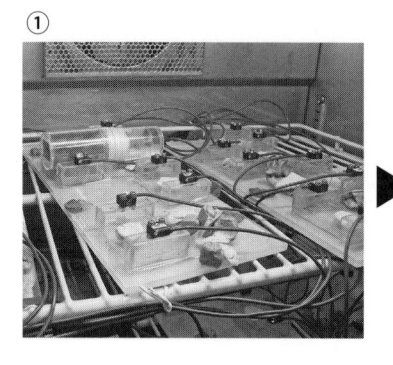

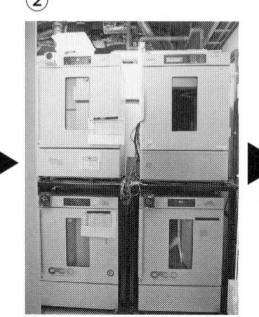

方法 1) 歩行活動リズムの観察と光同調

1. 歩行活動記録装置の作製

1-1. 光のオンオフと温度を調節できるインキュベーター内にフォト・マイクロセンサー（赤外線投光器と受光器がペアとなっている）をセットし【①，②】，センサーからの信号を PC に入力する【③】．筆者らは，64 点デジタル入力ボード PCI-2130C（インターフェース社）を用いている．また，6 分ごとの数値列をグラフにして PC 画面に表示し，数値列 1 日分を 1 つのファイルにするソフトを用い記録している（必要な方には応相談）．

1-2. ハエの飼育容器を準備する．40 mL のスチロール棒瓶【④左】に 10 % の砂糖水を入れ，脱脂綿で栓をする【⑤左】．綿栓は指で押すと少し水がしみ出るくらいの硬さにする．50 mL のスチロール棒瓶【④中央】の底に 5 mm の穴を 4 つ開け，外から鉢底ネットをはって空気穴を作る．その中に 6 cm×9 cm に切った鉢底ネット【④右】を敷き，ハエの足場とする【⑤右】．この中でハエは自由に歩き回ることができる．

2. 幼虫と蛹の飼育（☞動物飼育 2 巻 pp.207–211）

幼虫から蛹までを，明期の時間：暗期の時間＝12 h：12 h（LD＝12：12），20 ℃で飼育する．

3. 歩行活動リズムの記録

3-1. 実験開始数日前にインキュベーターを 20 ℃，LD：12：12 に設定しておく．ルリキンバエは 25 ℃では活動量が非常に多くなり周期性が観察しにくいため，20 ℃で観察する．

3-2. 成虫羽化後 3〜5 日のハエを 50 mL 棒瓶に 1 匹入れて，砂糖水の入った棒瓶の口と連結させ，ビニールテープでしっかりとめる．この状態でハエは砂糖水を摂取しながら 1 か月ほど飼育することができるため，餌を途中で補充する必要はない．内因性のリズムを観察するためには，記録期間中，光周期などの同調因子以外の信号はできるだけ与えないことが重要である．これをフォト・マイクロセンサーの投光器と受光器の間に【⑥】のように置き，インキュベーターに 10 個セットする【①】．

3-3. 光周期条件を下記に設定し 30 日間記録する．

　　　最初の 10 日間　　　明暗条件（LD＝12：12）
　　　次の 10 日間　　　　恒暗条件［ずっと暗期（DD）］
　　　次の 10 日間　　　　明暗条件（LD＝12：12）

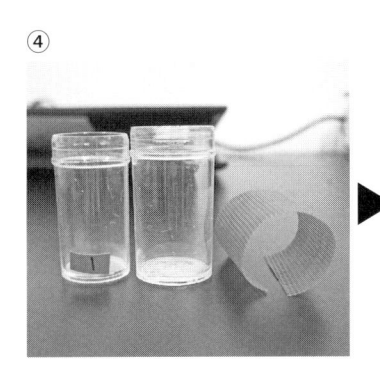

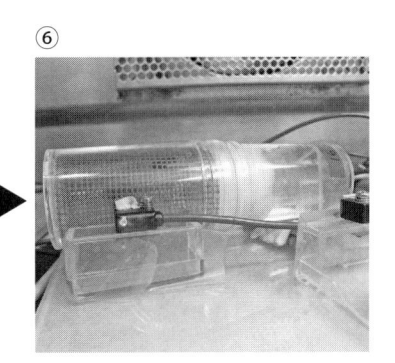

3-4. アクトグラムを作成する．アクトグラムとは歩行活動量の時間変化を図にしたものである．6分間ごとの活動量をヒストグラムとし，2日分を横にならべたものが【⑦】の1行のグラフとなる．これを1日ずつずらしながら縦へ日にちを追って重ねたものをダブルプロットのアクトグラムという（詳しくは『時間生物学の基礎』☞**付録3 参考資料**参照）．LDとDDの結果を比べて，何が言えるか考えよう．右の実験ではLD，DD条件のあとさらに全明条件（LL），光を弱くした全明条件（dimLL）にしたときの結果である．

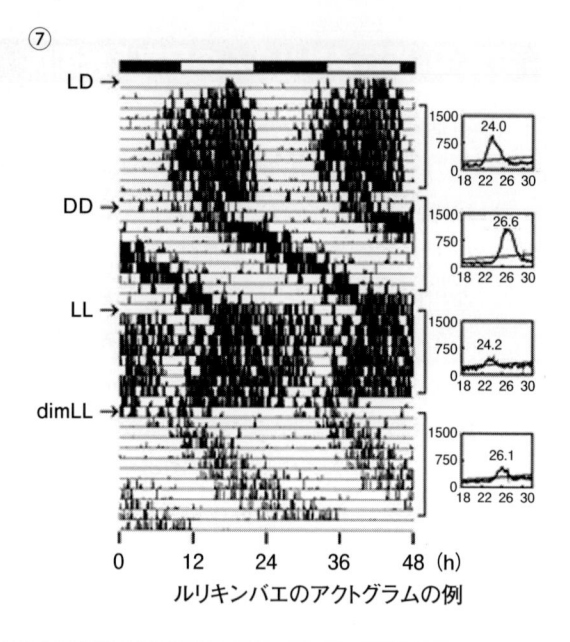

ルリキンバエのアクトグラムの例

方法2）光周期への同調に対する複眼除去の影響

1．複眼の除去

方法1）の3．と同じ条件で育てたハエを用いる．羽化後3～5日のハエをジエチルエーテルで麻酔する（☞**24**昆虫は季節をどうやって知るの？）．麻酔したハエを直径1.5 cmほどの大きさの粘土【⑧右下】でくるみ，頭部の前面だけを露出させる．筆者らは粘土として，少量でも適切な形に保持することに優れたコンパウンドQ（Apiezon社）を用いている【⑨下】．0.9％食塩水を頭部に滴下し，頭部全体を覆う．両刃カミソリを折ってメスホルダー【⑧上】にセットし，複眼を切り取る．切り取った複眼の内側の組織（網膜）をこそげとり，複眼の殻だけを元の位置にかぶせる．低融点ワックス【⑧左下，⑨上】を少量溶かし，複眼の周りを二点止めて頭部に固定する．これを両側行う．

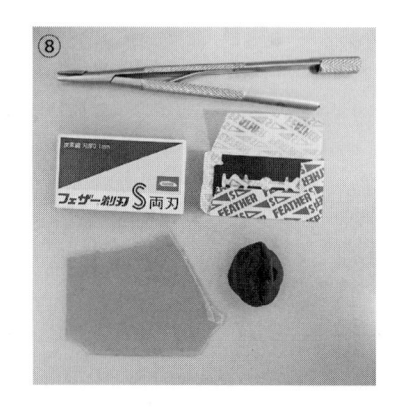

応用・発展課題のヒント

> ハエって夜，昼どちらに活動するんだろう？

> アクトグラムから簡単にわかるはずだね．ハエは眼がなくても光がわかるってなんだか不思議だね．私たちはどうなんだろう？

> 私たちは眼からの光が脳の概日時計細胞に届くそうよ．

【⑩】は実験後に複眼と脳の水平切片を作製し，複眼の光受容器がなくなっているかどうかを確認した写真である．【⑩】の一番上は除去をしていない個体であり，複眼の視細胞層（Re）がきれいに見える（Laはラミナ，Meはメダラ，Loはロビュラで，いずれも視葉の一部）．中央と下は除去個体の写真である．この除去により，視細胞層は完全に取り除かれていることがわかる．

2. 歩行活動リズムの記録

方法1）の3.に従い活動を記録し，アクトグラムを作成する．方法1）の結果と比べ，複眼除去の光周期への同調が見られるか考察しよう．実は，ハエは複眼がなくても明るい光の下では光周期に同調することができる．これは，脳内の概日時計ニューロンの中にあるクリプトクロムというタンパク質が光を感じ，リズムの同調に関わっているからである．しかし，蛍光灯を黒いビニール袋で覆うなどして照度を下げると，複眼除去個体は光周期に同調しなくなる．複眼を除去していない個体では低照度でも光周期に同調できることから，複眼も光周期受容の光受容器として機能していることがわかっている．

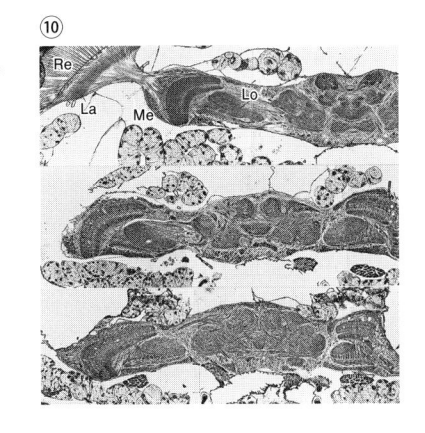

注意すること・役立ち情報・耳よりな話

- 手術の際は，非常によく切れる両刃カミソリを使い捨てで使う．これは大変鋭利であるため，手などを切らないように十分注意する必要がある．
- **24** 昆虫は季節をどうやって知るの？で紹介している複眼に銀ペーストを塗って，複眼からの光を遮断することもできる．

リンク

- 研究者が教える動物飼育 2巻 pp.207-211
- 大阪市立大学大学院理学研究科生物学科情報生物学研究室
  http://www.sci.osaka-cu.ac.jp/biol/aphys/index.html

26 生物時計が季節を知らせる
―光周性における暗期の光中断実験―

大学生向き

ナミニクバエ
(*Sarcophaga similis*)：
動物の死体や糞を餌とする．光周性に制御された蛹休眠をもつ．右は成虫と幼虫（ウジ）．

後藤慎介：
大阪市立大学大学院理学研究科・准教授，専門：季節適応の生理学

　生物が日の長さ（日長）あるいは夜の長さ（夜長）に反応する性質を「光周性」という．光周性は季節に適応するための重要な仕組みであり，多くの生物に見られる．温帯地方に生息する昆虫の多くは発育・生殖に不適切な季節を「休眠」してやりすごす．休眠中は発育・生殖を停止し，次のステージに進まない特別な生理状態が保たれる．今回の実験で用いるナミニクバエ *Sarcophaga similis* は胚から幼虫に至る期間に短い日長（短日）を経験すると，蛹の初期に発生を停止し，越冬のための休眠に入る．一方，長い日長（長日）を経験すると，速やかに発育して成虫となる．多くの昆虫の休眠は光周性によって制御されている．光周性は一般的に，光の照度には影響されず，明期あるいは暗期の長さに依存することから，明期（または暗期）に一定の速度で特定の物質が合成あるいは分解されるような反応だとも考えられる．しかしながらこの可能性は，暗期に光を与えて暗期を一定時間中断させる「暗期の光中断実験」によって否定されている．

　本実験ではナミニクバエに暗期の光中断実験を行い，光周性の仕組みについて考察する．

実験のねらい

　先に実験結果を述べておこう．12時間明期12時間暗期（12L：12D）で飼育された蛹になる場所を求めて激しく動きまわるナミニクバエの幼虫（ワンダリング幼虫）に，暗期に2時間の光パルスを与える光中断実験を行った結果を【①】に示す．どの条件も明期の長さの合計は14時間，暗期は10時間であるにもかかわらず，光パルスが与えられる時間によって休眠率（休眠する個体の割合）が大きく変化する．ドイツの植物生理学者 Erwin Bünning はこの反応をもとに「光周性には概日振動体（概日時計）が関わる」という仮説（Bünning の仮説）を提唱した．

　ナミニクバエの光周性は Bünning の仮説を発展

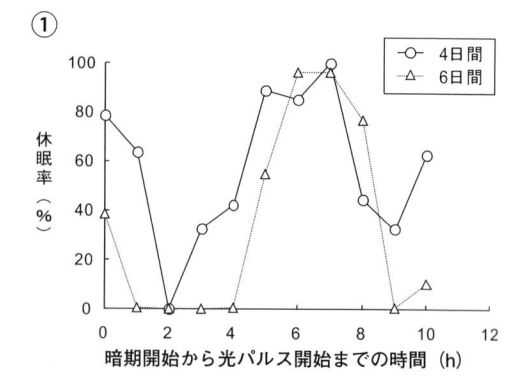

①

短日（12L：12D）で飼育したナミニクバエワンダリング幼虫に水処理（実験手順は後述）を行い，その間に2時間の光パルスを用いた暗期の光中断を4日間あるいは6日間行った．光パルスを与える時間によって休眠率が大きく変化するのがわかる．

させた「外的符合モデル」で説明できる（詳しくは『時間生物学の基礎』☞**付録3 参考資料**を参照）．このモデルは，1）明暗に同調する概日時計が光周性に関与すること，2）概日時計が指す特定の時刻（これを位相という）に休眠・非休眠を決定する「光誘導相」が存在すること，を仮定している．光誘導相は暗期の後半にあると考えられている．光誘導相に光が当たれば非休眠，光が当たらなければ休眠という決定がなされる【②】．短日では光誘導相は暗期にあるので休眠，長日では光誘導相は明期にあるので非休眠，という決定がなされる．暗期の光中断実験で暗期の前半に光パルスが与えられた場合は，概日時計の位相が後退し，これにともなって光誘導相が明期に押し出されて非休眠となる．暗期の中間に光パルスが与えられた場合は，概日時計に位相変化が起きず（type-1の位相反応曲線に基づく反応．詳しくは『時間生物学の基礎』を参照），光誘導相は暗期に位置するため休眠となる．暗期の後半に光パルスが与えられた時には，光誘導相に光が当たるため非休眠となる．「短日だと休眠，長日だと非休眠になる」という単純な結果だけでは，その背後にある仕組みを考えるのは難しい．しかし，自然界に存在しないような複雑な光周期（例えば今回のような暗期の光中断実験）を与え，それに生物がどのように反応するのかを知ることで，その背後にある仕組み（今回の場合は外的符合モデル）を知ることができる．

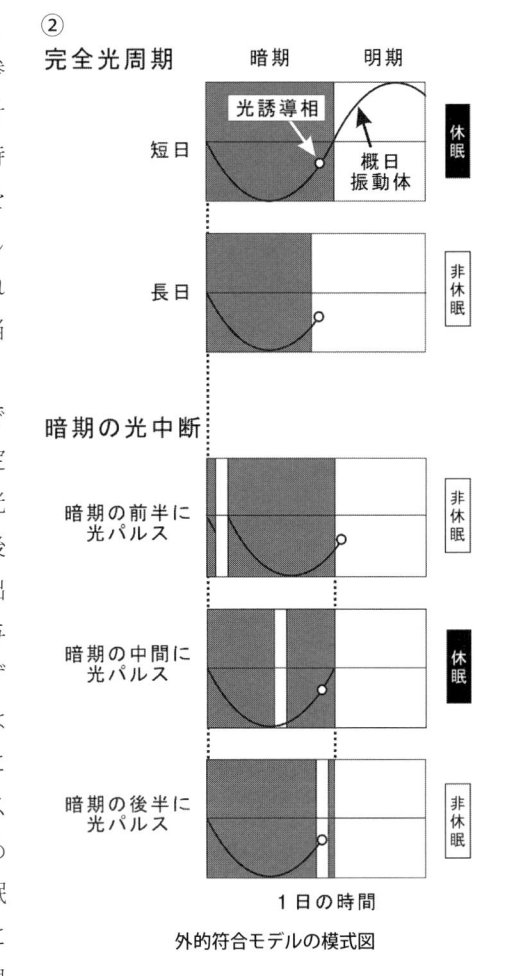

② 外的符合モデルの模式図

実験の準備

動物：ナミニクバエ成熟3齢幼虫（ワンダリング幼虫）

器具：おがくず，蓋に φ1.5 mm の穴を多数開けたプラスチックシャーレ（φ90 mm×15 mm），密閉容器，パラフィルム®，輪ゴム，ペーパータオル，飼育容器（どのようなものでもよいが，筆者らは φ150 mm×100 mm のプラスチック容器を用いている），先の尖ったピンセット，インキュベーター．

方 法

1. ナミニクバエの準備

ナミニクバエの飼育法は『昆虫の低温耐性』（☞**付録3 参考資料**）を参照のこと．親世代の成虫から 12L：12D・20℃で飼育する．幼虫が産まれてから5日後には成熟した3齢（終齢）幼虫

となり，ワンダリングを始める．このワンダリング幼虫は休眠へと運命づけられている．

2. 水処理と暗期の光中断

穴あきプラスチックシャーレ【5】に濡れたおがくずをたっぷりと敷き詰める．水を十分に含んだおがくずをシャーレの上まで敷き詰め，その後おがくずを手で強く押さえながらシャーレを縦にしてしっかりと水をきるとよい．ワンダリング幼虫を 30～40 個体入れる．蓋と本体を密着させてパラフィルム®でシールし，さらに輪ゴムをかけて幼虫が逃げられないようにする【6】（幼虫は濡れたおがくずを嫌って逃げようとする．その力は非常に強い．シャーレの蓋はしっかりと閉めて幼虫が隙間から逃げないようにする）．乾燥を防ぐため，シャーレを密閉容器に入れた後に，20 ℃の様々な光周期条件下【3】に置く．ニクバエは湿った場所で幼虫の囲蛹化を抑制する性質がある．本実験ではこの性質を利用して幼虫期間を延長し，その間に様々な光周期を与える．おがくず中の水が多すぎると幼虫は溺れて死亡し，少なすぎるとおがくずが乾燥して幼虫は囲蛹化するので，水条件に注意すること．

3. 囲蛹化と休眠判定

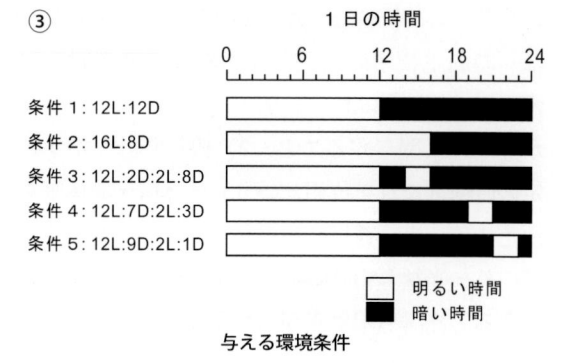

4 日後あるいは 6 日後に幼虫をおがくずから取り出す（水処理が不十分の場合，一部の個体は囲蛹化してしまう．これらの個体は以後の実験には使えないので取り除く．このような個体が出ないように，必要に応じて水処理期間中におがくずに水を足してもよい）．幼虫をペーパータオルの上に置いて体表の水分を拭き取り，乾燥したおがくずを入れた飼育容器に移して，12L：12D・20 ℃条件に置く．幼虫は乾燥条件に移されると数日以内に囲蛹化し，その後，蛹になる．乾燥条件に移してから 15 日後に，囲蛹殻の前方を 3～4 体節ほど割って【7】中の蛹の状態を調べ，休眠・非休眠を判定する【4】．非休眠蛹は，内側に折り畳まれていた頭部が外へと膨らむ（phaenerocephalic stage）→外から触角が見えるようになる（antenna-visible stage）→複眼が赤く着色（red-eye stage）→剛毛が黒く着色→体表が黒く着色，と囲蛹殻の内部で発生が

応用・発展課題のヒント

（先生）暗期の前半と後半で光パルスの役割は同じなのかな？

（研究者）光パルスの後の暗期を長くした非24時間周期の光周期を与えると，光パルスの役割の違いがわかります．どのような結果になると考えられるかな？

進行する．一方，休眠蛹は phanerocephalic stage で発生を停止する．したがって，判定の基準は「眼が赤くなったり体が黒くなっていれば非休眠，クリーム色ならば休眠」とする．なお，蛹が明らかに茶色い場合は死亡と判定する．

まとめ

今回の実験によって，短日（12L：12D）では休眠する個体が多く，長日（16L：8D）では休眠しない個体が多くなることがわかる．このことによりナミニクバエは光周性によって発生運命を制御していることがわかる．多くの生物はこのように光周期を読み取ることで，季節を知り，発生運命を制御している．

また，暗期の光中断の実験結果により，ある位相に与えた光パルスは休眠率を低下させるが，ある位相に与えた光パルスは休眠率を低下させないことがわかる．このことから「単純に暗期（あるいは明期）の長さの合計によって発生運命を決定しているわけではない」ということが読み取れる．今回の実験は「外的符合モデルの検証」を目的としたものであるため，外的符合モデルから予想されるような結果が得られるにすぎない．より発展的には，さまざまな24時間周期の光周期，非24時間周期の光周期を与え，その反応を調べることによって「そもそも外的符合モデルが当てはまるのか」を調べることもできる（大学レベルでのかなり高度で複雑な実験となるが）．

注意すること・役立ち情報・耳よりな話

- ハエの幼虫は蛹になる過程は脱皮せず，幼虫の皮膚が強く硬化して蛹の殻となる「囲蛹化 pupariation」が起こり，その後「囲蛹 puparium」の中で「蛹化 pupation」が起こる．

リンク

- 大阪市立大学大学院理学研究科生物学科情報生物学研究室
  http://www.sci.osaka-cu.ac.jp/biol/aphys/index.html

27 蛹になるときを決める体内の時計
—ヒメマルカツオブシムシは概年時計で季節を知る—

ヒメマルカツオブシムシ
(*Anthrenus verbasci*)：
幼虫は衣類などの害虫．
世界に広く分布．

西村知良：
日本大学生物資源科学部・准教授，専門：昆虫の季節適応・生理生態学

　生物は巡る季節に合わせて成長や繁殖を行う．季節変化に対応して事前に準備する仕組みとして光周性や概年時計がある．光周性とは1日の明るい時間や暗い時間の長さに反応する性質で多くの生物がもっている．一方，概年時計という約1年の周期をもつ生物時計は，小形哺乳類の冬眠や鳥の渡りの時期を決めていることが知られているが，概日時計に比べ研究は進んでいない．

実験のねらい

　甲虫の一種のヒメマルカツオブシムシが蛹になる（蛹化）時期が体内の時計で調節されていることを確かめる．1) 自然の条件と比べて温度・光周期が一定の状態では蛹になる時期がどのように見られるだろうか．2) 温度や光周期の変化は蛹になる時期にどのように影響するだろうか．

実験の準備

動物：ヒメマルカツオブシムシの成虫
試薬：カツオブシ，ハチミツ，乾燥酵母，水道水，ウール（布地や毛糸），亜硝酸ナトリウム 劇物（☞付録3 参考資料）
器具：野外の飼育棚（直射日光や風雨にさらされない場所），光周期を設定できる恒温器2台，実体顕微鏡，ピンセット，マイクロチューブ（1.5 mL），プリンカップ（直径9 cm×高さ4.5 cm），ペーパータオル（プリンカップの底に合わせて切る），密閉容器（24 cm×17 cm×9 cm），フィルムケース（直径3.1 cm×高さ5.1 cm），プラスチックケース（6.8 cm×3.9 cm×1.5 cm）．サイズは目安で，適宜あるものを利用してよい．

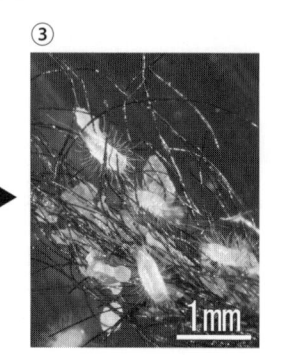

方法 1) 自然条件と一定条件での蛹化の時期

1. 幼虫の準備（成虫の採集・採卵）

1-1. 成虫は体長 2〜3 mm で，九州では 4 月下旬〜5 月上旬，近畿から関東，東北では 5〜6 月ごろ，北海道道央では 7 月上旬にキク科の白い花（マーガレット，ハルジオン，フランスギクなど）に集まる【①】．

1-2. 野外で 200 頭程度採集し，ペーパータオルを敷いたプリンカップに入れ 20 ℃，16 時間明期─8 時間暗期（LD16：8）の恒温器で飼育する．ハチミツと水がだいたい等分の溶液をマイクロチューブに入れ脱脂綿の栓をして成虫の餌として与える【②】．

1-3. 産卵場所としてウール布地なら 2 cm×2 cm 程度，毛糸なら 4〜5 cm 程度を入れると飼育開始から 2〜3 日以降に繊維の間に卵（約 0.6 mm）が確認できる（実体顕微鏡で確実に見える）．卵付きのウールは 2〜3 日ごとに回収し，替りのウールを入れる．卵（付きのウール）は採卵した日を記入したラベルを貼ったプラスチックケースに入れて 20 ℃，LD16：8 で維持すると，産卵の約 1 か月後に孵化した幼虫が見られる【③】．

1-4. プラスチックケースには番号（ケース No）を振り，ケースごとにノートに記録する【④】．

1-5. 週に 1 度以上孵化を確認することで孵化後 1 週間以内の幼虫が得られる．

2. 幼虫の飼育と蛹化の確認

2-1. 孵化を確認した日付（孵化日）をノートに記録する【④】．

2-2. 幼虫のプラスチックケースにカツオブシとごく少量の乾燥酵母を餌として入れる【⑤】．

2-3. プラスチックケースを密閉容器に入れる【⑥】．密閉容器内の湿度を一定に保つために，亜硝酸ナトリウムの飽和水溶液を 6 割程入れたフィルムケース（蓋は閉めない）を密閉容器に入れる【⑥】．フィルムケースの水溶液はこぼれやすいので密閉容器は丁寧に扱う．

2-4. 密閉容器ごとに目的の条件に設置する．

2-5. 幼虫が蛹化しているかどうかを週に 1 度以上確認するとともに常に餌がある状態を保つように適宜餌を補給する．データを整理するときに蛹化のタイミングを週単位で計算しやすくするために，できれば決まった曜日に毎週蛹化を確認する．見つけた蛹は，ピンセットで注意深く取り出し別のプラスチックケースに移す．蛹は幼虫に食べられやすい．実体顕微鏡を用いて蛹の腹部末端を透過光で見て雌雄を判定し記録しておくとより良いデータとなる【⑦】（外部形態による雌雄判定は蛹でのみ可能）．蛹化を確認した日付をノートに記

録し1週単位でまとめておく【④】．ケースごとに孵化日が異なるので記録のつけ方は工夫してわかりやすくしておくこと．

3. 一定条件と自然条件での蛹化時期

3-1. 幼虫の入った密閉容器を，実験室の恒温器（20℃ LD12：12）と野外の棚（自然条件）の2条件に設置し，週に1度以上蛹化を確認しノートに記録する．幼虫がいないように見えても小さな幼虫がいる可能性があるので，約2年または約100週まで飼育を継続する．

3-2. 得られた結果を図にする．蛹化した個体数を1週ごとに合計する．一定条件の結果は孵化した週（日）を揃えて蛹化後の週を横軸の単位として，縦軸は各週の蛹化個体数として棒グラフを描く．自然条件の蛹化は実際の月日を横軸（週の単位）にして，各週の蛹化個体数を縦軸にして図を描く【⑧】．

3-3. この結果を次のような視点から考えてみる．

(a) 明るい時間（昼）と暗い時間（夜）が変化しない一定の光周期・一定温度・一定湿度の恒常的な条件で蛹化が頻繁に起こる時期と起こらない時期が見られるとき，蛹になる時期を決める要因は環境にあるのだろうか，それとも虫の体内にあるのだろうか．

(b) 自然条件で蛹化が頻繁に見られる時期は1年の内のいつか，そしてそれは年ごとに決まっているだろうか異なっているだろうか．

(c) 蛹化がよく起こる1回目の時期と2回目の時期の間の長さは2つの条件でそれぞれ何週だろうか．この2条件間の違いの原因は何だろうか．

方法2）光周期の変化が与える影響

1. 3つの異なる光周期条件

1-1. 恒温器を2台用意する．1台は20℃・LD12：12（短日条件），もう1台は20℃・LD16：8（長日条件）に設定する．

1-2. **方法1）**の**1.**にしたがって孵化した幼虫を準備し，3つのグループに分ける．
- グループ1：一定の短日条件で飼育する．
- グループ2：孵化直後から長日条件で4週間飼育したのち，短日条件に替えて飼育する．
- グループ3：孵化直後から短日条件で4週間飼育したのち，長日条件で4週間飼育して，その後再び短日条件に戻して飼育する．

つまり，短日条件一定（グループ1），0週から4週間長日条件にさらしあとは短日条件

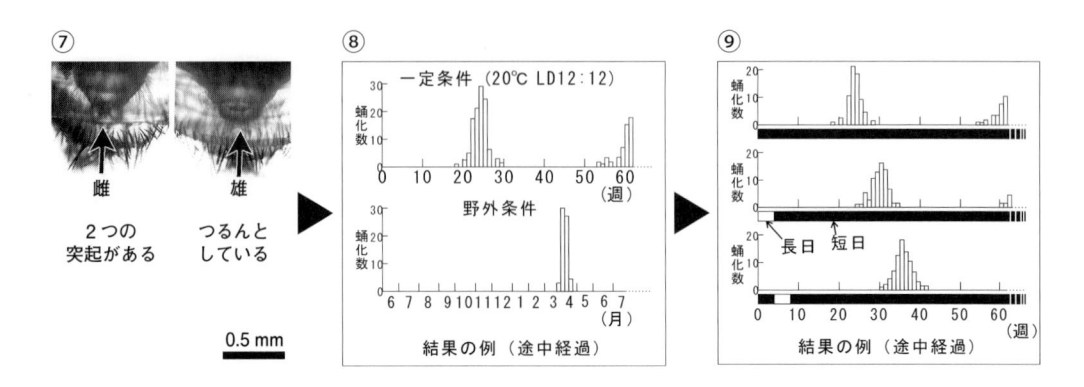

応用・発展課題のヒント

> 1個体で見ると蛹化は一生に1度しか起こらないのに，生物時計という周期的な現象が観察できるのはどうして？

> 生物は普通，温度の影響を受けるよね．時計の進む速さが温度で違うと困ってしまうよ．どうなっているのだろう？

（グループ2），孵化後4週から4週間長日条件にさらし他の期間は短日条件（グループ3），の3通りの実験設定をする【⑨】．**方法1）**の2.と同じように飼育し，蛹化を記録する．

2. **光周期の変化によってもたらされる違い**

2-1. 得られた結果を**方法1）**と同様に図示する．3つの図の横軸は，孵化した週（日）を揃えて蛹化後の週を単位とする．横軸の下に，短日条件を与えた期間を黒，長日条件を与えた期間を白のバーで示しておくと，3つのグループの条件の違いがわかりやすい【⑨】．

2-2. 結果を次のような視点で考えてみる．
   (a) 4週間の長日条件を与えると蛹化の時期はどのように変化するだろうか．
   (b) 4週間の長日条件を与える時期の違いで蛹化の時期はどのように変化するだろうか．
   (c) 長日条件を様々な時期に与えると蛹化の時期はどのように変化するだろうか．
   (d) 野外で蛹化する時期が環境のどのような要因でどのように決まっているかを明らかにするためには，どのような実験を行えばよいだろうか．

注意すること・役立ち情報・耳よりな話

- この実験には，1年以上の時間が必要である．
- 幼虫は，ウール，カツオブシ，乾燥酵母を与えておけば，特別に水分を与えなくても成長できる．食物に含まれる水分や，代謝の過程で生じる水分をうまく利用しているのだろう．
- ヒメマルカツオブシムシの概年リズムは，生物時計の研究の初期に見つかった（Blake, 1959）．

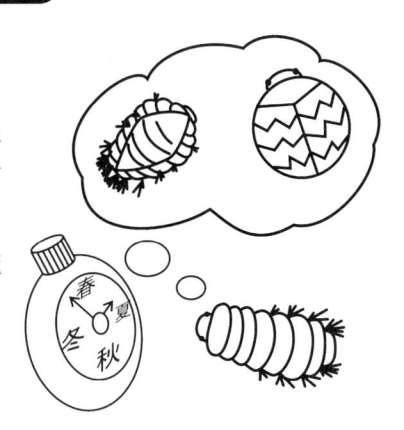

コラム5　赤色の光で物が近くに見える？

ハエトリグモ（*Hasarius adansoni*）：最も視覚の発達したクモとして知られる．左右4対の眼のうち距離を測るのは主眼と呼ばれる眼である（写真矢印）．屋内でもよく見つかる．

　もちろん，ヒトの話ではない．ハエトリグモというクモの話である．

　クモ類には，網を張らず，襲い掛かって獲物を捕らえる種も多い．中でもハエトリグモは，1 cmたらずの体長でその数倍以上の距離を正確にジャンプして獲物を捕らえる．このハエトリグモは，他の動物には見られない変わった仕組みで距離を測っている．

　ハエトリグモの眼はカメラに似た構造をしているが，そのフィルムに相当する部分（網膜）に，ピントが合った像を受け取る層に加え，奇妙にも常にピンぼけしている層がある【①】．実は，ハエトリグモはこのピンぼけ層のぼけの度合い（図中両矢印）を利用して距離を測ると考えられている．ぼけの度合いは距離が近くなるほど大きくなるので，ぼけの度合いがわかれば対象までの距離がわかる，という仕組みである．

　では，この仕組みで距離を測っていることを確かめるには，どのような実験をしたらよいであろうか．「距離が近い―ぼけの度合いが大きい」という関係から距離を測るのなら，距離を変えずにぼけの度合いだけを変えたとき，正確な距離のジャンプができなくなるはずである．これは意外にも，とても単純な方法で調べることができる．緑色光と赤色光をそれぞれ照明に用いたときのジャンプ距離を測ればよい．ハエトリグモは物を見るときに主に緑色光を使うので，その照明下で正確なジャンプが可能であることを確かめておく．

　次に，赤色光では，色収差（波長により焦点距離が異なる現象）によりレンズの焦点距離が大きくなるので，緑色光に比べてぼけの度合いが大きくなる【②】．ぼけの度合いが大きくなれば，その分，距離が近いと錯覚し，ジャンプの距離が実際の距離よりも短くなるはずである．さて，実際に実験をしてみると，予想通りに赤色光の下ではジャンプの距離が短くなり，獲物に届きすらしないこともしばしばであった．

　このようにピンぼけを利用して距離を測る動物は，他には見つかっていない．なぜハエトリグモだけがこの仕組みをもっているのかはわからないが，脊椎動物や昆虫とは異なる，独自の進化を遂げた眼をもつハエトリグモにとっては，この仕組みが最適なのであろう．

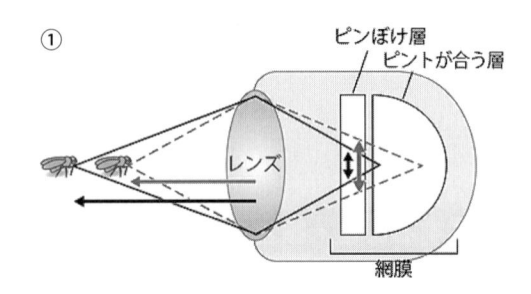

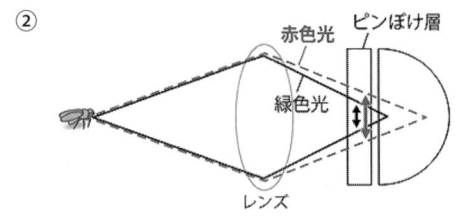

【リンク】
・ライフサイエンス新着論文レビュー
　http://first.lifesciencedb.jp/archives/4426
・研究者が教える動物飼育 2巻 pp.8-12

■永田　崇：大阪市立大学大学院理学研究科．専門：光生物学

コラム6　生物時計で季節を知る

ホソヘリカメムシ（*Riptortus pedestris*）：
茶色でスマートなカメムシ．雄は雌を得るために長い後脚を武器として戦う．

　多くの生物は，昼（もしくは夜）の長さを測定することで季節を知り，生理状態を変化させる．例えばホソヘリカメムシの雌成虫は日が長くなる夏には産卵のために卵巣を発達させ，日が短くなる秋には卵巣発達を停止して休眠に入り，特殊な生理状態で冬に備える【①】．このように日長に反応する性質を「光周性」という．日長測定には，1日の時間を測る生物時計が必要であると古くから考えられてきた．しかし，光周性を生み出す生物時計の仕組みは長年不明であった．

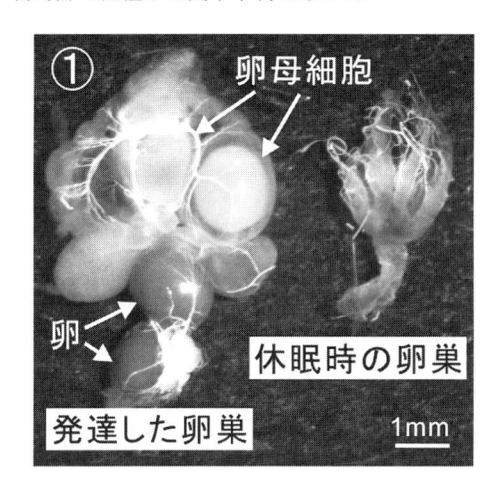

① 卵母細胞／卵／発達した卵巣／休眠時の卵巣　1mm

　一方で，活動や休息に約24時間のリズム（概日リズム）をもたらす生物時計（概日時計）の仕組みはよく研究されており，昆虫では *period*（*per*），*mammalian-type cryptochrome*（*cry-m*），*cycle*（*cyc*），*Clock*（*Clk*）といった概日時計遺伝子の働きにより，下流の遺伝子の発現が促進されたり抑制されたりすることで周期性が生み出されている【②】．では，光周性において日長測定に用いられる時計も，これら概日時計遺伝子によって構成されているのだろうか？

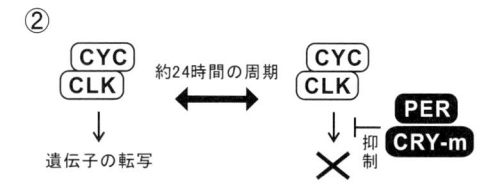

② CYC/CLK ⇔（約24時間の周期）⇔ CYC/CLK ―抑制→ PER/CRY-m
遺伝子の転写
下流の遺伝子の発現に約24時間の周期性が生み出される

　この疑問に答えるため，筆者らは，RNA干渉法を用いてホソヘリカメムシの光周性に概日時計遺伝子が関与しているかを調べた．RNA干渉法とは，二本鎖RNAを生物体内に導入することで特定の遺伝子の発現を抑制する手法である．RNA干渉法によって概日時計遺伝子の発現を抑制すると光周性に異常が見られ，*per*，*cry-m* の発現抑制では日長にかかわらず卵巣発達を行う個体，*cyc*，*Clk* の発現抑制では日長にかかわらず休眠する個体が現れた．この結果は，光周性には概日時計遺伝子が必須であり，光周性に関与する時計は概日リズムを作り出す概日時計と同じ分子メカニズムからなることを示している．筆者らの実験は70年以上にもわたって議論されてきた謎を，最新の分子生物学の手法を用いることで解明したものである．

【リンク】

・大阪市立大学大学院理学研究科生物学科情報生物学研究室

http://www.sci.osaka-cu.ac.jp/biol/aphys/

■池野知子：ミシガン州立大学心理学科，専門：時間生物学

■後藤慎介：大阪市立大学大学院理学研究科，専門：動物生理学

28 網膜の光応答を可視化する
―ショウジョウバエの網膜電図の測定―

大学生向き

キイロショウジョウバエ
(*Drosophila melanogaster*)：
突然変異系統が多く遺伝子操作も容易．網膜電図（ERG）も大きい．

尾崎浩一：
島根大学生物資源科学部生物科学科・教授，専門：感覚の分子生理学

　多くの動物は，明暗や色，形，動きなどの光情報を利用して行動している．そのため，光を受容する特別な器官である「眼」を備えており，そこには光を吸収して電気信号に変換するための組織である「網膜」が存在する．網膜で発生した電気信号は，視神経を経て視葉や脳に伝わり，情報の処理が行われる．

実験のねらい

　キイロショウジョウバエ網膜の光に対する電気的な応答を，網膜の表裏に生じる電位変化［網膜電図：electroretinogram（ERG）］として測定する．脊椎動物の網膜は，視細胞以外に種々の神経細胞を含むため，ERG は複雑な波形成分となる．これに対し，ショウジョウバエの網膜は視細胞と色素細胞しか含まないため，測定された ERG は，主に視細胞の反応を反映していると考えてよい．視細胞電位を直接測定するよりも技術的に簡単な ERG の測定は，より汎用的である．

実験の準備

動物：イエローコーンミールを加えてカロテノイドを強化した培地（☞付録3 参考資料）で飼育したキイロショウジョウバエ（☞動物飼育2巻 pp.200–205）．刺激光の波長が関係する実験には，眼に遮蔽色素をもたない白眼のハエが適している．

試薬：電極充填液（140 mM NaCl, 2 mM $MgCl_2$, 6 mM KH_2PO_4, 4 mM $KHCO_3$），蜜蝋，真空グリス

器具：ガラスバイアル瓶，メンブレンフィルター（0.22 µm），電極用ガラス管（1 mm×90 mm，芯入り），ガラス電極作成器，電極研磨器，実体顕微鏡，ピンセット，カバーガラス，アクリルブロック（4 cm角），融着ゴテ（☞付録3 参考資料），マイクロマニピュレーター，

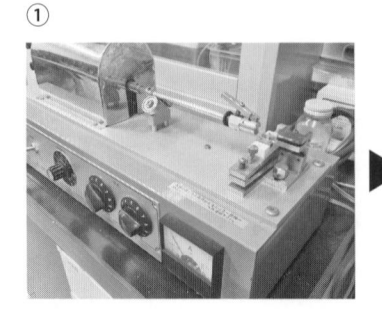

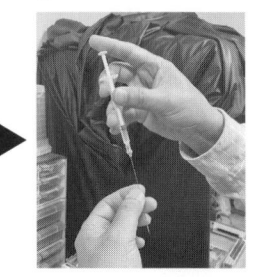

前置増幅器，オシロスコープ，記録計，電気刺激装置，分光光源，ライトガイド，NDフィルター，照明装置，シールドボックス

方　法

1. ガラス電極の作成

1-1. 電極充填液を作成する．必要量の塩を計り取り，沸騰した蒸留水で十分に溶かしたのち室温に冷まし，孔径 0.22 μm のメンブレンフィルターでろ過して，冷蔵庫に保管する．

1-2. 電極用ガラス管をガラス電極作成器にセットし，ヒーターおよびソレノイドを作動させて，電極抵抗が数 MΩ となるように電極を作成する【①】．不関電極はピンセット等で先端を少し折り取る．記録電極は，電極研磨機で先端を斜め加工する【②】．これにより，電極抵抗を下げ，ノイズを軽減することができる．

1-3. 作成した電極に，極細の注射針で電極充填液を満たす【③】．電極に用いたガラス管が芯入りであれば，電極の先端まで充填液を満たすことができる．大きな気泡は，電極を指で軽くはじいて取り除く．

2. 試料の準備

2-1. ショウジョウバエをガラスバイアルに移し，氷に挿して 30 分以上静置し，氷冷麻酔する．

2-2. カバーガラスの裏に微量の真空グリスを塗り，アクリルブロックに接着させて，実体顕微鏡の下に置く【④】．

2-3. 麻酔したショウジョウバエを 1 匹取り出し，右眼を上にしてカバーガラス上に載せる．ハエを移動させる際には，先端を研いだピンセットで翅を掴む．

2-4. 融着ゴテの先端で少量の蜜蝋を溶かし【⑤】，実体顕微鏡で観察しながら，脚の上に載せてカバーガラスに固定する．脚が動くと，測定時に電極を叩いてノイズを発生させるので，すべての脚をきっちりと固定する．次に，胸部をピンセットの先で軽く押さえ，左側部をカバーガラスに密着させた後，背部を蜜蝋でカバーガラスに固定する．最後に，頭部の吻部をカバーガラスに固定する【⑥】．このとき，左眼はカバーガラスに密着し，頭頂部が斜め上方を向いた状態となるようにする．また，蜜蝋が右眼を覆ってしまうことのないよう注意する．以上の操作で，頭部，胸部，附属肢は固定されるが，腹部は自由に運動できる状態となる．腹部には気門があるため，それを蜜蝋で覆ったり，腹部の運動を止めたりすると窒息死するので注意が必要である．

3. 電極の挿入

3-1. シールドボックス内に，次のようなセットアップを組み立てる【⑦】．シールドボックス

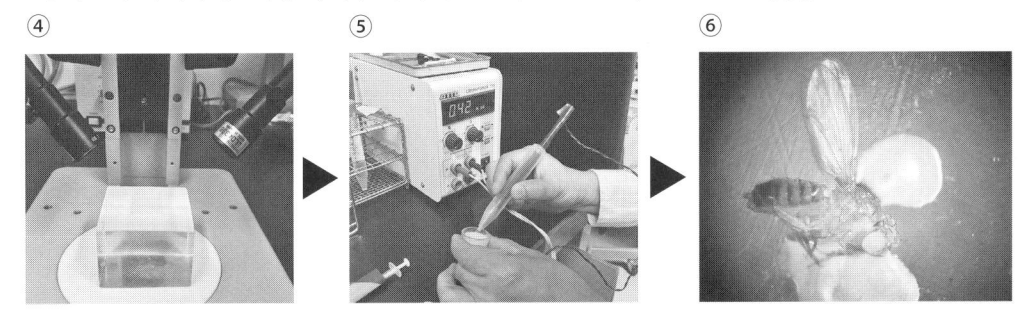

の中央に実体顕微鏡を置き，試料をセットする台を置く．左右に1台ずつのマイクロマニピュレーターを設置する．光刺激用に，向こう正面から分光器に接続したライトガイドを伸ばし，先端を試料台の試料の極近傍に置く．また，ハロゲンランプに接続したライトガイドを試料からやや離して置き，電極を挿入する際，試料全体を照明するための光源とする．

3-2. ガラス電極を電極ホルダーに接続し，マイクロマニピュレーターにセットする．右側を記録電極，左側を不関電極とする．不関電極は，接地（アース）する．

3-3. カバーガラス上に固定した試料を試料台に載せ，ハエの右眼が刺激光源のライトガイドの先端方向（向こう正面）に，頭頂部が左方向に向くようセットする．実体顕微鏡で観察しながら各電極をハエの頭部近傍まで進めて，ハエの頭部と両電極の先端が実体顕微鏡の視野内で，同じ焦点面で観察できるようにする【⑧】．

3-4. 最初に，不関電極をハエの頭頂部やや右眼寄りに挿入する．次に，記録電極を以下の手順でハエの右眼角膜直下に挿入する．マイクロマニピュレーターを調節しながら，電極の先端がハエの複眼ほぼ中央部に接するように電極を進める．接した後，少し勢いをつけて電極をわずかに進め，角膜を貫通させる．角膜は最初大きく窪むが，電極の陥入により窪みは少し回復する．次に，角膜の窪みが完全に回復するところまで電極をゆっくり戻して止める．湿度を保てば，この状態で1日以上記録を継続することができる．

4．ERGの測定

4-1. 電極を挿入したら，シールドボックスの扉を閉め，照明光源も消灯してハエを暗順応させる．電位測定はDC記録モードで行い，オシロスコープでモニターする．

4-2. 15分間の暗順応後，微小電極増幅器を調整し，記録電極の電位を0 mVに合わせる．電極がうまく挿入されていれば，このとき，モニターされる電位は安定している．ノイズが大きい場合には，記録電極が角膜を貫通していない，脚などの固定が外れて試料が動いている，電極の太さが細すぎるなどの原因が考えられるので，原因に対処する．1つの試料で，電極を何度か挿し直すことは可能である．暗所で安定な記録が継続すれば，記録を開始する【⑨】．

4-3. 種々の強度，波長の刺激光を用いてハエの眼を照射し，結果を記録する．強い刺激光を用いた場合には，刺激光による明順応が強く起こる可能性があるので，注意が必要である．

5．ERGの成分とその由来

野生型のハエから記録されるERGは，網膜の視細胞とそれに接続する視葉板の2次ニューロ

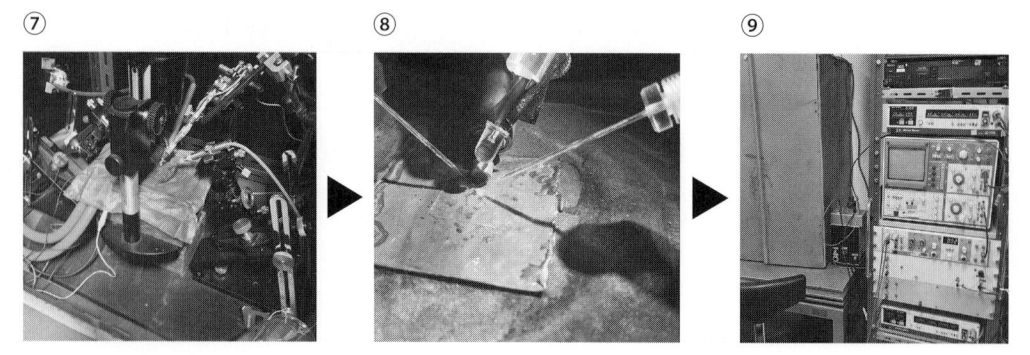

応用・発展課題のヒント

（男子）昆虫って紫外線を見ることが出来るって本当？ 感度はいいのかな？

（先生）いろいろな波長の光で刺激をしてみるといいわね. 分光器を使わなくても, フィルターやLEDで色を変えることもできるよ. 強さを変えるには, NDフィルターというのを使うのよ.

ンの応答に由来するが, 観測される ERG の波形は, 各細胞内電位と逆の極性を示す. 視細胞は光刺激に対し持続的な脱分極応答を示すのに対し, 2次ニューロンは一過性の応答（光 on で過分極, 光 off で脱分極）を示す. したがって, ERG は光 on 時に一過的な正応答, 光照射中は持続的な負応答, 光 off 時に一過的なさらなる負応答を経て速やかに 0 レベルに戻る波形をもつ【⑩】. 白眼のハエを用いた場合は, 応答の振幅は大きく, 20 mV 以上に達する. ただし, 480 nm 近辺の青色光による刺激に対して, 光 off 後も電位が回復しない現象（prolonged depolarizing afterpotential, PDA）がみられる. これは, 光刺激終了後の視物質の不活性化が不十分なために生じる. もともと視物質量の少ない変異体では, PDA は生じない.

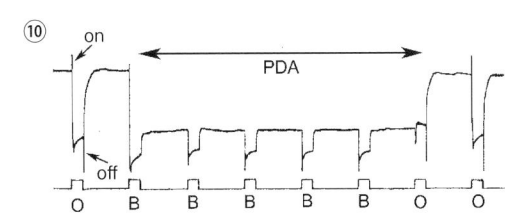

⑩ 白眼ショウジョウバエの ERG 記録. "O" は橙色光, "B" は青色光での刺激. "on" は刺激開始時, "off" は刺激終了時に発生する視葉由来の一過的な応答. 青色光照射により PDA が発生し, 橙色光照射で回復する.

注意すること・役立ち情報・耳よりな話

- ハエの麻酔には, ここで用いた氷冷麻酔のほかに, エーテルや二酸化炭素を使う方法があるが, 氷冷麻酔が一番簡便かつ安全である. ただ, 麻酔時間が短いと覚めるまでの時間が短くなるので, 30 分間以上氷上に置いた方がよい. 湿度の高いときは, ガラス管壁に水滴が付き, ハエが窒息する恐れがあるので, 時々水を拭き取る必要がある.
- ハエを固定するために蜜蝋を溶かす際, ニクロム線の温度を高くしすぎると蜜蝋が体全体を覆ってしまう危険がある. これではハエが死亡するし, ERG も測定できない. 蜜蝋を溶かす温度は, カバーガラスに付着したらすぐ固まる（手に付けてやや熱く感じる）程度がよい.
- ERG の異常を示す種々の変異体から, 視物質など多くの遺伝子が明らかになった.

リンク

- 研究者が教える動物飼育 2 巻 pp.200-205

29 チョウ類視細胞の光応答
―細胞内記録法による光強度と分光反応の測定―

研究者向き

アゲハ（*Papilio xuthus*）：
訪花性昆虫．柑橘類を食草とする．優れた色覚をもつ．

木下充代：
総合研究大学院大学先導科学研究科・講師，専門：視覚行動と視覚情報処理機構

　視細胞は，外界の光情報を最初に電気的信号に変換する感覚受容細胞である．そこには光を受容する視物質（光受容タンパク質にビタミンAが結合したもの）が含まれている．光が視物質に吸収されると，視物質の構造変化に続いて細胞内の光情報変換系が働き，最終的に細胞に電位的変化が起こる．視物質はその種類によって分光吸収特性が異なるため，視細胞はどの視物質をもつかによってその反応の分光特性が決まる．異なる波長に至適感度をもつ視細胞が網膜に複数種類あることで，動物は色覚をもつことができる．

実験のねらい

　チョウ類視細胞の光応答測定に細胞内記録法を用い，光の強度と波長に対する応答の特性について理解する．昆虫の視細胞は，光があたるとゆっくりとした脱分極性の応答（受容器電位）を示す．応答の大きさは，電位の振幅の違いとして表現される．本実験で用いる細胞内記録法は，神経細胞の電気的活動を測定する基本的方法の1つで，細胞の中に極めて細いガラス製の記録電極を，細胞外には不関電極をそれぞれ置き，細胞内外の電位差を測定する．

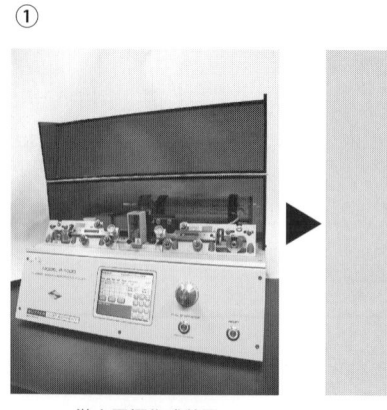

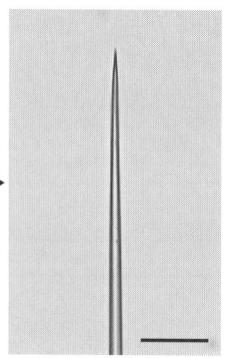

① 微小電極作成装置　　微小ガラス電極（スケール20 μm）

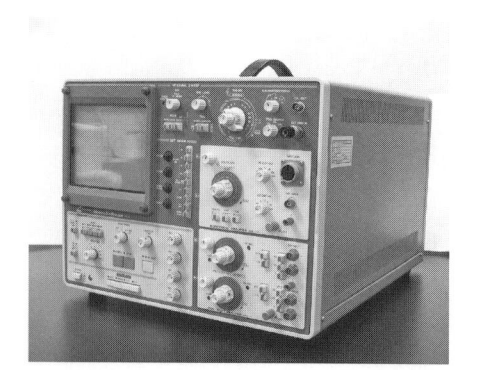

② オシロスコープ

実験の準備

動物：チョウの仲間（適当に野外で採集でする），例えばアゲハ（☞**動物飼育 2 巻 pp.179-185**）
試薬：生理食塩水（昆虫によって異なる），3 M KCl
器具：光刺激装置一式（☞**30光で生物実験をする前に**），神経活動導出・記録装置一式（生体電気増幅器・オシロスコープ・AD 変換機・記録用パソコン・3 次元マイクロマニピュレーター），ガラス微小電極作成装置，ガラス微小電極，塩化銀被覆銀線，解剖道具（微小メス・ピンセット・実体顕微鏡・蜜蝋など），シールドケージ

方法

1. 電極の作成

1-1. ガラス製のキャピラリー（芯入り）を微小電極作成装置にセットして，適切なプログラムを実行して微小電極を作成する【①】．通常複数の電極を作成する．研究対象によって最適な電極形状や抵抗は異なるので，適切な形にでき上がったかどうかを顕微鏡で確認する．

1-2. できあがった微小電極は，3 M の KCl を満たして，湿箱に保管する．

1-3. 不関電極として使う直径 0.1 mm の銀線を，導線にはんだ付けし，銀線部分を塩化銀被覆に加工しておく．

2. 試料の準備

2-1. 昆虫の脚・翅を切除し，蜜蝋を使って頭部が動かないように，試料をステージ【③，④】にしっかり固定する．胸部・腹部の動きが激しい場合は，同様に蜜蝋で固定する．

2-2. 頭部の直接筋肉などに触れないところに，不関電極を置く【④】．できるだけ，記録電極（関電極）に近いところが好ましい．

2-3. 両刃カミソリの刃を割って作成した微小メスで複眼の背側に小さな穴を開ける．通常は，個眼 10～30 個程度の大きさにする．穴は小さいほどよく，穴の中に角膜や円錐小体が残らないようにする．穴が乾かないよう，穴だけにリンガーを少量たらす．

③

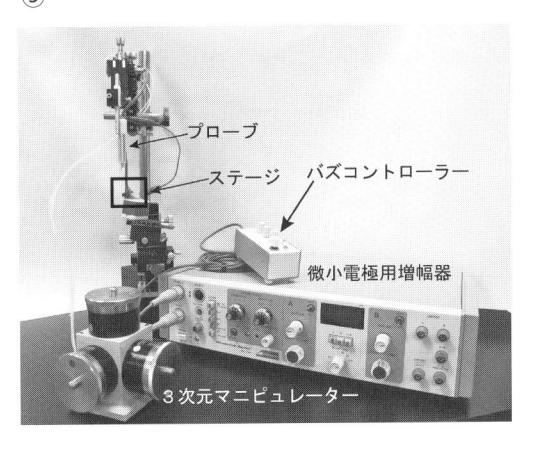

④

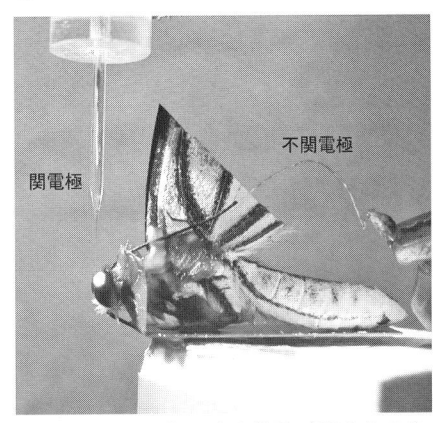

③の枠内の拡大．微小電極を複眼に挿入したアゲハチョウ

2-4. 試料をシールドケージ内のステージにセットする．不関電極と記録電極をそれぞれプローブ端子に接続する．

3. 電極の視細胞への刺入と刺激光の位置合わせ【③，④】

3-1. 実体顕微鏡で見ながら3次元マイクロマニピュレーターを用いて，電極を角膜に開けた穴の中に素早く下ろす．このとき記録電極と不関電極はどちらも細胞外にあるため電極間の電位差はないので，増幅器のゼロバランスを用いて，電位をゼロにする．

3-2. 電極を1～2 μm進め，バズコントローラーを用いて電極の先端を発振させる．この作業を繰り返していると，電極の先端が細胞内に入り，−40～60 mVの静止膜電位が観察できる．

3-3. ペン型の懐中電灯を，複眼表面をなぞるように動かし，電位が大きく脱分極するつまり光応答を示す位置を探す．光を複眼全体に当てても光応答がない場合は，視細胞以外の細胞に電極が入ったと考えられるので，さらに次の細胞に電極を進め，光応答が見られるまでこれを続ける．

3-4. 光応答が見られたら，光ファイバーをマニピュレーター等で最大の反応がでる位置に合わせる．この調整は中程度の光強度（例：10^{10} 光子/cm²/秒）のフラッシュ光（数十ミリ秒）を複眼に当てながら行う．

4. 光刺激時間と刺激間隔を決める予備実験

4-1. 細胞に電極が刺さり，光ファイバーの位置が決まったら，次に中程度の光刺激を数ミリ秒から数秒まで様々な長さで与えて，電位変化の振幅と刺激時間の関係を観察する．最も短い刺激で最大反応を引き起こす刺激時間を求める．アゲハチョウの場合，30ミリ秒で十分な反応が得られる．

4-2. 最大光強度の白色光を30秒与えた後，中程度の光強度のフラッシュ光を4-1.で決めた刺激時間で1秒おきに与え，反応の大きさが回復するまでの時間を測る．

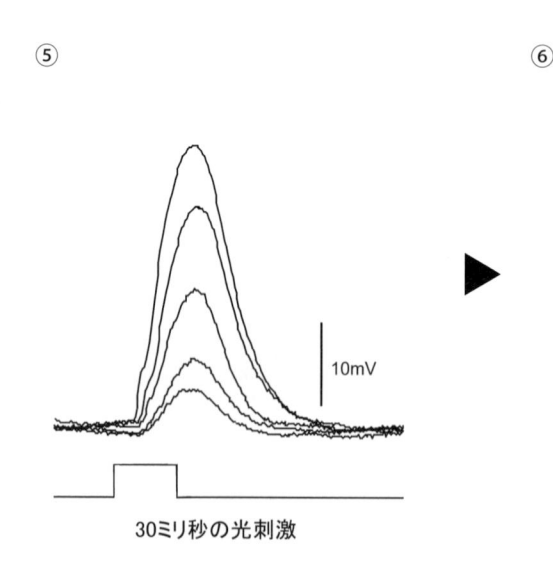

⑤

10mV

30ミリ秒の光刺激

光強度を0.5 logずつ変化させたときの視細胞の反応

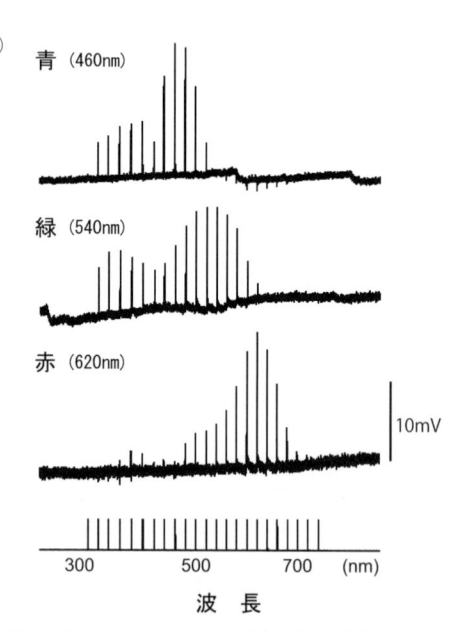

⑥ 青（460nm）

緑（540nm）

赤（620nm）

10mV

300　　500　　700　（nm）
波　長

300～740 nmまで20 nmおきに30ミリ秒の単色光を与えたときの反応例

応用・発展課題のヒント

> アゲハチョウは6種類も違う色受容細胞を持っているけれど,他の虫は違うのよ.

> ハエやミツバチは,3種類しかないんだよね.

> 虫は紫外線を見れるんだよね.

> じゃあ,虫は私とは違う色や形が見えているのね.すごいね〜.

5. 光強度反応と分光反応を測定する

5-1. 光強度反応を記録する.白色光もしくは単色光を,弱い光強度から強い光強度までを段階的に与えて,反応の大きさを観察する(刺激長:30ミリ秒,間隔:3秒程度)【⑤】.このとき,光強度は 0.25 log ずつ変えていくと変化がわかりやすい.各光強度に対する振幅を記録する.異なる波長の単色光で光強度反応を測定しその違いを観察する.

5-2. 等光子量に調節した単色光を,短波長か長波長まで波長を段階的に変えて刺激して,視細胞の反応を観察する(刺激長:30ミリ秒,間隔:1秒程度).波長ごとに,反応の振幅を記録し,波長に対してプロットする(分光反応).いくつかの細胞で分光反応をとり,その波長特性を比較する【⑥】.

注意すること・役立ち情報・耳よりな話

- 細胞内記録の質は,電極の善し悪しで決まるといってもよい.できるだけ大きな反応が記録可能である電極がどのような形状なのかを,動物で記録しながら模索する.
- 細胞内記録法では,ごくわずかな振動でも微小電極は細胞から抜けてしまう.動物の動きを押さえること,様々な振動が記録部位に伝わらないようステージと電極部分を除振動台に置くといった工夫する.
- 生体の微小な電位変化を測定するため,記録装置をシールドケージ(銅製の網とアングル棚などを使って自作)に入れるなどして,記録をノイズから分離する.
- 視細胞の分光反応は,分光感度とは異なる.感度は,それぞれの波長に対して視細胞のある閾値を表したものである.分光感度は,異なる波長の単色光で光強度反応を記録し,最大反応の半分の反応が起こる光強度の逆数を波長に対して表すのが一般的である.

リンク

- 研究者が教える動物実験 1 巻 pp.134-137
- 研究者が教える動物飼育 2 巻 pp.179-185

30

光で生物実験をする前に
―生物学における刺激光の測定法―

アゲハ(*Papilio xuthus*)：
日本各地に見られる大型種．複眼の構造や感度，色覚機能などが詳しく調べられている．

蟻川謙太郎：
総合研究大学院大学先導科学研究科・教授，専門：昆虫の視覚生理学

研究者向き

　光に対する生物の反応は非常に印象的で，また，色フィルターや色 LED が安く手に入ることもあって，学校でも家庭でも手軽に面白い実験をすることができる．しかしここには 1 つの危険が潜んでいる．例えば，ある動物が青，緑，黄，赤の懐中電灯のうち，青の光に強く反応したとしよう．これは，この動物が"青という色"に強く反応したためだろうか？　例えば，その動物には色覚はなく，ヒトに青く見える光が他の光よりも明るく見え，それゆえに強く反応したという可能性は否定できるだろうか？　この点をはっきりさせるには，光の波長分布と強度を測定した上で，揺るぎない解釈のできる実験をデザインする必要がある．逆に言えば，正確に測定していない光を使った実験は，ほとんどの場合，得られた結果の意味を正確に評価することができないのである．動物の視覚感度特性はヒトのそれとは少なからず異なるので，間違っても，ヒトの眼で見てだいたい同じ色や明るさだから大丈夫，などと考えてはいけない．

実験のねらい

　本節では，光を使った生物実験を正しく行うために必要不可欠な，光の測定法を説明する．まず生物学で使われる光強度の単位について述べる．次いで，キセノン光源と干渉フィルターを組み合わせた単色光発生装置を例に，光のスペクトルと強度の測り方を説明する．強度の揃った単色光は，生物反応の波長依存性，例えば視細胞の分光感度の測定（☞ 29 チョウ類視細胞の光応答）などに広く用いられている．

・**光強度の単位**

　【①】に示しているように，光強度を示す単位には様々なものがある．一番身近なのは環境の明るさを示す照度（ルクス lux）だろう．いずれも，黄色光源の標準の"明るさ"を示す光度（カンデラ cd）という単位を基準として決められている．ここでいう明るさとは，ヒトの主観的知覚で計測されたものである．したがって，ヒト以外の生物と光の関係を考える上で，これらの単位は意味がない．例えば，昆虫には見える紫外線が人間にとっては真っ暗（照度＝0 lux）であることを考えれば，それは自明である．意味があるのは，光の物理的性質に基づく単位，エネルギー E（W/cm^2＝$J/cm^2 sec$，正確には仕事）と光子数 N（$photons/cm^2 sec$）である．

① 光強度を示す単位

単　位	記　号
光度（カンデラ）	cd
光束（ルーメン）	lm = cd×sr
照度（ルクス）	lux = lm×m^2
輝度（ニト）	nt = cd/m^2
仕事（ワット）	W/m^2 = J/cm^2 sec
光子数	photons/cm^2 sec

波長λの光のエネルギーEは，波長λの光子1つのエネルギーεと光子数Nの積

$$E=N\varepsilon \tag{1}$$

で表される．一方，εとλの間には，

$$\varepsilon=h\nu=(hc)/\lambda \tag{2}$$

が成り立つ（ν，周波数，λ，波長，c，光速，h，プランク定数）．式 (1) (2) からNは，

$$N=(E\lambda)/(hc)=E\lambda \times 5.05\times 10^{15} \text{ [photons/cm}^2\text{sec]} \tag{3}$$

で求められる．このように，NとEの間には互換性があるので，光強度の単位として実験に用いるのはどちらでも構わない．しかし，生物の光反応はどれも，光子が基準になっている．例えば，最大感度が520 nmにある光受容細胞は，低効率ながら650 nmの光子も吸収する．光子のエネルギーεは周波数νに比例するので［式 (2)］，エネルギーは520 nmの光子の方が高い．しかしひとたび光子が吸収されると，そのエネルギーの違いに関わらず，どちらの光子も同じ大きさの quantum bump と呼ばれる微小反応を引き起こす．したがって，生物学では光強度の単位として光子数Nを使うのが一般的である．

実験の準備

器具：スペクトルメーター（朝日分光製 HSU-100S）【② a】，標準反射板（labsphere 製 SRS-99）【② a 右上】，ラジオメーター（三双製作所製 model-U3580，【② b】），光学ベンチ（QIOPTIQ（旧 Linos）製マイクロベンチ）【② c, d】，単色光刺激を発生させる装置【② e】．（　　）内の製品情報は一例．

・**単色光刺激を発生させる装置の構成【② e】**

　キセノン光源，干渉フィルター，中性フィルター，オプティカルウェッジ，シャッター，光ファイバーからなる．キセノン光源（Xe）には紫外線が含まれる．干渉フィルター（IF）は，半値幅（ピークの50%での波長幅，方法1-3. 参照）が10〜15 nm程度の単色光を作る多層膜フィルター，中性フィルター（ND）とオプティカルウェッジ（W）は光強度の調節に用いる．電磁シャッター（Sh）で光パルスを作り，光ファイバー（OF）で刺激光を試料に導く．

方法

1. 光スペクトルの測定

1-1. 単色光の光子数を測定するのに先立ち，まず光の"単色性"を確認する．測定にはスペク

② 光の測定に用いる器具

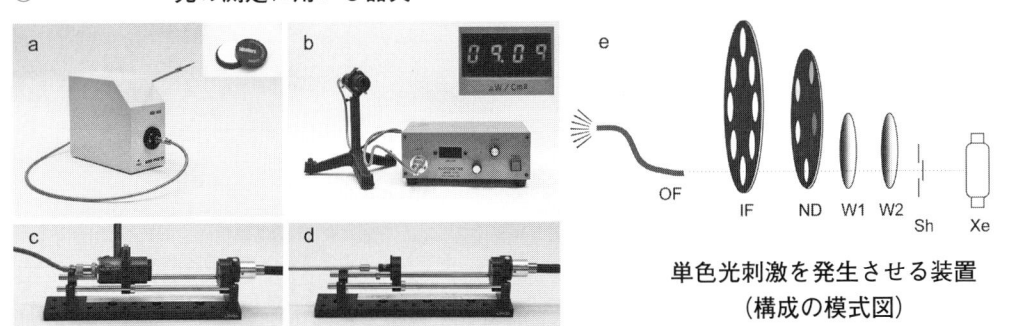

単色光刺激を発生させる装置
（構成の模式図）

トルメーターを使う【②a】．スペクトルメーターは，入力光のスペクトル（波長分布特性）を測定するものである．ここで使用するメーターは，紫外線から可視光線までの範囲で，メーカーによってあらかじめ校正されているものを選ぶ必要がある．分光反射率や分光透過率を測定するのに校正は不要なので，校正されていない機器も多く出回っている．

1-2. 【③a】のスペクトルは，キセノンランプの光そのものと，透過率のピークが 300 nm から 740 nm までの干渉フィルターを通した光を，スペクトルメーター（朝日分光製 HSU-100S）【②a】の波長分解能を 1 nm に設定して測定したものである．このとき，刺激装置からの出力光ファイバーと，スペクトルメーターへの入力光ファイバーはしっかり固定し，測定中に相対的な位置関係がずれないように細心の注意を払う必要がある．わずかでもずれると，測定値は大きな影響を受ける．【②c, d】のような小型の光学ベンチがあれば便利である．また，測定時は余分な光が入らないように注意する．

1-3. 単色光とは"単一の波長を含む光"という意味の言葉である．しかし波長は小数点以下いくらでも細かく分割できるので，波長が単一という概念は実際にはほとんど意味がない．【③b, c】は，ピーク波長が 850, 735, 660 nm として販売されている単色 LED の光と，透過率ピークが 740, 680 nm の干渉フィルターを通した光のスペクトルである．干渉フィルターの光は半値幅（ピークの 50 %での波長幅）が 10 nm 内外で，これは事実上の"単色光"として生物実験に用いられている．しかし単色 LED の光は幅が広く，実は単色性はあまり良いとはいえない．干渉フィルターか LED のどちらを用いるかは実験の目的によって選ぶしかないが，いずれにせよ，自分が使う光のスペクトルは把握しておく必要がある．

2. 光子数の測定と調節

2-1. 【③a】に示すように，キセノン光源の光を干渉フィルターに通しただけでは，それぞれの波長の光強度は一定しない．一定しない主な原因は光源のスペクトル分布がフラットでないことだが，個々の干渉フィルターの透過率も影響している．まずは，それぞれの単色光がどの程度の光子を含むかを測定する．

2-2. 光子数はラジオメーター（フォトンメーター，エネルギメーターとも呼ばれる）で測定する【②b】．スペクトルメーターでの測定時と同様，出力側と入力側のファイバーの相対的位置関係がずれないよう，光学ベンチを用いるのが望ましい【②d】．多くのラジオメーターは，単色光を与えたときにその光のエネルギー E を W（仕事）の単位で返すように設計されている【②b 右上】．得られたエネルギーを，前述の式（3）を使って光子数に変換する．波長ごとの光子数

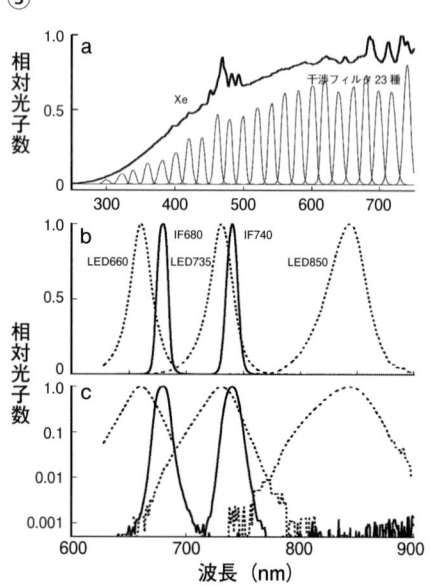

③

スペクトルメーターによる光測定例
a）キセノン光源からの「白色光」（Xe），および干渉フィルター（300〜740 nm の透過ピーク）を通した 23 の「単色光」のスペクトル．b）2 種の干渉フィルターの透過光（実線）と，3 種の LED からの光（点線）のスペクトル．c）b と同じスペクトルを，縦軸を対数表示にしたもの．

応用・発展課題のヒント

（男性）生物の反応を色々な波長で調べるには，何に一番気を付けたらいいの？

（女性）使う波長の光が全部同じ明るさになっていることだね．

を相対的に揃えるためには，エネルギー値 E と波長 λ を掛け合わせ，相対的光子数を求めるだけでも構わない．

2-3. こうして求めた各波長の光子数を比べて，光子数の最も少ない波長を選び，その波長に合わせて他の光をすべて弱くすることで，全波長の光子数を揃える．光子数を揃えるためには，刺激装置の中に光子数調節専用のオプティカルウェッジ（W2）を入れておくと便利である【② e】．

3. 照明スペクトル，反射スペクトル，分光反射率

3-1. 実験室の照明光のスペクトルを知りたいときは，校正されたスペクトルメーターと標準反射板を用いる．標準反射板とは，広い波長域（通常は 250〜2500 nm）で反射率が 95 ％以上の，白い板である【② a 右上】．標準反射板を照明光がムラなく当たる場所に置き，スペクトルメーターの入力ファイバーを標準反射板に向け，反射板に影ができないような位置で固定する．

3-2. 色紙などの物体の表面反射スペクトルは，標準反射板の代わりに測定する物体を置いて，直接測定することができる．あるいは，積分球などの装置を使って物体表面の分光反射率を測定し，それに照明光のスペクトルを掛けることで求めることもできる．

注意すること・役立ち情報・耳よりな話

- 使用するスペクトルメーターが校正されたものかどうかは，必ずメーカーで確認すること．
- 測定時，光源や測定器は必ずしっかり固定すること．テープ，粘土などでの仮留めでは正確な測定はできない．

リンク

- 研究者が教える動物実験 1 巻 pp.130–133
- 研究者が教える動物飼育 2 巻 pp.179–185

31 ロドプシン遺伝子の発現を GFP で見る
—ゼブラフィッシュ受精卵への DNA 微量注入—

研究者向き

ゼブラフィッシュ
(*Danio rerio*):
インドなど亜熱帯に生息する小型魚類.遺伝子導入が比較的容易.

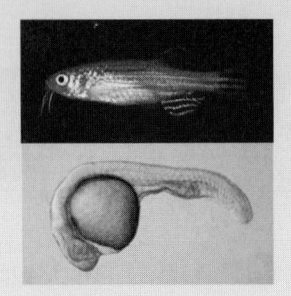

小島大輔（写真）:
東京大学大学院理学系研究科生物科学専攻・講師，専門：光生物学

深田吉孝:
東京大学大学院理学系研究科生物科学専攻・教授，専門：生化学

　マイクロインジェクション（微量注入）は遺伝子や細胞の機能解析に重要なツールとして利用されている．ゼブラフィッシュなど小型真骨魚類の場合，DNA・RNA・アンチセンス分子などを胚にマイクロインジェクションすることにより，遺伝子の過剰発現，ノックダウン・ノックアウト，細胞・組織特異的な標識・破壊などが可能である．

実験のねらい

　ゼブラフィッシュ幼生においてロドプシン遺伝子を発現する細胞（網膜の桿体細胞）をGFP（緑色蛍光タンパク質）の蛍光で可視化する．1) ロドプシン遺伝子プロモータとGFP遺伝子からなるDNAコンストラクトを，ゼブラフィッシュ胚にマイクロインジェクションする．2) DNAを注入した胚を4～5日齢まで発生させ，網膜におけるGFP蛍光を観察する．

実験の準備

動物：ゼブラフィッシュ成魚（交配させるため，雌雄それぞれ数匹ずつ必要☞動物飼育3巻 pp.79-85）

試薬：人工海水，人工淡水（人工海水を0.15％に希釈），アガロース粉末，プラスミドDNA溶液，0.82％メチレンブルー水溶液（使用時：6 µLを500 mLに希釈），0.4％ MS-222水溶液（溶解後，pHを中性に調整すること．使用時：420 µLを10 mLに希釈），0.075％ 1-phenyl-2-thiourea（PTU）水溶液（使用時に25倍希釈），滅菌蒸留水，0.5％フェノールレッド水溶液

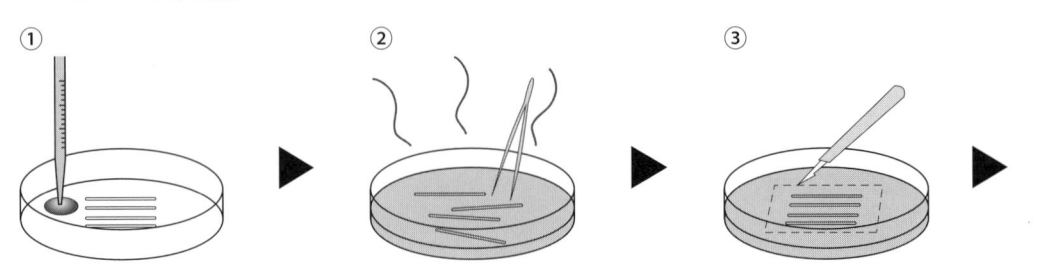

器具：プラスチックシャーレ（直径 9〜10 cm），芯入りガラス管（ナリシゲ GD-1），ガラス管（胚保持用プレート作製用：外径 0.9 mm×長さ 33 mm，Drummond 社の 1-000-0050 など），プラー（ナリシゲ PC-10 など），マイクロインジェクション装置，実体顕微鏡（蛍光観察装置付き）

方法

1. インジェクション用 DNA 溶液の準備

1-1. 以下の 2 種類のプラスミド DNA を用意する（筆者らより分与可能 ☞**付録 3 参考資料**）．

　A）*rho:gfp*（ゼブラフィッシュのロドプシン遺伝子上流 1 kb に GFP 遺伝子を連結したもの）

　B）*α-actin:gfp*（ゼブラフィッシュの α アクチン遺伝子上流 4 kb に GFP 遺伝子を連結したもの）

1-2. 上記のプラスミド DNA 1 μg 相当に，それぞれ滅菌蒸留水と 0.5 % Phenol-red（終濃度 0.05 %）を加えて，DNA 濃度が 10 ng/μL になるように調製する．使用まで氷上で保存する．

2. ガラス針の作製

プラーを用いて，芯入りガラス管（ナリシゲ GD-1）からガラス針を作る．実体顕微鏡下に置いたシャーレ上で，ガラス針の先端を数 mm 切り落とし（カミソリあるいはピンセットを使用），先端の内径を 10 μm 程度に調整する．

3. 胚保持用プレートの作製

アガロースとガラス管を用いて，胚を固定する溝をもつ「プレート」を作製する．

3-1. ガラス管（外径 0.9 mm×長さ 33 mm）3〜5 本をプラスチックシャーレの底にだいたい平行に敷き，アガロース溶液*を約 20 mL 注ぐ【①】．

（*蒸留水 100 mL にアガロース粉末 1.2 g と人工海水 150 μL を加えたものを電子レンジ（もしくはオートクレーブ装置）で加熱し，撹拌しながらアガロースを溶かした後，0.82 % メチレンブルー水溶液 12 μL を防腐剤として加える．）

3-2. ピンセットでガラス管の向きを整える．アガロース溶液が固化するまで待つ【②】．

3-3. アガロースの外周部分をカミソリ等で切除する（切除したアガロースは後で使用する）【③】．

3-4. アガロースを天地逆向きにひっくり返す（このとき，表面に現れるガラス管を抜く）【④】．

3-5. 切除したアガロースを電子レンジで溶かして，外周部分に注ぐ（中心部と液面を揃える）【⑤】．

3-6. 外周部分が固化したら，人工淡水を表面に注いで，冷蔵庫に保管する【⑥】．

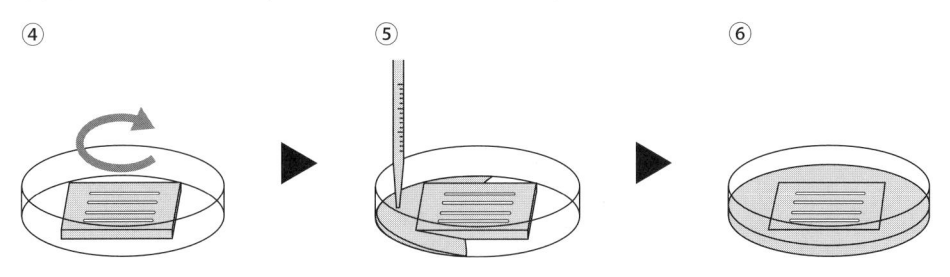

4. 交配と受精卵の回収

4-1. マイクロインジェクションの前日,成魚雌雄のペアを交配用水槽(仕切り付き)にセットする【⑦】.

4-2. マイクロインジェクションの約30分前に,仕切りを取り除き,交配をスタートさせる.

4-3. 人工淡水の入ったプラスチックシャーレに,受精卵を回収する【⑧】.

5. マイクロインジェクション

5-1. インジェクションの30分前までに胚保持用プレートを冷蔵庫から出して,室温に戻す.

5-2. 受精卵を保持用プレートの溝にピンセットを用いて並べる【⑨】.その際,受精卵をつまむのではなく,上から押すようにしてコリオン(卵膜)ごと沈める.また,一定方向(溝の側面)に細胞質が向くように,受精卵の方向を調整する.

5-3. DNA溶液を入れたガラス針【⑩】をインジェクション装置に装着する.

5-4. 1〜2細胞期の胚の卵黄または細胞質に,DNA溶液を順にインジェクションする【⑪】.胚のダメージを減らすため,細胞質(図の左)とは反対側(右)から卵黄にガラス針を挿入するのがよい.

5-5. インジェクション終了後,保持用プレートの溝からピンセットを用いて胚を抜き取る(つまむのではなく,胚の下にピンセットを差し入れて持ち上げるようにする).

5-6. 人工淡水(PTU入り)を入れたプラスチックシャーレに胚を移し,28.5℃のインキュベーター内に静置する.

5-7. インジェクションの翌日,白くなった(死亡した)胚を取り除き,人工淡水(PTU入り)を新しいものに交換する.再び28.5℃のインキュベーター内に静置する.

5-8. 受精4〜5日後,蛍光顕微鏡を用いて観察する(次項).

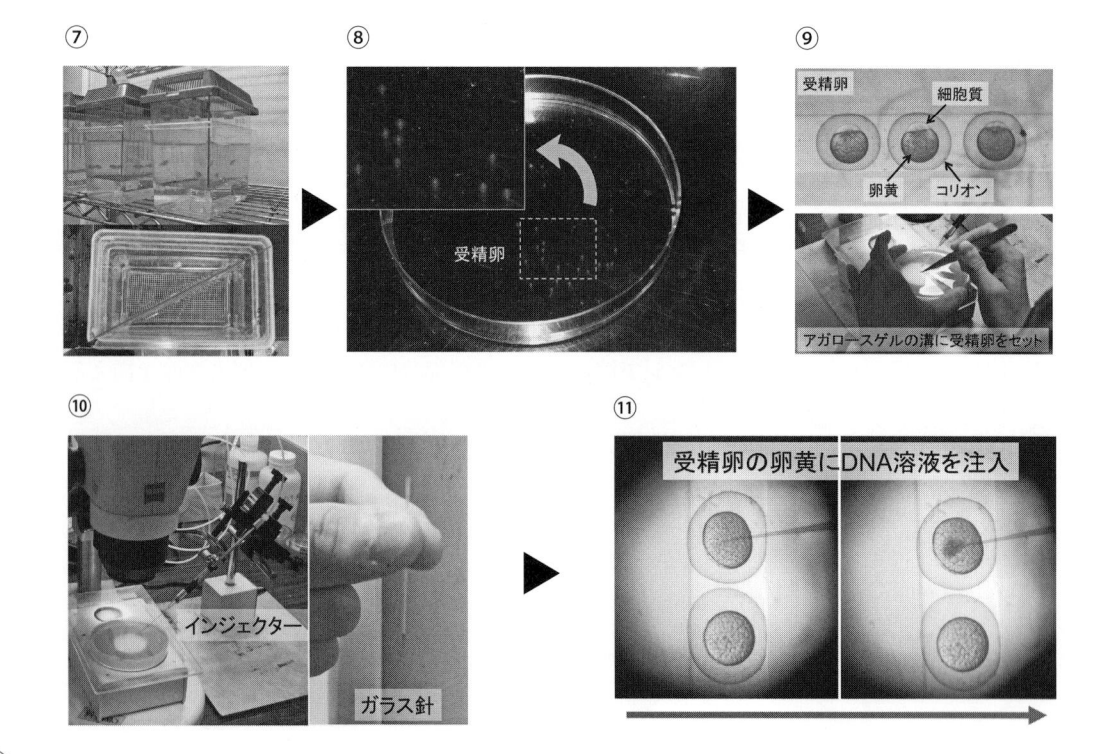

応用・発展課題のヒント

（女性）遺伝子プロモーターを入れ替えることで，様々な遺伝子の発現場所を見ることができるの．

（男性）別の色の蛍光タンパク質も組み合わせれば，2種類の遺伝子発現を同時に見て，比較することができるね．

6. GFP 蛍光の観察

6-1. 観察の前日までに，0.1 % アガロース懸濁液を準備しておく（蒸留水 100 mL にアガロース 0.1 g と人工海水 150 μL を加えたものを電子レンジもしくはオートクレーブ装置で加熱し，撹拌してアガロースを溶解する．そのままスターラーで一晩撹拌した後，使用まで室温で保存する）．

6-2. 28.5 ℃のインキュベーターから胚の入ったプラスチックシャーレを取り出す．

6-3. プラスチックシャーレに MS-222 を適量加えて麻酔する（10 mL 人工淡水に対して 0.4 % MS-222 水溶液を 420 μL 加える）．

6-4. 0.1 % アガロース懸濁液（MS-222 を適量混合したもの）に移して，蛍光光源を装着した実体顕微鏡で観察する【口絵 2】．*rho:gfp* をインジェクションしたものは，受精後の 3 日後から眼球（網膜，桿体）に GFP 蛍光が観察される【口絵 2 下】．*α-actin:gfp* をインジェクションしたものは，受精の翌日から全身の筋組織（筋細胞）に GFP 蛍光が観察される【口絵 2 上】．

注意すること・役立ち情報・耳よりな話

- ゼブラフィッシュ幼生の体表や眼球（色素上皮層）にはメラニン色素が存在し，体内の GFP 蛍光の観察を妨げる．メラニン色素の生合成を阻害するため，PTU を幼生（胚）の飼育液に加えている．PTU は毒性をもつので，使用時には手袋等を着用するなど，取り扱いには十分注意すること．

リンク

- 研究者が教える動物飼育 3 巻 pp.79–85
- THE ZEBRAFISH BOOK　http://zfin.org/zf_info/zfbook/zfbk.html

32

形の変化が視覚の引金：分子を形で分ける
—HPLCによる網膜レチノイド異性体の分離・分析—

大学生向き　研究者向き

キイロショウジョウバエ
(*Drosophila melanogaster*)：
種々の条件での飼育が容易．突然変異系統が多く遺伝子操作も容易．

尾崎浩一：
島根大学生物資源科学部生物科学科・教授，専門：感覚の分子生理学

　動物の光受容は，視物質が光を吸収することにより始まる．視物質はビタミンAの一種である11シス形レチナールとタンパク質であるオプシンが結合してできており，吸収された光は，まず，レチナールの全トランス形への異性化を引き起こす．これに続いてオプシン分子の構造が変化し，細胞内の信号変換系が活性化されて，視細胞の電位変化が生じる．この電気信号は，視神経を通じて脳に伝えられ，視覚が生じる．レチナールの異性化は，視覚の最初のイベントである．

実験のねらい

　動物の網膜には，視物質を構成する11シス形レチナールのほかに，その光反応産物である全トランス形レチナール，レチナールの形成・代謝過程で生じるレチノールの各種異性体など，種々のビタミンA関連分子（レチノイド）が存在する．網膜レチノイドの分子組成は，動物が光の豊富な明るい環境下で活動している（明順応）か，あるいは暗黒条件下に長時間置かれている（暗順応）かによって変化し，また，動物の栄養条件にも依存する．したがって，種々の条件下での網膜のレチノイド組成を分析することにより，それぞれの動物のレチノイド代謝過程を明らかにすることができる．

　ここではキイロショウジョウバエを使って，眼に含まれるレチノイドの組成を定量的に分析する．まず，ショウジョウバエの頭部を分離し，そこから3-ヒドロキシレチナールおよび3-ヒドロキシレチノールをオキシム法（後述）により定量的に抽出する．抽出したサンプルに含まれる

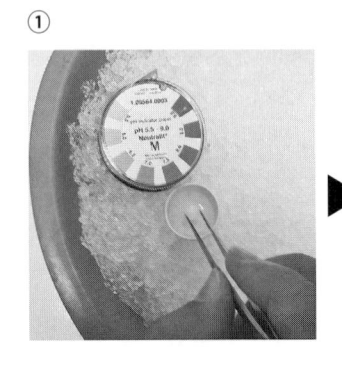

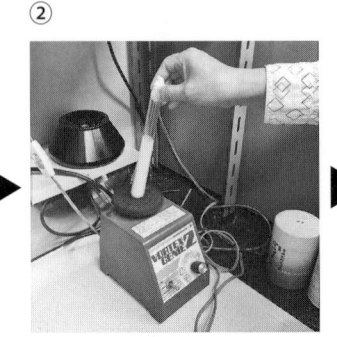

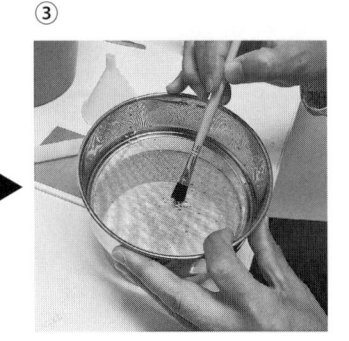

① ② ③

レチナールおよびレチノールの C=C 異性体を順相の高速液体クロマトグラフィー（HPLC）により分離し，340 nm の紫外光吸収により検出・定量する．

実験の準備

動物：基本的には，イエローコーンミールを加えてカロテノイドを強化した培地（☞**付録3参考資料**）で飼育したキイロショウジョウバエ（☞**動物飼育2巻 pp.200-205**）を24時間暗順応して用いる．

試薬：液体窒素，2 M 塩酸ヒドロキシルアミン，水酸化ナトリウム，pH 試験紙（中性），90 % メタノール 劇物 （-20 ℃，取り扱いには十分注意する），蒸留水，ジクロロメタン，n-ヘキサン，酢酸エチル，エタノール

器具：デュワー瓶（液体窒素用），試験管，ボルテックスミキサー，筆，篩（網目の大きさ1 mm 程度），受け皿（篩の大きさにあったもの），アイスバケツ（氷を入れておく），マイクロピペット，マイクロピペットチップ，テフロンホモジナイザー（2 mL），ホモジナイザー用モーター，スピッツ管（10 mL），パスツールピペット，メスピペット（10 mL）卓上多本架遠心機，ナス形フラスコ，真空ロータリーエバポレーター，窒素ガスボンベ，超音波洗浄器，マイクロシリンジ（500 μL），メスシリンダー（500 mL），HPLC（ポンプ，分光検出器，記録計），順相シリカゲルカラム（粒子径 55 μm，寸法 4.6 mm×150 mm）

方法1）試料の調整

1. ハエの準備

明暗周期下においてカロテノイド強化培地で飼育したハエ（羽化後3〜7日）40匹を，新しい飼育用のバイアルに入れ，25 ℃で24時間暗所に保つ（暗順応）．

2. 試薬の準備

2 M 塩酸ヒドロキシルアミン溶液を小さな容器に 2〜3 mL 取る．ピンセットで水酸化ナトリウムの顆粒をつまんでヒドロキシルアミン溶液中で振りながら徐々に溶かし，pH 試験紙で pH を測定して，pH 6.5 付近に合わせる【①】．中和した溶液は氷上に保存する．

3. 組織の準備

以下の操作は，視物質およびレチノイドの光反応を避けるため，すべて赤色光下で行う．

3-1. 暗順応したハエを飼育バイアルから試験管に移し（プラスチック製の漏斗を用いると移し

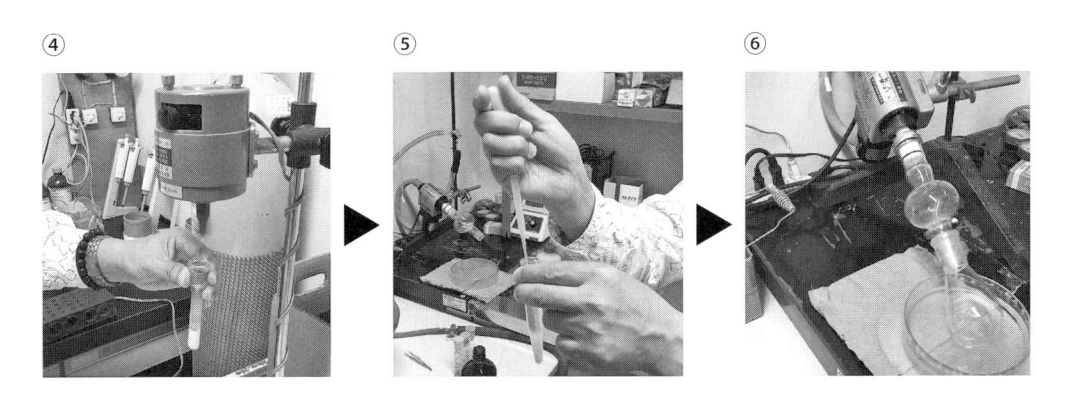

やすい），試験管の底から 1/3 程度を液体窒素に浸して 30 秒ほど保持して，ハエを急速に凍結する．

3-2. 試験管を液体窒素から出し，ボルテックスミキサーで 20 秒間振とうする【②】．これにより，ハエの頭部および脚部が胸部・腹部から離脱する．

3-3. 試験管を再び液体窒素に浸して十分に凍らせたのち，中身を篩の上に放ち，受け皿の上で大型の筆を用いて軽く掃きながら篩う【③】．頭部は篩を通って下の受け皿に落ちるので，これを集めて数を数える（脚および羽の一部も受け皿に落ちるが，気にする必要はない）．

4. レチノイドの抽出（オキシム法）

4-1. 集めた頭部を氷冷したホモジナイザーに移し，200 μL の 2 M ヒドロキシルアミン溶液（pH 6.5）と 1 mL の 90 % メタノール（-20 ℃）を加えて十分にホモジナイズ（温度はできるだけ 4 ℃を維持する）したのち【④】，氷中に 10 分間静置する．この操作により視物質のタンパク質は変性し，発色団であるレチナールは，ヒドロキシルアミンとの反応によりレチナールオキシムを形成する．オキシム化により，レチナールの非特異的なタンパク質への結合や熱異性化を抑えることができる．一方，レチノールはヒドロキシルアミンとは反応しない．

$$C_{19}H_{27}OHC=O \quad + \quad NH_2OH \quad \rightarrow \quad C_{19}H_{27}HOC=NOH \quad + \quad H_2O$$

3-ヒドロキシレチナール　　ヒドロキシルアミン　　3-ヒドロキシレチナールオキシム

4-2. ホモジネートを 10 mL スピッツ管に移し，これに 1.5 mL のジクロロメタンを加えた後，パスツールピペットに液を出し入れすることにより，両者をよく混合する【⑤】．さらに 1.0 mL のジクロロメタンを加えて混合，次に 1 mL の蒸留水を加えて混合し，最後に 6 mL の n-ヘキサンを加えて，同様に混合する．これにより，レチナールオキシムやレチノールなどのレチノイドは，ヘキサン層へ移動する．

4-3. 混合液の入ったスピッツ管を，3000 rpm で 3 分間遠心し，上層のヘキサン相と下層の水層とに分離する．ヘキサン層をパスツールピペットを用いてナス形フラスコに回収する．この際，下層の水や上層と下層の界面部分が混入しないように十分注意する．

4-4. ナス形フラスコを真空ロータリーエバポレーターに装着し，溶媒を完全に除去する【⑥】．普通，溶媒は 1～2 分間で蒸発し，目視できるような固形物は残らない．数分たっても液体が残っていたり，固形の残滓がある場合は，水や不純物の混入と考えられる．この場合には，ナス形フラスコに数 mL のヘキサンを加えてよく撹拌し，新しいスピッツ管に回収して，4-3 からやり直す．

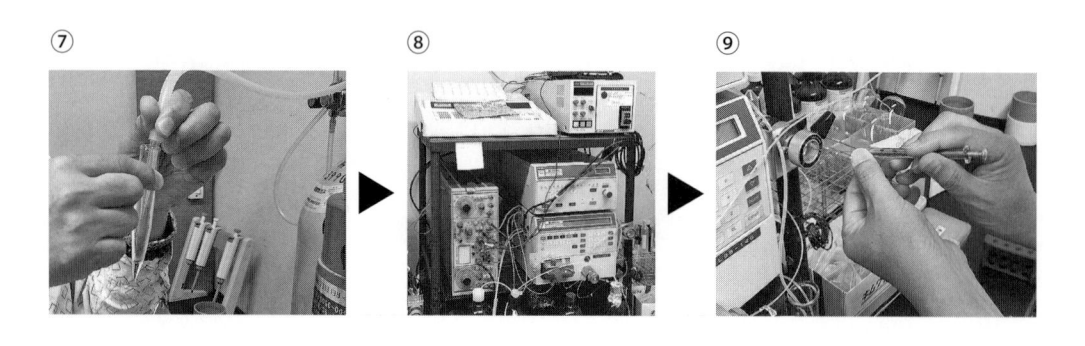

⑦　⑧　⑨

4-5. ナス形フラスコに，パスツールピペットで数滴の n-ヘキサン（または後述の HPLC 溶出液）を加え，フラスコの壁面をよく洗いながらレチノイドを回収する．溶液を新しいスピッツ管に移し，同様の操作をもう一度繰り返す．2 回の回収液を一緒にし，それに窒素ガスを吹きかけて 100～200 μL まで濃縮して HPLC の試料溶液とする【⑦】．

方法 2) HPLC によるレチノイドの定量分析

1. 溶出液の準備とカラムの平衡化

100 mL の酢酸エチルと 9 mL のエタノールに n-ヘキサンを加え，全量で 500 mL とする．よく混合したのち超音波洗浄器にかけて脱気し，分析中の気泡の発生を防ぐ．こうして作成した溶出液を流速 0.6 mL/min で HPLC システム【⑧】に 1 時間流し，カラムを平衡化する．

2. 分析

溶出液中のレチノイドの吸収極大波長は，レチナールオキシムが 350 nm 付近，レチノールは 330 nm 付近（正確には異性体形により異なる）であるため，分光検出器の検出波長を 340 nm に合わせる．分析時の流速も，カラム平衡時と同じく 0.6 mL/min とする．用意した試料全量を，マイクロシリンジで注入し，分析を開始する【⑨】．約 40 分で 1 回の分析が完了する．レチノールは各 C=C 異性体につき 1 つのピークとして分離されるが，レチナールオキシムは C=N 結合に関してもシン-アンチ立体異性体が存在するため，各 C=C 異性体につき 2 つのピークが現れる【⑩】．

3. 定量

クロマトグラフの各ピークの吸光度積分値と流速，および以下の各異性体の 340 nm における分子吸光係数から，異性体のモル数を計算する（〈3-ヒドロキシレチナール〉11-*cis*/*syn* 38600, 11-*cis*/*anti* 33000, 13-*cis*/*syn* 57300, 13-*cis*/*anti* 55800, all-*trans*/*syn* 64700, all-*trans*/*anti* 53000；〈3-ヒドロキシレチノール〉11-*cis* 22700, 13-*cis* 42500, all-*trans* 39100）．検出器のフローセルの光路長が 1 cm であった場合，各異性体のピークについて，吸光度を溶出液の容量（単位は L）で積分し，その値を分子吸光係数で除した値が，それぞれの異性体の分子数（モル

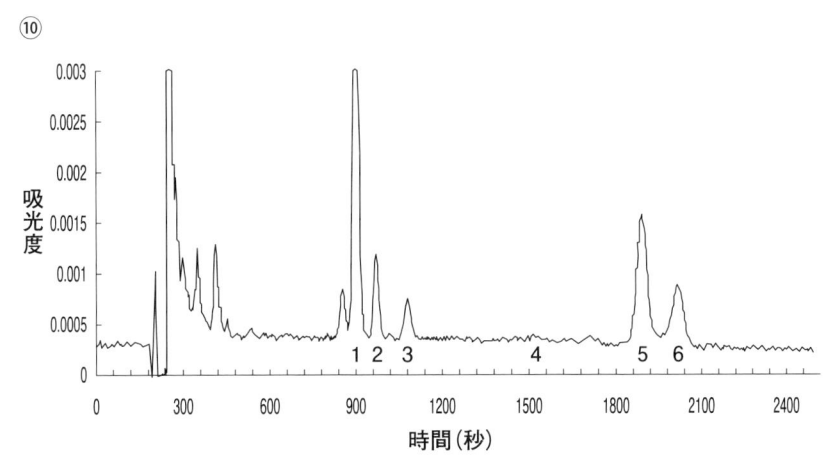

⑩

1. 11-シスレチナール（シン），2. 全トランスレチナール（シン），3. 全トランスレチナール（アンチ），4. 全トランスレチノール，5. 11-シスレチナール（アンチ），6. 11-シスレチノール

応用・発展課題のヒント

> 眼のレチノイドの組成は，明暗だけでなく，光の色や栄養条件によっても変化するのよ．

> 眼の応答や行動との関係を調べてみても面白いね．

> 眼や光反応に異常のある変異体について調べると，色んなことがわかるかもしれないな．

数）となる．また，レチナールに関しては，シン形とアンチ形のオキシムの合計がC＝C異性体の総モル数となる．

注意すること・役立ち情報・耳よりな話

- 用いる試薬の多くは，「毒物及び劇物取締法」，「消防法」，「PRTR法」等により適切な管理，使用が求められている．
- プラスチックは有機溶剤により溶解・変性されることが多いので，器具はガラス製を用いること．
- ハエやチョウ以外の動物は，3-ヒドロキシレチナールではなくレチナールを視物質の発色団としていることが多い．この場合，試料の調製は本稿と同様に行うことができるが，HPLC溶出液の組成やレチノイドの吸収特性，各異性体の溶出順序等は本稿とは異なる．

リンク

- 研究者が教える動物飼育2巻 pp.200-205

コラム7 視細胞の単離とパッチクランプ法

ウシガエル（*Rana catesbeiana*）：
ウシガエルの視細胞は哺乳類と比べてはるかに大きいので，オオヒキガエル（*Bufo marinus*）とともに光シグナル伝達の研究に用いられてきた．

視細胞の光応答を記録する方法には，網膜電図（ERG），細胞外電極法，細胞内電極法，吸引電極法，パッチクランプ法などがある．このうちパッチクランプ法は，電位固定の実験が行えることや単一チャネル電流を記録することができるなどの利点があり，これまで多くの研究に用いられてきた．

視細胞の実験には光刺激を行う必要があるので，実験室は完全暗室にすることが求められる．特に，桿体細胞は光感度が高く，1個の光子（フォトン）をも検出する能力があるため，一連の作業には赤外線照明を用いイメージコンバーターで可視化して実験を行うことになる．網膜細胞の単離には酵素を用いることが多いが，視細胞の単離は薬物の影響を避けるため以下のような手順で機械的に行う．単離した網膜を視細胞側を上にしてシリコン樹脂（Sylgard®）を敷いたシャーレに載せ，カミソリの刃で細かく切り刻む．こうして下の写真中央部の細胞のような外節と内節を備えたインタクトな単離視細胞標本が得られる（機械的な単離方法だとシナプス終末部は失われるが，光シグナル伝達は外節で起こるので実験には影響がない）．

電気的シグナルを記録するためには，まず顕微鏡ステージ上のチャンバーに移した単離視細胞にガラス管パッチ電極を接触させる【①】．続いて電極に陰圧をかけると電極の先端と細胞膜が密着し，ギガオームのシールが形成される．さらに一過性の強い陰圧を与えることによって細胞膜が破れ，電極内と細胞内がつながる．これがホールセルパッチクランプ法で，細胞膜全体の電流を記録することができ，光応答が観察できる．また，外節でギガシールを形成した後，膜を引きちぎると電極の先端に膜のパッチだけが残る．この標本が切り取りパッチ（excised patch）のインサイドアウトの状態（inside-out configuration）である．これに2次メッセンジャーであるcGMPを投与するとCNGチャネルが開き，単一チャネル電流を記録することができる．

パッチクランプ法は応用範囲が広く，神経細胞の機能を調べるための基本的な技術として重要であり，視細胞だけではなく神経生理学の研究で広く用いられている．

【リンク】

- 中谷研究室
  http://www.biol.tsukuba.ac.jp/~nakatani/
- 研究者が教える動物飼育 3巻 pp.117-121

■中谷　敬：筑波大学生命環境系，専門：視覚と化学感覚の神経生理学

①

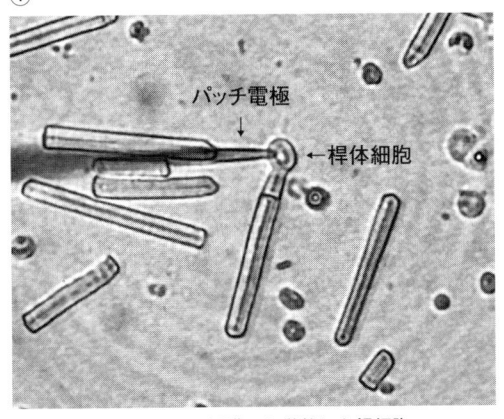

ウシガエルの網膜から単離した視細胞

コラム8 ホヤってどんな生き物？

カタユウレイボヤ（*Ciona intestinalis*）：
世界中の海に生息している．幼生の体は透明で体の内部まで観察しやすく，全細胞数は2600個程度．神経系の基本設計は脊椎動物と共通しているが，構成する細胞数は，200個しかない．

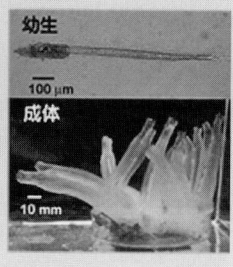

カタユウレイボヤは物体に付着し自身では移動することができない固着性動物である．その形態からは，とても脊椎動物に近縁な動物とは，信じられないであろう．一世紀前，ロシアの生物学者がホヤから精子と卵を取り，受精して出てきたオタマジャクシ型幼生（上掲の動物写真の上）を観察し，脊椎動物に近い動物であることを提唱した．幼生の外見だけでなく，内部の構造においても，脊椎動物の特徴を示す2つの器官，神経管（表皮が陥入して管状のものを形成し，そこから神経系が形成される）および脊索（神経管の腹側に形成され，発生過程で背骨に取って代わる器官）を備えている．さらに様々な動物のゲノムを比較解析することにより，ゲノムレベルにおいても現存する無脊椎動物中でもっとも脊椎動物に近縁な動物であることが証明された．したがって，ホヤは脊椎動物への進化の過程を知る上で，興味深い生き物である．

動物の眼は多様であるが，眼の進化は大きく分けて2つの流れがある．昆虫や軟体動物等の旧口動物で進化した微絨毛型視細胞と脊椎動物の繊毛型視細胞の2系統である．脊椎動物型の眼は，ヒトから脊椎動物で最も原始的な動物といわれている円口動物（ヤツメウナギ等）まで，形態的や生理学的特徴に殆ど差が見られない．そこで脊椎動物に最も近縁なホヤの眼に注目した．最初に行ったのは，幼生の光に対する応答性である．特定の方向から光を照射し，幼生の光応答性を調べた．孵化直後は，光の有無に関係なく断続的も遊泳していた．孵化後3時間目あたりから光照射により遊泳が止まり，照射を解除すると遊泳を開始した．照射方向に対して有意な遊泳方向特異性は見出せなかった．この行動は走光性ではなく，光強度変化によって運動速度を変える行動（光キネシス）であることがわかった．次に様々な波長の刺激光を与えて，明暗変化に対する応答を測定し，光波長に対する感度特性（作用スペクトル）が得られた．そのスペクトルは，後に共同研究者らにより得られたホヤロドプシンの吸収スペクトルパターンとほぼ一致した．ホヤ幼生は先端部に付着突起という器官をもち，それが物体に吸着すると変態を開始し成体になる．成体ホヤは主に光の当たらない場所に生息しているが，その理由は海中に漂う幼生が太陽光を遮る物体の下に来たら突然泳ぎだし，その近辺の物体に吸着するためだと思われる．

ホヤの視細胞は繊毛型で，生理学的特徴も脊椎動物視細胞に類似していた．脊椎動物の眼には，視細胞以外にもいくつかのニューロンによる層状構造（網膜）を形成し，そこで情報処理した後に，その信号を脳に送っているが，ホヤ幼生ではそのような網膜様構造はなく，視細胞が光情報を直接脳へ送っているようである．詳細は下記の比較生理生化学会誌のバックナンバーを参照されたい．

【リンク】
・比較生理生化学会誌 26巻3号 pp.101-109
・研究者が教える動物飼育 3巻 pp.45-50

■中川将司：兵庫県立大学大学院生命理学研究科，専門：動物生理学

第 6 章

動物実験のための顕微鏡観察

33 顕微鏡の使い方と試料作製法

岩崎雅行：
福岡大学理学部地球圏科学科生物学分野，専門：昆虫の神経解剖学

顕微鏡の種類

　動物実験には様々な種類の顕微鏡が使われる．本項では，主な顕微鏡の種類とその特徴について概説する．

顕微鏡の種類と特徴

	解像力	表面観察	内部観察	標本作成難度	カラー
肉眼	0.2 mm	◎	△	−	◎
実体顕微鏡	2 µm	◎	△	＋	◎
光学顕微鏡	0.2 µm	△	◎	＋＋	◎
走査電子顕微鏡	2 nm	◎	△	様々	×
透過電子顕微鏡	0.2 nm	×	◎	＋＋＋	×

　主な顕微鏡4種類と肉眼とを比較した表．立体物の表面構造を観察する点において，肉眼，実体顕微鏡，走査電子顕微鏡が似ており，主に切片法によって内部構造を観察する点において，光学顕微鏡と透過電子顕微鏡が似ている．

　上の表の4種類の顕微鏡以外にも，光や電子線を使わない顕微鏡として，プローブ顕微鏡，X線顕微鏡などがある．

顕微鏡観察に必要な能力

　どの顕微鏡においても観察目的を達成するには，以下の3つの能力が求められる．
・顕微鏡を正しく安全に使って，その性能を引き出せる能力．
・観察目的に合った標本（電子顕微鏡では試料と呼ぶ）を作製できる能力．
・標本に対する予備知識をもち，得られた像が何であるかを認識・解釈できる能力．

全般的な注意

- 顕微鏡や標本の破損，怪我など，事故を起こさないように注意する．
- 検鏡の前に手を洗う．
- 顕微鏡は精密機器なので，衝撃を与えない．
- 顕微鏡は光学機器なので，レンズに触れない．
- 顕微鏡を移動させるときは，機種により指定された部位を両手で持ち，ハンドルなどの可動部は持たない．
- 着座位置の真正面に顕微鏡を据える．
- わずかに前屈みの検鏡姿勢になるよう，椅子の高さを調整する．
- 使用中に異常が疑われた場合は使用を中止し，原因を探す．

よい顕微鏡写真とは何か

　光学顕微鏡写真や電子顕微鏡写真は，被写体と装置が特殊ではあるものの，基本的には一般的な写真との共通点が多い．つまり，よい写真とは，主被写体がきちんと写っていて，余計な物は排除され，伝えたい事が明確に伝わる写真である．奇抜な構図は不要であるが，余計な物，特に人工産物の排除には最大限の注意が払われるべきである．ポイントをまとめると以下のようになる．

構図	対象物の大きさや向き，主題を明確に
シャープネス	ピント，解像力
階調	明るさ，コントラスト，色
人工産物の排除	ゴミ，変形，収差，ノイズ，照明ムラ，染色ムラ，ナイフマーク，チャター

　ところで，生命の本質の1つに合目的性がある．生物の構造は機能と結びついた意味，つまり合目的性をもち，しかも36億年の歴史を経て高度に洗練されている．その結果，生物の体は，どこをどんな倍率で観察しても機能美と秩序にあふれている．したがって，正常な生物の顕微鏡写真を見て素直に美しいと感じられなかった場合，ほぼ間違いなく人工産物によって歪められた写真であり，科学的証拠価値は低い．つまり，その写真が科学的に信用できそうな証拠であるかどうかは，専門家でなくても感覚的にある程度は判断できるのである．

実体顕微鏡の使い方

　実体顕微鏡は，動物実験に不可欠な道具の1つである．立体感があり像が正立なので，昆虫の解剖をはじめ，細かい実験操作で頻繁に利用される．本項では，他の種類の顕微鏡との違いを理解した上で，実体顕微鏡の正しい使い方を習得することを目的とする．

各部の名称

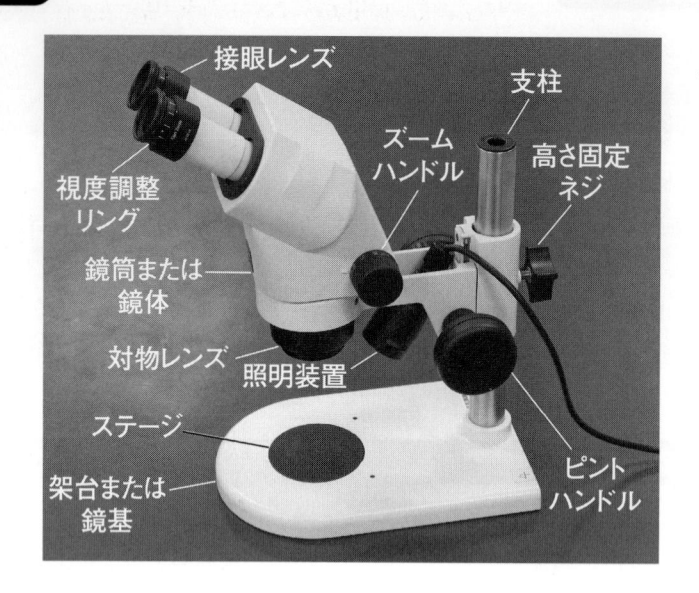

写真の各部名称:
- 接眼レンズ
- 支柱
- ズームハンドル
- 高さ固定ネジ
- 視度調整リング
- 鏡筒または鏡体
- 対物レンズ
- 照明装置
- ステージ
- 架台または鏡基
- ピントハンドル

手順

1. **標本のセット**
    - ステージには白と黒の面があるので，観察しやすい方を選ぶ．
    - 標本を見たい方向から観察できるよう，傾斜台や両面テープなどを使って固定の仕方を工夫する．

2. **ピント合わせ**
    - 最初は低倍率から始める．
    - ピントハンドルを回してピントを合わせる．
    - 目に調節力があるため，ピントが合い続ける範囲があるが，極力鏡体を上げた側（遠点）にする．
    - 標本の高さのため，上端または下端まで回しても合わない場合には，鏡体を支えながら高さ固定ネジをゆるめ，鏡体の高さを調節する．

3. **視度の調整**
    - 視度調整リングが左側のみの機種では，右目でピントを合わせたのち，左目は視度調整リングだけでピントを合わせる．
    - 視度調整リングが両側に付いている機種では，高倍率でピントを合わせ，低倍率にして両方の視度調整リングだけでピントを合わせれば，変倍してもピントがズレないようにできる．

4. **眼幅の調整**
    - 左右の視野が一致するように双眼鏡筒を調整する．
    - 鏡筒が平行な機種であれば，一時的に目を後方に離して眼幅調整すればより精密に調整できる．
    - 視度調整リングと眼幅の値は覚えておくと，次回以降や他の種類の顕微鏡でも役立つ．

- 視度と眼幅の調整がおろそかだと立体的に見えないので，非常に重要である．
5. 倍率を変える
- ズームハンドルまたは変倍ハンドルで倍率を変える．

実体顕微鏡の照明

	解像力	光量	陰影	熱	リング状反射
一般の蛍光灯	++	+	+	−	−
白熱球の一灯	+	+++	+++	+++	−
ファイバー照明	++	+++	++	+	−
LED リングライト	+++	++	+	−	++

　実体顕微鏡観察においては，通常は透過ではなく落射照明を使う．照明によって見え方（解像力や陰影による立体感）が劇的に変わるので非常に重要である．標本や観察目的に合った照明を選ぶ必要があるが，どの方法にも一長一短があり，これといった正解もないので難しい．高い解像力を求めないのであれば，白熱球が立体感を得やすい．立体感と解像力を両立させたいなら，現時点では白熱球と LED の組み合わせが最良と考えられる．将来的には LED の光量が上がって，LED のみで目的に応じて照明を自在にコントロールできるようになることが期待される．

実体顕微鏡のメンテナンス

- 光学顕微鏡の項を参照されたい（☞ p.159）．

光学顕微鏡の使い方

　中級以上の光学顕微鏡を使うには，ケーラー照明の設定が不可欠である．顕微鏡の性能（解像力）は対物レンズで決まるが，ケーラー照明なしでは本来の性能を発揮しないからである．その上で，コンデンサー絞りの調節がカギとなる．本稿では，ステージ上下式・光源内蔵でケーラー照明ができる光学顕微鏡を使って，明視野観察を行う方法を解説する．

使用上の注意

- 光学顕微鏡で特に起きやすい事故は，対物レンズと標本の衝突である．
- 標本（試料，プレパラート）は代替不能なので，決して破損させてはならない．標本は机の上に直接置かず，標本箱やマッペに載せる習慣を付ける．

全体的な流れ

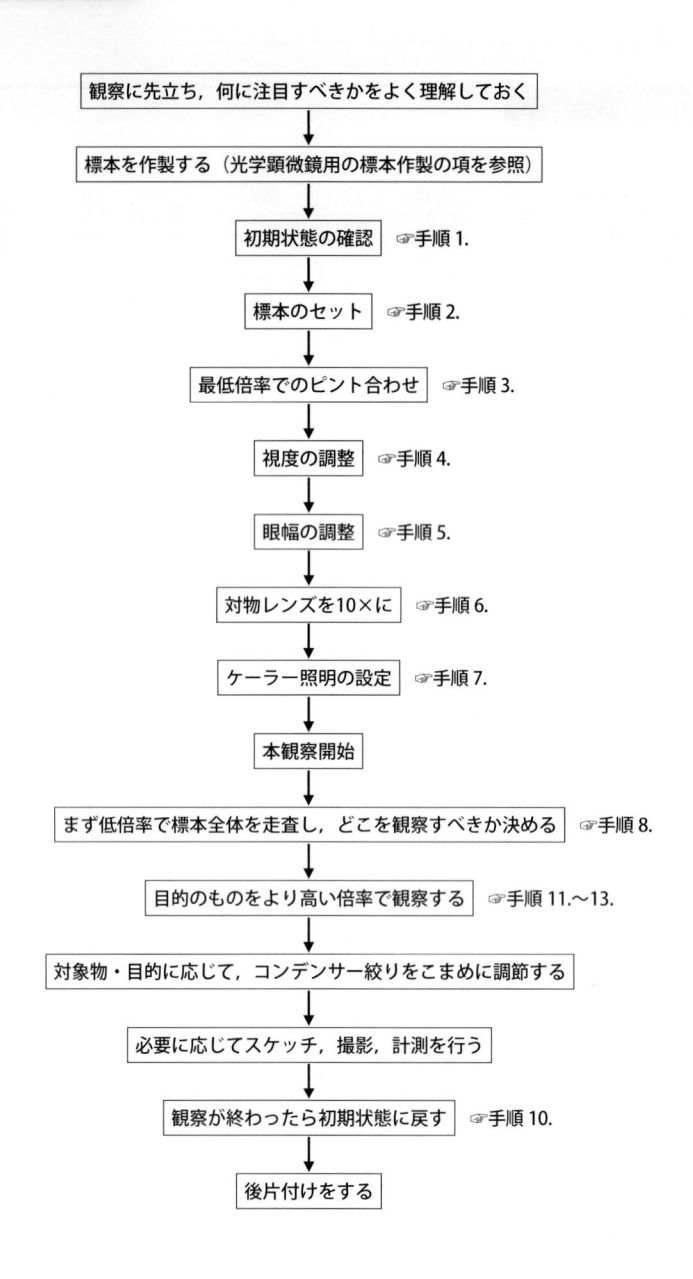

```
観察に先立ち，何に注目すべきかをよく理解しておく
        ↓
標本を作製する（光学顕微鏡用の標本作製の項を参照）
        ↓
初期状態の確認    ☞手順 1.
        ↓
標本のセット      ☞手順 2.
        ↓
最低倍率でのピント合わせ    ☞手順 3.
        ↓
視度の調整        ☞手順 4.
        ↓
眼幅の調整        ☞手順 5.
        ↓
対物レンズを10×に  ☞手順 6.
        ↓
ケーラー照明の設定  ☞手順 7.
        ↓
本観察開始
        ↓
まず低倍率で標本全体を走査し，どこを観察すべきか決める    ☞手順 8.
        ↓
目的のものをより高い倍率で観察する    ☞手順 11.〜13.
        ↓
対象物・目的に応じて，コンデンサー絞りをこまめに調節する
        ↓
必要に応じてスケッチ，撮影，計測を行う
        ↓
観察が終わったら初期状態に戻す    ☞手順 10.
        ↓
後片付けをする
```

各部の名称

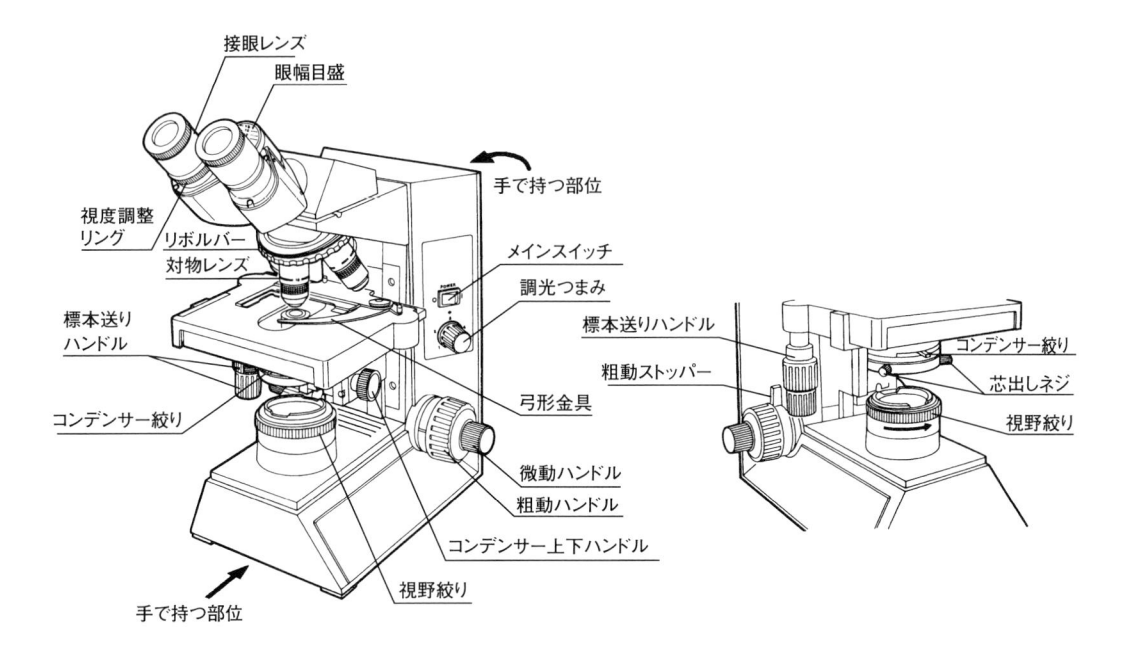

接眼レンズ
眼幅目盛
手で持つ部位
視度調整リング
リボルバー
対物レンズ
メインスイッチ
調光つまみ
標本送りハンドル
標本送りハンドル
コンデンサー絞り
コンデンサー絞り
粗動ストッパー
芯出しネジ
弓形金具
視野絞り
微動ハンドル
粗動ハンドル
コンデンサー上下ハンドル
手で持つ部位
視野絞り

手　順

1. 初期状態の確認

1. メインスイッチ	OFF
2. 調光（電圧）つまみ	最小
3. メインスイッチを入れ調光つまみを中程まで回す.	
4. 視野絞り	開放
5. コンデンサー絞り	開放
6. コンデンサー上下ハンドル	一番上
7. コンデンサー上面の大部分が光っていることを確認する.	
8. 粗動ハンドル（ステージの高さ）	中位（最高倍率でもぶつからない高さ）
9. 対物レンズ	最低倍率
10. 標本送りハンドル	中位
11. 粗動ストッパー	解除（初心者は使わない方が安全）
12. 視度調整リング	0
13. 眼幅の調整	最大

2. 標本のセット
   - カバーガラスとラベルによって表裏を確認する.
   - 標本を直接対物レンズの下に持って行ってはいけない.
   - まずステージの左手前の角に, ラベルが左になるように置く.
   - 右手の親指と人差し指を使って弓形金具（クレンメル）を開き, そのまま保持する.
   - 左手の人差し指の腹でラベルを押して, 標本を目的の位置まで滑らせる.
   - 弓形金具をゆっくり戻して標本を固定する.
   - 標本を出すときは, この反対の操作を行う.

3. 最低倍率でのピント合わせ
   - 合わせるべき対象物を, あらかじめ肉眼で光路の中心に移動させておく.
   - 最初は最低倍率で合わせてから, 順次高い倍率へ進む.
   - 粗動ハンドルでステージを上げ最接近させる.
   - 接眼レンズ（☞**手順9.**）を覗き込み, ステージを下げながらピントの合う位置を探す.
   - 微動ハンドルを使って, さらに正確に合わせる.
   - 目の調節力のためピントが合い続ける範囲があるが, 極力ステージを下げた側（遠点）にする.

4. 視度の調整
   - 左の接眼レンズのみに視度調整リングが付いている場合が多い.
   - 右目で右接眼レンズを覗き, 微動ハンドルでピントを合わせる.
   - 左目で左接眼レンズを覗き, 視度調整リングでピントを合わせる.

5. 眼幅の調整
   - 左右の視野が一致するように双眼鏡筒を調整する.
   - 顔をやや後ろに引くと, より精密に合わせられる.
   - 視度調整リングと眼幅の値は覚えておくと, 次回以降や他の種類の顕微鏡でも役立つ.
   - 光学顕微鏡の左右の像は同一なので, 視度と眼幅の調整がうまくいかない場合, 片目で見てもよいが, 合っていれば長時間観察しても疲れない.

6. 対物レンズの換え方
   - あらかじめ対象物を視野の中心に移動させておく.
   - 換える前に遠点でピントが合っているかを確認し, ピントはそのままで対物レンズを換える.
   - 対物レンズには直接触れず, レボルバーの縁を回して, カチッと止まるところで止める.
   - ピントはだいたい合っているはずなので, 微動ハンドルのみでピントを合わせる.
   - 対象物が見えない場合は, 低い倍率に戻ってやり直す.

7. ケーラー照明の設定
   - 設定はどの対物レンズでも可能だが, 10×がやりやすい.
   - 一度設定すれば, スライドガラスの厚さが変わらないかぎり, 倍率を変えても設定し直す必要はない.
   - まず最低倍率でピントを合わせた後, 10×に上げて標本にピントを合わせる.

①

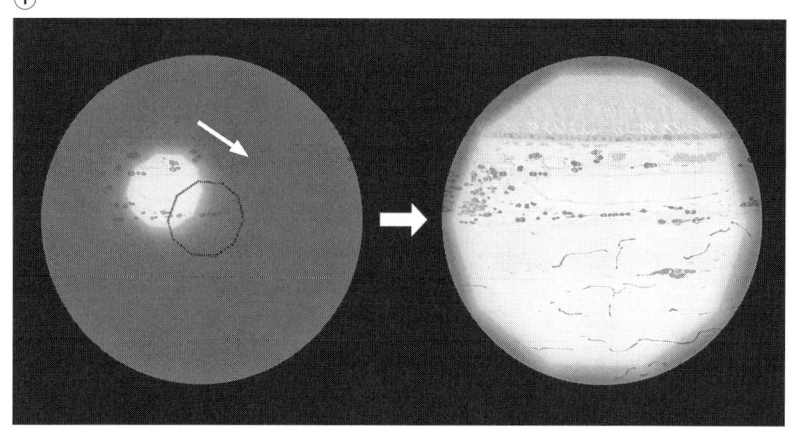

- 視野絞りを最小になるまで絞る．
- コンデンサー上下ハンドルでコンデンサーをわずかに下げ，視野絞りの影がシャープに（多角形に）見えるようにする．
- 2つの芯出しネジをひねって，視野絞りの影を視野の中心に移動させる【①左】．
- 視野絞りを少しずつ開き，接眼レンズの視野のやや内側で止め，再び芯出しを行う【①右】．
- 視野絞りを開放にする．
- ケーラー照明の原法では，倍率を変えるたびに視野絞りを調整するが，通常の観察では開放のままでよい．

8. コンデンサー絞りの調節

　ケーラー照明は必須条件であり，顕微鏡観察の成否はコンデンサー絞りで決まる．顕微鏡の解像力（解像限界の逆数）は，光の波長（λ，通常は 0.55 μm）に反比例し，対物レンズ固有の開口数（N.A.）に比例する．

$$解像限界 = 0.61 \times \lambda / \mathrm{N.A.}$$

コンデンサーを絞ると，開口数を制限することになるので解像力が落ち，被写界深度（ピントの合う範囲）が大きくなる．コントラストが十分な対象物なら，できるだけ絞らずに細かい構造を観察した方がよい．無色透明に近い対象物を見るには，適度に絞って回折による輪郭コントラストを利用する．対象物に応じて，解像力の低下が目立たず，コントラストも得られる妥協点を探すことになるが，通常は対物レンズの開口数の 40～80 % の範囲である．

9. 接眼レンズ

　通常は 10× 程度の接眼レンズを使用する．高倍率の接眼レンズに交換すれば総合倍率を上げることはできるが，解像力は対物レンズの開口数で決まるため上がらない．また，視野が狭くなる，暗くなるなどのデメリットがある．したがって，視力に問題がある場合や接眼ミクロメーター入りレンズに交換する以外は，交換しない方がよい．

　最近の接眼レンズは，ハイアイポイントといって，眼鏡をかけたまま覗き込めるように設計されているものが多く，上玉が大きいことで区別できる．眼鏡使用者，特に乱視がある場合には眼鏡をかけて検鏡すべきである．

10. 使用後の操作
- すべてを初期状態に戻す．
- ステージに標本が残っていないか確認する．
- 接眼ミクロメーター入りレンズを使った場合は元に戻す．
- レンズ等に指紋，汚れ，傷などがないか点検する．
- 所定の場所に戻し，カバーをかける．

11. スケッチの要領
- 証拠価値は写真に劣るが，スケッチには対象を注視するという教育的な意義がある．
- はじめに，標本名，日付，氏名などを書く．
- 人工産物（視野円，ゴミ，キズなど）は書かない．
- 利き目で顕微鏡を，もう片目でスケッチ用紙を見ながらスケッチする．
- 境界線は閉じた実線で書き，濃淡は点描で表現する．
- 通常，線は枝分かれしたり途切れたりすることはない．
- スケッチ中の各部位の名称や，スケールなどの必要事項を書き込む．

12. 倍率表示とスケール
　近年，顕微鏡写真の閲覧方法が多様化したので倍率表示は間違いになりやすい．したがって，顕微鏡スケッチや顕微鏡写真には，倍率の数字ではなくスケール（バー）を書き込めばよい．顕微鏡写真の場合には，同じ倍率で対物ミクロメーターの写真も撮っておき，後で重ね合わせるなどしてスケールを書き込めばよい．顕微鏡を使った計測は，撮影装置と対物ミクロメーターさえあれば，観察時よりも写真上で行う方が簡単・確実である．

　スケッチでは対物ミクロメーターは使えないので，代わりに接眼ミクロメーターを使う．対物ミクロメーターの1目盛は10 μmと決まっているが，接眼ミクロメーターは，顕微鏡ごと，対物レンズごとに1目盛の示す長さが異なるので，使用する顕微鏡のすべての対物レンズで，あらかじめ1目盛分の長さを計測しておく必要がある．スケッチを描いたのち，接眼ミクロメーター入り接眼レンズと交換し，キリのいい長さ（5 μm，20 μmなど）を決め，接眼ミクロメーターの何目盛分であるか計算する．標本の中で，上記の目盛だけ離れた2つの対象物を見つけたのち，スケッチ中に描かれた2つの対象物間と同じ長さのスケールを図の隅に書き込む．スケッチが複数枚ある場合は，その都度スケールを書き込む．

13. 写真の撮り方（実体顕微鏡写真と共通）
　専用の撮影システムもあるが，市販のデジタル一眼レフ，またはミラーレス機のボディを，アダプターを介して写真鏡筒に取り付けることで，ほぼ同等の写真を撮影できる．コンパクトデジタルカメラを観察鏡筒に取り付けることもできるが，画質が劣る場合が多い．

　専用の撮影システムなら問題になることは少ないが，自分で組み合わせた撮影システムの場合，ミラーショックはもちろん，わずかなシャッターショックでもブレを生じるので機種選定の際には必ずチェックする．完全電子シャッターであれば申し分ない．

　対物レンズの解像力がボトルネックとなるため，カメラ側の実質解像度は500万画素程度で十分である．ただし，一般的なベイヤー配列の撮像素子の実質解像度は総画素数の1/2〜1/4倍なので，総画素数1000〜2000万の機種を使って，500万画素程度の画像を取得するのが望ましい．

カメラにライブビューの拡大表示モードがあれば，ピント合わせの失敗を減らせる．また，標本の空白部分が視野に含まれる場合など，大幅な露出補正が必要になるので，±3EV 以上の補正ができる機種がよい．

その他の注意点は以下のとおり．
- カラーバランスはオートではなく，空白部でマニュアル設定する．
- ISO 感度は低い方が画質はよいので，シャッタースピードは無視してよい．
- コンデンサー絞りは，対物レンズの開口数の 70 % 程度が推奨される．
- 露出補正を変えて何枚か撮影し，ヒストグラム表示で白飛び，黒つぶれのない写真を選ぶ．
- 撮影後の画像処理（トリミング，階調補正，アンシャープマスクなど）は最小限にとどめる．

トラブルシューティング

ピントが合わない	・標本の表裏が逆（高倍率では極めて危険） ・視野内に対象物がなく空白 ・対物レンズを正しい位置で止めていない ・対物レンズ，カバーガラスなどが酷く汚れている
解像力が出ない（本人は気付かないことが多い）	・ケーラー照明になっていない ・コンデンサー絞りの絞りすぎ ・封入剤も含めたカバーガラス厚が，規定の 0.17 mm になっていない
視野が狭い	・ケーラー照明設定後，視野絞りを開き忘れている ・接眼レンズと眼が接近しすぎか離れすぎている
標本を破損する	・交換時に，対物レンズを最低倍率に換えていない ・弓形金具の持ち方が悪いため，指を滑らせる ・標本やマッペ以外の場所に置いている

光学顕微鏡のメンテナンス（実体顕微鏡と共通）

- 湿気の多い場所に保管しない．
- 埃よけのカバーをかけておく．
- 埃や汚れの付きやすい場所は，接眼レンズ上面，コンデンサー上面，照明装置上面，対物レンズ下面などである．
- どこが汚れているかを見つけるには，高倍率の対物レンズにして，コンデンサー絞りを深く絞る．汚れが明瞭に見えるようになるので，候補の部品を回転させて汚れの場所を特定する．
- まずレンズの埃をブロアーで吹き飛ばす．
- レンズの汚れは，エタノールまたはエタノール・エーテル（1 : 1）を滲ませたレンズペーパーで拭いたのち，すばやく乾燥したレンズペーパーで拭き取る．

特殊な対物レンズ

Plan Apo 40×（Plan は像面が平坦で中心と周辺のピントズレがないこと，Apo はアポクロマートの意で，3 波長に対して色収差を補正している）などの高級な高倍率対物レンズには，カバーガラス厚を補正するための補正環が付いている．補正環の調整を行う際は，コントラストの強い標本を用いて，コンデンサーの開口数を対物レンズの開口数と一致させてから，補正環を回し，

最もコントラストの良いところを探す．補正環のない対物レンズは，通常 0.17 mm 厚のカバーガラスを使ったとき収差が最小になるよう設計されているので，これに近いカバーガラスを使うようにする．

　開口数は媒質（カバーガラスと対物レンズの間の物質）の屈折率よりわずかに低い値が上限である．つまり，通常の乾燥系の対物レンズの開口数は空気の屈折率 1.0 より低く，水浸系対物レンズで 1.33，油浸系対物レンズでも 1.515 を下回る．液浸系の対物レンズを使用する場合，コンデンサーとスライドガラスの間も，同じ媒質で満たす必要があり，使用後の清掃が面倒な割には解像力は 2 倍も上がらないので，電子顕微鏡を使うことも多い．

特殊な観察法

　本稿で述べた明視野観察以外にも，暗視野照明，偏射照明，落射照明，蛍光法，位相差法，偏光法，微分干渉法などがあり，それぞれのユニットを追加すれば利用できる．基本的には光学顕微鏡だが，本体そのものが異なる顕微鏡として，共焦点レーザー走査顕微鏡，倒立顕微鏡などがある．また近年，解像力を数倍上げる超解像観察法も開発された．

光学顕微鏡用の標本作製

　顕微鏡観察の成否の半分以上は，標本作製にかかっている．簡単な方法から複雑な方法まで様々あるが，観察自体よりも技術と手間を要する方法も多い．光学顕微鏡は，ふつう標本を透過した光で像を作るので，標本を薄くする必要がある．薄くする方法には，切片法とそれ以外の様々な方法がある．薄い標本の多くは無色透明なので，人工的に染色する必要がある．観察目的に応じて，薄くする方法と染色法の組み合わせを選ぶ必要があるが，その組み合わせは膨大な数になる．本稿では，基本的な考え方を解説し，代表的な方法について簡単に紹介する．

全般的な注意

- 刃物を使うので怪我に注意する．万一に備え，トリミングや薄切作業を全くの単独では行わないようにする．
- 劇物，毒物，引火性薬品を多く使うので，適宜ドラフトチャンバーなどを使い，廃液は決まった方法で捨てる．
- 処方，手順，予定時刻，実施時刻，組織片の識別番号などを正確に記録する．
- 液の交換の際，組織片や切片が乾燥・変形しないよう注意する．

標本作製法の種類

懸濁法	細菌，原生生物，プランクトンなど，水中の微生物を生きたまま観察できる
塗抹法	血液や細菌の懸濁液を薄く塗り広げ，乾燥，固定すれば染色が可能になる
剥離法	タマネギの表皮など，1層の細胞からなる剥がれやすい組織に適用できる
押しつぶし法	バナナの果肉や塩酸処理したタマネギ根冠など，柔らかい組織を1層の細胞層になるまで押しつぶす
鋳型法・レプリカ法	血管の走行を調べたり，表面の凹凸を観察できる
切片法	生体の内部構造を観察する最も一般的な方法だが，ミクロトームなど高価な機械，手間，技術を要する

カバーガラス

必ずカバーガラスをかける．水滴を観察しようとすると，水滴がレンズになり像が歪む．また，対物レンズを濡らす危険がある．カバーガラスを使えないときは，ノーカバー用または金属用の対物レンズを使う．標本は薄い方が望ましく，封入剤が多すぎたり，押さえが足りないとカバーガラスが厚いのと同じ結果になり，収差のため解像力が出ない．

切片法の種類と特徴

徒手切片法	○ほとんど道具が要らない ×植物などの硬めの組織にしか適用できない ×薄い切片が得にくい ×連続切片が得られない
凍結切片法	○無固定でもできるので短時間で作製できる ○成分の流出・変性が少なく組織化学に適している ×薄切が安定しない
パラフィン切片法	○連続切片の作製が容易 ○様々な染色法が利用できる ×切片が数μmと厚く，脱パラフィンを行うため，微細構造の観察には不向き
樹脂切片法	○微細構造の観察に適している ○樹脂の処方を変えることで，30 nm～100 μmの広範囲の厚さで薄切できる ○光学顕微鏡にも電子顕微鏡にも使える ×染色法が限られている

切片法における包埋までの手順の意義と要点

切片法においては，薄切の前に，固定，脱水，透徹，浸透，包埋という過程を経てブロックを作製する．それぞれの手順の意義は，逆向きに考えると理解しやすい．

組織を包埋剤（氷，パラフィン，樹脂など）に埋没させてブロックを作る理由は，薄切を容易にするためである．例えば大きな生肉（典型的な動物組織）のブロックを厚さ1 mm以下に切るのは不可能である．これは，刃物で物体を切るときに切削抵抗（せん断応力と摩擦力）が生じ，柔らかい肉が変形するためである．この変形を防ぐために液体状態の包埋剤に肉を埋没させた後，

包埋剤を固体状態に変える．これが包埋である．その際，組織（肉）の内部にも包埋剤を均等に浸透させて，柔らかい組織，硬い組織，空白部分の硬度差を極力小さくすると切れが良い．これが浸透である．水（固体状態では氷）が包埋剤の場合，組織の内部は最初から水分なので，そのまま凍らせればよい．これが凍結切片法である．しゃぶしゃぶ用の肉の薄切方法と同じ原理である．

　包埋剤がパラフィンや樹脂の場合，それらは疎水性（油類）なので，そのままでは組織に浸透しない．そのため，水にも油類にも親和性のあるエタノールなどの物質を介して，組織内の水を透徹剤（油類）に置換する．これが，脱水，透徹の意義である．透徹剤にはキシレン 劇物 ，ベンゼン，酸化プロピレンなどが用いられる．

　このように，エタノール，透徹剤，包埋剤と，多種の薬剤に組織を浸すことになるので，その間に組織の微細構造が流出したり変形したりするのを防ぐために，固定という手順が必要になる．つまり，組織を構成するタンパク質などの成分を生体に極力近い状態で凝固させ，構造を固定化するわけである．

　固定法には，熱凝固や急速凍結を利用した物理固定と，薬剤に浸漬する化学固定とがあるが，後者が一般的である．固定剤としては，ホルムアルデヒド 劇物 （ホルマリンの成分），グルタールアルデヒドなどのアルデヒドが主流だが，ピクリン酸 劇物 ，オスミウム酸などもしばしば用いられる．いずれも毒性が強いのでドラフトチャンバーを使うなど取り扱いに十分注意する．

　固定で最も重要なポイントは，死後変化を避けることである．固定剤が組織に迅速に浸透するよう，組織のどれか一辺を 2 mm 程度またそれ以下に細切したり，血管内に固定液を注入・循環させる灌流固定などの方法をとる．

　また，pH や浸透圧の調節が有効な場合が多い．100 mM 程度のリン酸緩衝液，カコジル酸緩衝液などで pH を調節し，50〜200 mM のショ糖を添加して浸透圧を調節し，最良の結果が得られる処方を探る．

　固定に続く脱水，透徹，包埋は，基本的には液を交換していくだけの単純作業だが，液が組織内に十分浸透する工夫が必要である．特に樹脂は粘性が高く浸透が遅いので，長い時間を要することが多い．震とう機を用いるのも有効である．同じ液を複数回交換する場合，最初は短時間すすぐ程度で交換し，次第に長時間にして浸透させる．

　包埋の際には，目的とする方向（前額断，水平断，矢状断など）に薄切できるよう，正しい向きに置く．そのためには，組織片を細切する際に，あらかじめ方向がわかりやすい形状にしておく必要がある．

パラフィン切片法のブロック作製の概要

固　定	4％ホルムアルデヒドなどで 24 時間
脱　水	上昇エタノール系列：50％，70％，85％，95％，99.5％で 2 時間
透　徹	キシレンで 30 分
浸　透	パラフィン 60 ℃で 24 時間
包　埋	パラフィン 60 ℃ → 4 ℃

パラフィン切片法の薄切と染色の概要

- 試料ブロックを試料ホルダーにセットし，大まかなトリミングを行う．
- ミクロトームに，試料ホルダーとナイフを取り付ける．
- 試料ブロックを面出し（目的の深さまで荒削りすること）し，最終トリミングをしてできるだけ切削幅を狭くする．
- 3〜10 μm 厚で薄切する．
- パラフィン切片はリボン状となるので，毛筆で巻き取り，後で適切な長さに切ってから水を張ったスライドガラスに浮かせ，ホットプレート上で伸展・乾燥・接着させる．
- キシレンでパラフィンを溶かして除去する（脱パラフィン）．
- エタノール下降系列を経て水中に戻す．
- 染色を行う．
- 再びエタノール上昇系列で脱水し，キシレンに浸す．
- バルサムなどの封入剤でカバーガラスをかける．

切片法のトラブルシューティング

切削方向に出るナイフマーク	・刃にキズがある
切削方向に直交する反復性のチャター	・刃が古い ・包埋剤が固すぎるか切片が厚すぎる
一定の厚さに切れない	・ナイフまたはブロックの取り付けが甘い ・トリミング角度が大きすぎる ・切削面の横幅が広すぎてブロックが切削抵抗で変形している
リボンが曲がる	・トリミングした切削面の上下の辺が平行でない
ゴミ	・最も出やすいゴミは指からの皮脂なので，手を石鹸で洗い標本部分を触らないこと

染色法

以下に代表的な染色法を列挙する．

ヘマトキシリン・エオジン染色	パラフィン切片用の代表的な一般染色
アザン染色	パラフィン切片用の結合組織のための一般染色
ギムザ染色	血液の塗抹標本の一般染色
トルイジンブルー染色，アズールⅡ染色	樹脂切片用の一般染色
渡銀染色，ゴルジ染色	神経組織の染色
PAS 染色	糖質の特殊染色
フォイルゲン染色	核酸の特殊染色
免疫組織化学	抗原となる物質（主にタンパク質）の局在を見る方法，蛍光法と併用されることが多い
in situ hybridization	特定の mRNA の局在を見る方法，蛍光法と併用されることが多い

オスミウム・アズール二色染色法

パラフィン切片には様々な多重染色法の選択肢があるのが最大のメリットだが，切片が数 μm と厚いため構造が重なって解像力が発揮しにくい．一方，樹脂切片は高い解像力が発揮できるが，染色法に関しては，アズール II またはトルイジンブルーによる単染色が主流である．単染色は白黒写真とほぼ同じ情報量しかなく，樹脂切片法のデメリットの 1 つであった．しかし，筆者が開発したオスミウム・アズール二色染色法を使えば，カラー画像が得られ，そのデメリットはかなり克服される．以下にその方法の概要を示す．

前固定	2％グルタールアルデヒド，150 mM スクロース，100 mM カコジル酸緩衝液などで 24 時間
後固定	蒸留水で洗浄後，2％オスミウム酸で 2 時間
包　埋	アルコール脱水，酸化プロピレン透徹ののち，Luft の 8：2 処方のエポンに包埋
薄　切	スチールナイフで 7〜10 μm 厚の切片を作製
載　物	スライドガラス上の水滴に切片を載せ，80 ℃のホットプレート上で 30 分乾燥・貼付け
染　色	0.2％アズール II，1％硼砂で 10 分程度室温で染色後，洗浄して乾燥
染色定着	80 ℃のホットプレート上に 4 時間
封　入	包埋用のエポンを使って封入・重合
撮　影	デジタルカメラで顕微鏡写真撮影
画像処理	画像処理ソフトを用いて諧調補正

本染色法は，アズール II による切片染色の染色特性と，オスミウム酸によるブロック染色の染色特性が異なることを利用した染め分けである．そのままではオスミウムによる染色が薄いので，画像処理ソフトの諧調補正により黄色の染色（B および G チャネル）を強調する．

アズール II は切片の 1 μm 以下の表層のみを染めるので解像力が高いが，オスミウムはブロック全体を染めるので，解像力がやや劣る．昆虫の脳を染めてみると，グリアや細胞体は青，ニューロパイルは黄〜緑色，トラクトは淡く染まって，細かい脳内構造が区別しやすくなる【口絵 3】．

走査電子顕微鏡の使い方

走査電子顕微鏡［scanning electron microscope（SEM）］は，立体物の表面を観察するという点において実体顕微鏡と似ているが，はるかに高い解像力をもつ．SEM 用の試料（標本）作製は，実体顕微鏡なみに簡便なものから，透過電子顕微鏡［transmission electron microscope（TEM）］以上に熟練と手間を要するものまで様々あり，試料の種類や観察目的ごとに異なると言っても過言ではない．また観察においても，適切な指導のもと低倍率であれば，小学生でもその日のうちにそれなりの写真を撮影できる一方，性能をフルに発揮させるには熟練を要する．SEM 像は，

プローブ電流，加速電圧などの観察条件によって，解像力，S/N 比などの画質要素が複雑に変化する．SEM を使いこなすには，この関係性を熟知しておかねばならない．本稿では，ある程度の経験者を対象に，観察目的に合った試料作製法と観察条件の実践的選び方および注意点について解説する．

SEM のメリット・デメリット

1. メリット
   - かなり大きな立体物が観察できる．
   - 解像力が実体顕微鏡の約 1000 倍あり，しかも実体顕微鏡なみの低倍率も可能．
   - 被写界深度（ピントの合う範囲）が大きい．
2. デメリット
   - 通常は内部構造を観察できない．
   - 特殊な方法を除き，生体標本や含水標本を観察できない．
   - カラー画像が得られない．
   - TEM と比べると解像力がやや低い．

SEM 像の実際

　結像原理の詳細については他書に譲るが，一般的な SEM は，試料表面を電子プローブで走査し，放出された 2 次電子を経時的に検出して，同期させたモニター上に拡大像を描出していく．実際の SEM 像は，電子線の経路とは逆に，試料を対物レンズ側から見た画像となり，検出器側から散光照明を当てたような陰影（照明効果）をもつ．また，傾斜効果により斜面は明るく，エッジ効果により突起や角も明るくなる．被写界深度に関しては，同じ倍率・解像力で実体顕微鏡と比較すると，開口数が小さいため深く，しかも観察者がコントロールできる．

　多くの SEM は反射電子の検出器も備えている．2 次電子像が主に表面の凹凸情報であるのに対し，反射電子像は，試料の元素組成を反映し，原子番号が大きい物ほど明るく見える．2 次電子や反射電子以外にも，X 線，オージェ電子，透過電子，カソードルミネッセンスなど様々な信号が出るが，一部の機種は X 線検出器を備え，元素分析や元素マッピングが可能である．また，通常の SEM は熱電子銃タイプだが，電界放射型の電子銃をもつ電界放射型 SEM ［field emission SEM（FE-SEM）］は，数倍の解像力をもち，S/N 比も高い．

SEM における人工産物

　試料作製時に起きる代表的な人工産物（アーチファクト）として，洗浄不足により表面に残ったゴミや粘液，乾燥の失敗による変形・収縮などがある．これらは作り直すしかない．観察時に起きる人工産物の原因の多くは，帯電現象（チャージアップ）とビームダメージである．帯電現象が起きると不自然なノイズ，輝度変化，ドリフト（像の移動）などの人工産物が生じる．帯電現象は，コーティングを追加したり観察条件を変えることで抑制できることが多い．一方，ビームダメージが大きいと観察した場所の輝度が低下したり，酷いときには不可逆的に変形したりする．

標準的な試料作製法

SEM用の試料作製のポイントは，観察面を露出させること，乾燥時の変形・収縮を防ぐことと，観察時の帯電を抑制することの3点にほぼ集約される．

以下は標準的な方法の一例だが，目的とする像が得られない場合には，異なる方法を試すべきである．

洗　浄	ジェット水流や超音波洗浄
固　定	グルタールアルデヒド，オスミウム酸など
脱　水	エタノールやアセトンの上昇系列
乾　燥	炭酸ガスによる臨界点乾燥法，またはt-ブタノール凍結乾燥法
試料台への接着	銀ペースト，カーボンテープなど
コーティング	イオンスパッタコーティングまたはオスミウム・プラズマコーティング

その他の試料作製法

近年，低真空・低加速電圧で反射電子像を得ることにより帯電現象を抑制し，無処理の生物試料を観察できる装置が，Wet-SEMなどの名称で市販されてる．しかし，植物や昆虫など，表面が堅固な生物は，短時間・低倍率ならば通常SEMの高真空条件で，良好な2次電子像が得られることがある【②】．他にも，イオン液体を使って濡れたまま観察する方法や，界面活性剤でナノ・コートを形成し，生きたまま観察する方法も使われ始めている．乾燥法に関しても，炭酸ガスに置換せず水のままで凍結乾燥を行う簡便な方法もある．

当初のSEM観察は自由表面に限られていたが，導電染色法，割断法，鋳型法，消化酵素などを使った被覆組織除去法などにより，次第に内部を観察できるケースが増えてきた．また，高価な装置が必要ではあるが，TEMの連続切片よりも確実に，内部構造を立体再構築できる切削面観察法が，最近になって実用段階に入っており，今後の発展が大いに期待される．特定の物質や細胞を染める免疫組織化学法などと組み合わせることができれば，さらに強力なツールになると考えられる．

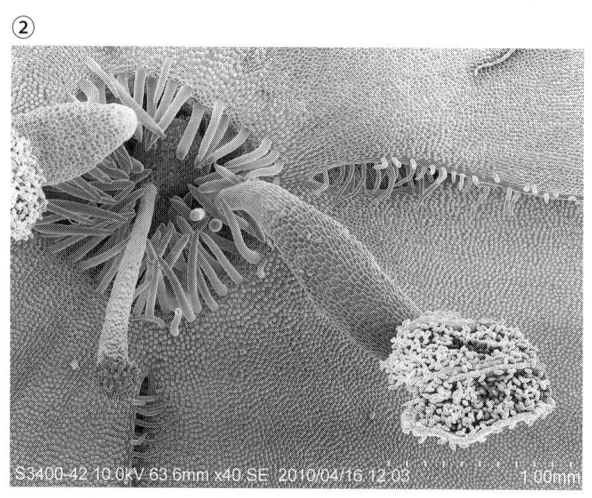

②

オオイヌフグリの雄しべ（右）と雌しべ（左）のSEM像

SEMの観察条件

	解像力	S/N比	帯電の抑制	被写界深度	エッジ効果など
加速電圧	↑	↑	↓↓		↑↑
作動距離	↓↓			↑↑	
プローブ電流	↓↓	↑↑	↓↓	↓↓	
対物絞り径	↓	↑	↓	↓↓	
コーティング厚	↓	↑	↑↑		
撮影時間		↑	↓		

　様々な観察条件によって，解像力，S/N比，被写界深度，コントラスト（エッジ効果，内部信号，組成信号）などの画質要素が変化する．また，最も厄介な人工産物の原因である帯電現象やビームダメージにも強い影響を与える．しかも，これらは互いに競合する関係にあることが多いので複雑である．

　例えば，コンデンサー電流を増やすことでプローブ電流を絞ったり，対物絞りの番号を上げて絞り径を小さくすることは，光学顕微鏡でいえばコンデンサー絞りを絞って開口数を制限することに相当する．それによって電子ビームが細くなり，被写界深度が増す点において，光学顕微鏡の開口数制限と同じ効果があるといえる．しかし，SEMにおいては解像力が低下することはなく，むしろ向上する．

　低倍率では高い解像力が要求されないので，解像力以外のすべての画質要素を満足できるレベルにすることが可能である．まず，帯電抑制のためコーティングを厚くした試料を用い，プローブ電流を増やすことで，S/N比を稼いで滑らかな像を得る．そうするとピントが浅くなるので，作動距離を大きく取ることで被写界深度を上げる．作動距離を大きくすると，最低倍率がより小さくなるメリットもある．

　一方，高倍率では高い解像力が求められるので，すべての画質要素を満たすことは不可能になる．雪景色現象による解像力の低下を防ぐため，コーティングを薄くすると帯電現象が起きやすくなり，帯電現象を防ぐために加速電圧を下げすぎると解像力が低下し，エッジ効果も減ってメリハリのない画像になる．解像力を上げるにはプローブ電流を下げるのが最も効果的で，帯電現象も起きにくくなるが，S/N比が低下してザラついた画質になってしまう．作動距離を短くしても解像力は上げられるが，被写界深度が小さくなる．

　このように，高倍率になればなるほど，どこかで妥協点を探るバランス感覚が求められる．したがって上の表を参考に，それぞれの観察条件で画質要素の何がどのくらい変わるのか，どこまでが許容範囲なのか，使用機種を用いて十分体感しておき，目的意識を明確に持って操作できるようになるのが望ましい．

SEM 観察の流れ（TEM と共通）

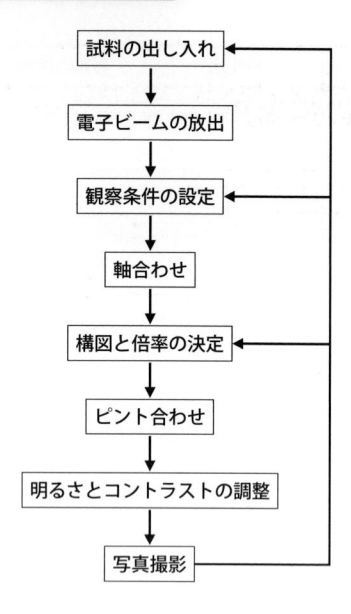

```
試料の出し入れ
    ↓
電子ビームの放出
    ↓
観察条件の設定 ←
    ↓
軸合わせ
    ↓
構図と倍率の決定 ←
    ↓
ピント合わせ
    ↓
明るさとコントラストの調整
    ↓
写真撮影
```

構図と倍率の決定

通常，SEM の試料ステージは，作動距離を変えるために上下できるだけでなく，回転と傾斜もできるようになっている．この機構を使って見たい方向から試料を観察することができる．ただし，作動距離が短いほど傾斜角が制限される．また，ラスターローテーションという機構があり，像を電気的に回転させることもできる．これらを使って最適な構図を決定する．

TEM と同様に SEM においても，観察時間が長いほど，また倍率が高いほど，試料にビームダメージが蓄積する．したがって，大切な部位は高倍率で長時間観察してはならない．特に，写真撮影はダメージが大きいので，高倍率で撮影した視野を，より低倍率で再度撮影することは，原則として避けるようにする．

ピント合わせ

SEM では原理的に，倍率を変えてもピントのズレは生じない．したがって，撮影倍率よりも高い倍率で精密なピント合わせを行ったのち，撮影倍率に戻して撮影することができる．ただし，上述のように，ビームダメージが生じるので素早く行う必要がある．

軸合わせ：特に非点収差の補正

ひととおり軸合わせを終えて観察を始めた直後または観察途中で，故意にピントを外してみて，ボケ円が真円ではなく楕円になるようなら対物レンズの非点収差がある証拠である．非点収差はヒトの眼でいえば乱視に相当し，解像力を低下させる最大の原因なので，できる限り補正しなければならない．この補正は，通常その装置の有効最大倍率（FE-SEM なら 10 万倍程度）で行うので，ビームダメージを考慮して試料の不要な部分で行う．非点収差補正は，初心者がつまづく

最初の関門だが，これなしでは装置の性能を全く発揮できないので，時間のあるときに十分練習して，すばやく補正できるよう習熟しておかねばならない．

倍率表示とスケール

SEMの倍率あるいはスケールに関しては，モニターに表示された値をある程度信用してよいが，厳密には一度自分で実測しておくべきである．TEM用の網型グリッドの格子間隔を光学顕微鏡で実測したのち，SEMで撮影して計測すればよい．

透過電子顕微鏡の使い方

透過電子顕微鏡［transmission electron microscope（TEM）］は，最高レベルの解像力をもち，通常は超薄切片で組織の内部構造を観察する．SEM像のように立体的ではないこと，試料作製や観察操作が複雑なことから，敷居が高い傾向は否めないが，現時点では組織の内部微細構造を解析するには不可欠なツールである．本稿では，ある程度の経験者を対象に，標準的な方法において陥りやすいトラブルを中心に解説する．

透過電子顕微鏡用の試料ブロック作製

TEM用の試料作製法には，SEM用ほどではないが様々なバリエーションがある．以下に標準的な一例の概要を示すが，いずれの場合でも，前固定液の処方は，動物種や組織ごとに何種類か試した方がよい．

前固定	2％グルタールアルデヒド，2％パラホルムアルデヒド，100 mM カコジル酸緩衝液で24時間
洗　浄	蒸留水または100 mM カコジル酸緩衝液で24時間
後固定	1％オスミウム酸で2時間
脱　水	上昇エタノール系列：50％，70％，85％，95％，99.5％で2時間
透　徹	酸化プロピレンで20分
浸　透	酸化プロピレンとエポンの当量混合液に1回，エポンに2回，計24時間
包　埋	エポン：Luftの4：6処方
重　合	37℃で1日，60℃で3日

試料ブロック作製時のトラブルシューティング

光学顕微鏡用のブロック作製と共通点が多いが，手順が多く複雑なので，さらに様々なトラブルが起こりうる．原因の特定も難しいので，それぞれの手順を確実・丁寧に進めていく必要がある．また，TEMの解像力は圧倒的に高いため，死後変化などのわずかな人工産物でも目立ってしまう．対策として，固定液の浸透を良くするために，前固定の途中で組織片の一辺を1 mm程

度以下に細切するなどの工夫が必要である．以下に代表的なトラブルとその原因例を列挙する．

ミトコンドリアが破裂している	・前固定液の浸透圧の低過ぎ
膜が蛇行している	・前固定液の浸透圧の高過ぎ
切片の切れが悪い	・脱水不良やエポンの浸透・重合の不良 ・組織の硬さに対してエポンの硬さが不適切

超薄切片作製の概要

- 試料ブロックを試料ホルダーにセットし，大まかなトリミングを行う．
- ウルトラミクロトームに，試料ホルダーとダイヤモンドナイフまたはガラスナイフを取り付ける．
- 試料ブロックを面出し（目的の深さまで切り進むこと）し，最終トリミングをする．
- 60〜100 nm 厚で薄切する．
- 超薄切片はパラフィン切片と同様，リボン状となってナイフボートの水面に浮かぶ．
- 数枚の切片からなるリボンをグリッドに掬って載せる．
- 酢酸ウラン 劇物 溶液と鉛 劇物 染色液で電子染色を行い，電子顕微鏡で観察する．酢酸ウラン（酢酸ウラニル）は，国際規制物質であるため厳密な管理の下での使用が義務付けられている．鉛化合物（クエン酸鉛）は，化学物質管理促進法（PRTR 法）の第1種指定化学物質である．これらの，保管，使用，廃液処理には規則に則った注意が必要．

トリミング

　光学顕微鏡用の切片と同様に，切削幅が狭いほど薄切しやすい．脳などの軟組織であれば1 mm 近い幅の切片も切れるが，クチクラなど硬度差の大きい試料の場合，幅 0.2 mm 以下にする場合もある．切削抵抗によるブロックの変形を最小限にするため，突出の少ない形にトリミングする．特に上方の斜面は，最も変形に対抗する場所なので，トリミング角度を 30 度以下にする．また，トリミング面は平滑な平面である方が薄切時のトラブルが少ないので，最終トリミングは新品の刃で行う．

グリッド

　光学顕微鏡におけるスライドガラスに相当する．銅などの円形シートに穴を開けたもので，穴の形状は，網型（いわゆるメッシュ），スリット型，単孔型などがある．例えば 200 メッシュとは，1インチあたり 200 の穴が開いた網型グリッドのことである．スリット型を使う場合や切片の全域を見たい場合など，フォルムバールまたはコロジオンの支持膜を張る必要があるが，コントラストの低下，ゴミやムラの原因になりやすいなどのデメリットがある．

薄切時のトラブルシューティング

　光学顕微鏡用の切片作製との共通点が多いが，格段に高い精度が要求される．以下に代表的なトラブルとその原因例を列挙する．

切片の切れが悪い	・逃げ角や厚さの設定ミス ・締め付け不足 ・切削幅の広すぎ ・机に伝わる振動の除去不足
切片がナイフの向こうに引きずられる	・上面のトリミング角度が大きすぎる ・水が多すぎるか少なすぎる
切削面が水に濡れる	・ナイフの裏面が切削屑などで汚れている
切片にゴミが多い	・ナイフボートの水に触れる器具を指で触った

軸合わせ

　照射系と結像系，合わせて10種類以上の軸合わせがある．不慣れな間は，明るさ中心，電流中心，対物絞り中心の3つだけを自分で合わせ，それ以外は管理者に任せておいた方が安全である．慣れてくるにつれて，少しずつ軸合わせができる種類を増やすようにする．

ドリフト防止策

　高倍率写真の失敗の大部分はドリフト（試料の動きによる像の流れ）による．観察のため試料に電子ビームを当てると，最初に大きなドリフトが発生し，次第に小さくなっていく．これはビームを当てたことによって熱が発生し，切片が収縮するためである．網型グリッドの場合，切片は金属製の格子枠の部分に密着している．したがって，あらかじめ目的の格子内で，ある程度強いビームを走査させ，切片を均等に焼いてから本観察を始めれば，ドリフトはかなり軽減される．さらに，写真撮影の前に1分ほど放置すれば熱平衡に達してドリフトはほぼ停止する．

ビームダメージ防止策

　SEMと同様にTEMでもビームダメージは起きる．光学顕微鏡と異なり，じっくり観察して最良の場所の写真を撮るのではなく，急いで観察して目的の場所を見つけ写真を撮ったあと，写真をじっくり観察するというスタイルになる．TEMのビームダメージは，最初は切片が明るくなり，その後次第に暗くなる．上記のドリフト防止策を行った後は明るくなった状態である．ムラのある写真を撮らないためには，高倍率写真を撮ったのち，その部位を含む低倍率写真を撮らないようにする．

ピント合わせ

　TEMのピントは，SEMとは違って倍率によって変わるので，倍率を変える度にピント合わせを行う必要がある．TEMの観察は，電子線によって光る蛍光板を実体顕微鏡で覗くという方式であり，蛍光板上の暗い像にピントを合わせるには慣れを要する．ワブラーという補助機構が付いていれば，それを活用するとよい．超高倍率ではワブラーが利用できないことも多いので，その場合は目視で合わせるしかない．ビームを収束させると開口数が上がるので被写界深度が浅くなり，明るくなることも相まってピントの山をつかみやすい．ただし，ビームダメージを避けるため最小限の時間で合わせる必要がある．

　TEMのピントの特殊性は，ピントが合った状態（ジャストフォーカス）はコントラストが低

いことである．少しだけアンダーフォーカスにすることで，回折によるコントラストが加わって見やすい像になる．どの程度アンダーにすればベストなのか，使用する倍率ごとにテストして決めておかねばならない．

倍率表示とスケール

TEMの倍率あるいはスケールに関しては，モニターに表示された値はあまり信用できない．必ず自分で実測すべきである．網型グリッドの格子間隔を光学顕微鏡で実測したのち，TEMで撮影して計測すればよい．

特殊な試料作製法

- 急速凍結固定法
- 凍結置換法
- フリーズ・フラクチャー・レプリカ法
- 免疫組織化学
- ネガティブ染色

特殊な観察法

- 超高圧電子顕微鏡法
- 電子分光結像法
- 元素分析
- 電子顕微鏡トモグラフィー
- ステレオ観察法

顕微鏡関連のメーカーについて

光学顕微鏡は，海外にはツァイス，ライカなど伝統あるメーカーがあるが，オリンパスとニコンに代表される国内メーカーも世界シェアで上位を競っている．電子顕微鏡においても，日本電子や日立ハイテクなどの国内メーカーが，FEI，ツァイスなどをリードしている．一方，ミクロトームなどの試料作成装置は，ライカ，ミクロームなどの海外メーカーが優位である．メーカーのサイトには，顕微鏡の原理，使い方，試料作製などの詳しい説明があることが多いので，利用するとよい．

リンク

- JEOL（走査電子顕微鏡A〜Z）　http://www.jeol.co.jp/words/semterms/sem-a_z.pdf
- 株式会社日立ハイテクノロジーズ（構造細胞生物学のための電子顕微鏡技術）
  http://www.hitachi-hightech.com/jp/products/science/tech/em/sem/technique/
- 九州大学超高圧電子顕微鏡室（電子顕微鏡の操作法）
  http://www.hvem.kyushu-u.ac.jp/dl/training/200cx_sousahou.pdf
- 著者ホームページ　http://microscopists.com

コラム9 昆虫の脳を見てみよう

ワモンゴキブリ（*Periplaneta americana*）：体長が22〜44 mmに達する大型のゴキブリであり，前胸背板に特徴のある白い輪紋をもつ．ワモンゴキブリはアフリカ原産ではあるが，人間活動の拡大と共に全世界に広く分布するようになった．大型の昆虫であるため解剖がしやすく，実験処理に強いことから，生理学実験に適した実験動物である．

「一寸の虫にも五分の魂」という諺がある．体長わずか一寸（約3 cm）の虫でさえ，その半分にあたる五分の魂が宿るという意味から，弱者を侮るなという意味の諺である．この諺は実に的を射ている．実際，昆虫は高度な学習能力や環境適応能力をもち，地球上で最も繁栄した，侮りがたき存在なのだ．また，魂の座を脳とするなら，実際にすべての昆虫は小さいながらも立派な脳をもっている．昆虫の神経系は多数の球状の神経節【①左，白矢印】が縦方向に2本の神経束で接続している「はしご型神経系」を示す．その中でも頭部前方に位置する巨大な神経節を脳神経節といい，「脳」と称する．昆虫の脳機能を明らかにするために，研究者は昆虫を解剖し脳に電極を刺したり，脳構造や神経細胞を染色したりする．最も盛んに研究されているショウジョウバエの脳の大きさが髪の毛の先端程度の大きさだと考えると，研究者の苦労が理解できるだろう．このような研究者は顕微鏡下で先端を鋭く手入れしたメスと鋏とピンセットを使って，脳の解剖を行う．脳の解剖を行うときは，まず昆虫の頭部を固定台にワックスや微針などで貼り付ける．鋭利なメスを用い頭部前面部のクチクラを除去すると気管や脂肪組織，腺組織が観察できるだろう．これらを生理食塩水下で丁寧に除去すると，脳が露出するはずである．しかし，昆虫の頭の形は多種多様であるため，初めて解剖する昆虫では脳がどこにあるかわからないだろう．そのような場合は，複眼と触角に注目する．どのような昆虫でも複眼と触角由来の感覚神経束は必ず脳へとつながっている．慎重にこれらを辿っていくと必ず脳を発見できる．脳を露出したら，その構造を見てみよう．ゴキブリなどの夜行性の昆虫は触角からの情報を処理する触角葉が【①右】，トンボなどの飛ぶ昆虫は視覚情報を処理する視葉が大きくなっているはずだ【②】．また，社会性の昆虫は頭部の大きさと比べて脳全体が大きく【③】，連合中枢であるキノコ体も発達している．このように，昆虫は生息環境に合わせて脳の構造も変化させる．昆虫が地球上で繁栄してきた一端が脳を観察することで理解できるだろう．

① ワモンゴキブリ
② シオカラトンボ
③ クロオオアリ

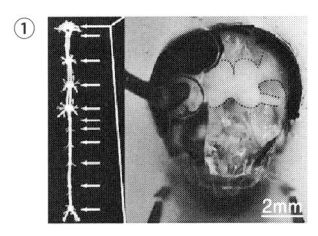

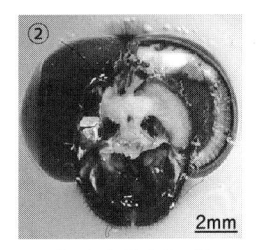

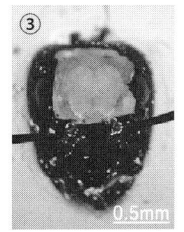

【リンク】

研究者が教える動物飼育 2巻 pp.43-47
Invertebrate Brain Platform 無脊椎動物脳ギャラリー
https://invbrain.neuroinf.jp/modules/newdb1/list.php?id=2&n=20&sort=1&sort_method=desc&item=0&ml_lang=ja

■渡邉英博：福岡大学理学部地球圏科学科，専門：神経行動学

付録

付録1　レポートの書き方とプレゼンの準備
―より良いレポート作成とプレゼンテーションのために―

　研究や実験が終了すると，実験者は論文やレポートを作成しなければならない．学会でのプレゼンテーションの準備に取り掛かる人もいる．なぜなら，得られたデータを公表し，社会に還元することは研究者のみならず実験者にとっても重要な作業であるからだ．レポートは，ある問いに対して論理的に答えを与える文章であり，十分な証拠と理性的な推論を行いながら自身の考えを主張しなければならない．プレゼンテーションは情報伝達手段の一種であり，聞き手に対して実験で得られた情報を提示し，理解・納得を得る行為であるといえる．ここでは，実験レポートの作成時の注意とプレゼンテーションの方法について述べる．なお，プレゼンテーションに関しては，山形大学出版会が発行している初年時教育用テキスト『なせば成る』（☞**リンク**）にわかりやすくまとめられている．参考にしていただきたい．

1）レポートの作成

1. レポートとは

　レポートとは「報告書」であり，感想文ではない．科学は自由な精神の発露ではあるが，趣味的な文章と区別されるべき条件がある．それは否定可能性（検証可能性や追試可能性を一般化した概念）である．この否定可能性を保障するためには，レポートの中で著者が何かを主張し，その根拠を示し，そして読者を説得する必要がある．レポート作成の目的は，①著者の意図（主張）を読者に正確に伝え，②読者に働きかけることだ．皆さん自身の個性を生かしたレポートとなるよう，自分で考え，自分の言葉で表現してほしい．

2. レポートの作成

　実験レポートは，実験過程にしたがって，その全体像がわかるように書くこと．これを効率的に進めるには次のような手順を踏むとよい．①実験全体についての整理，②書くべき内容の検討，③下書きと推敲，④清書，である．

3. 文章技術に関して

　レポートの多くは文章で構成されている．レポートの内容や構成が優れていることはもちろん，よい文章であることが要求される．事実を誤りなく伝えることに主眼をおき，筋の通った正確な文章を心がけよう．

　書き手の主張をよりはっきりさせる方法として，①可能な限り名詞を避け，やまと言葉の動詞を使う，②受動態や推量を避ける，③曖昧な語句（「かなり」，「ほぼ」，「だいたい」，「すごく」など）は使用しない，④伝えたい重要度順に文章を並べる，⑤1つの段落中で2つ以上の論点を持ち出さない，などを挙げることができる．また，文体の統一という観点から，⑥「～である」と「～です」を混合しない，⑦漢字・送り仮名・かな使いを統一する，⑧記号と術語を統一するなどの注意も必要である．主語は可能な限り省かないようにしよう．

4. レポートの形式

　レポートに最低限必要なことは，課題を明示し，その結論（主張や課題に対しての答え）を述べ，結

論に至る根拠を示すことである．さらに，結論の検討や他の可能な結論を捨てた理由などを明示すること，資料の追跡可能性を保証することも忘れてはならない．そのために，レポートには次のような項目が含まれる必要がある．①実験日と気象条件，②実験目的と原理・理論，③実験方法と使用した装置や器具，④実験の経過やデータとその計算による結果，⑤検討と考察，⑥参考文献は必須である．

4-1. 表紙には，タイトル（課題名），実験者の所属（学校や学年），氏名を記入する．共同実験者の氏名も明記しておこう．実験日や気象条件などを記入してもよい．

4-2. 序文には，この実験の意義，目的などを書く．また，行った実験がどのような原理や理論に基づいているかを，「現象」と「原理」の両面について記述する．原理や理論については，自分の言葉で書けるよう，実験に先立って学習し，それらの内容を自分なりにまとめておくとよい．

4-3. 実験方法の項目には，実験をどのような方法で，どの順番で進めたかを記載する．主な装置の構造や操作方法についてはその要点を記述しておく．ただし，書くべき内容は十分に検討すること．装置や器具の精度は実験結果の信頼度にも関与することなので，できるだけ詳細に述べよう．

4-4. 結果では，実験全体の様子がわかるよう，その経過を簡単に述べる（実験途中のトラブルやその解決法なども記載しておくとよい）．ノートに記載されたデータをそのまま書き写すのではなく，表やグラフを用いて，よく整理して記述する．結果や結論が，どのような実験条件のもとで得られたかを明確に示すべきである．

4-5. 考察では，得られた結果が妥当であるかどうかについて，必ず検討を行う．この過程は，実験そのものにあってはもちろん，レポートにおいても大切な過程である．検討と考察が行われない実験は意味のない無価値なものとなるので十分に留意する．

4-6. 参考文献の記載は資料の追跡可能性を保証する上で重要である．引用したテキストや参考書，論文の著者，タイトル，ページ，出版年などを記載する．

2) プレゼンテーションの準備

1. プレゼンテーションとは

プレゼンテーションという用語は，元来アメリカの広告業界で広く使用されていた．目に見えない「企画」を，わかりやすく説得力をもって伝えることが重要だった．そこで，効果的な論理構成や聴衆に興味をもたせるための工夫，魅力的な資料の提示など，様々なテクニックが発達した．発表者の人柄（Personality），発表内容（Program），伝え方（Presentation Skill）が，プレゼンテーションで必要とされる3Pであるといわれている．特に，①目的と条件を確認し（何のためにプレゼンテーションを行うのか），②聞き手を分析し（プロフィール分析とニーズ分析），③タイムマネジメントを強く意識する（与えられた時間を過不足なく使い切る）ことはプレゼンテーションを行う上で重要なポイントとなる（山形大学基盤教育院編『なせば成る』より引用）．

2. 話の組み立て

話しの始めは誰でも緊張するものである．安全で確実な出だしは「名乗り」からともいわれる．人の第一印象は最初の4分で決まるというのがアメリカの心理学者ズーニンの主張だ．「○○（所属）の△△△△（氏名）です．」と元気よく宣言してから始めよう．挨拶の後は，発表内容の趣旨と概要を説明し，本論を述べる．本論では，問題の提起，調査概要の説明，調査結果，考察の順で進めるとよい．頭の中を整理するために図解化することも有効である．最後に簡単なまとめを行い，お礼を言って終わろ

う．時間内に相手に情報を正確に伝え，しかもわかりやすい説明方法が要求される．

　説得力のあるプレゼンテーションを行うために論理性は欠かせない．主張，根拠，理由，裏付け，反証など論理構成に基づいて話すことを忘れないこと．また，100点満点のプレゼンテーションなどありえない．100人の人に聞かせて80人にわかってもらえれば十分である．リラックスしてプレゼンテーションにのぞもう．

3．聞き手本位の演出が大切

　効果的なプレゼンテーションを行うためには，独りよがりにならないことが大切である．素晴らしいスライドなどのツールを準備しても，聞き手に発表者の主張が伝わらなければ意味がない．演出には，①さりげない資料の提示，②主役は発表者，③スライドは1枚1分，④正確性の徹底，⑤臨機応変な対応を心がけよう．まずはスライドを見せて，次に聞き手を見て，そして話すといった流れを作るとよい．

　質疑応答は最後にまとめて受けよう．質問に対しては，ポジティブな態度で臨んでほしい．まずは質問者にお礼を言い，質問の内容確認をする．演台に立つと，質問内容を1回で把握できないことが多くある．質問内容を会場のみんなで共有するためにも質問内容の確認は必要である．回答は，質問者に対してではなく，会場全体に行うという心構えも大切．臆することなく，堂々とシンプルに回答しよう．最後に，「よろしいでしょうか？」と質問者に念押するのも効果的．答えがわからない場合は，後日回答することを約束すること．

4．スライドの作成

　プレゼンテーションには様々なツールが存在する．ここではPowerPoint®（ソフトウェア）を使ったスライドの作成方法を紹介する．なお，次のようなスライドの作成は避けるべきである．箇条書きを使わない（要約していない），オブジェクトやイラストを全く使わない（すべて文字だけ），大事な部分の強調がない，聞き手を意識できていない，読みにくいフォントや色を使う（文字が背景に溶け込んでいる）．

4-1．スライドはシンプルに作成する．文章の形で示すのではなく，要点を短文，キーワードで示そう【①】．聞き手は文章で掲示されたスライドを読もうとする．そのため，発表者の話が十分に伝わらない可能性が高い．スライドはシンプルにまとめた方が，聞き手にとっては親切である．

①スライドはシンプルにまとめよう

4-2. 口で言ってもわかりにくいことは，ビジュアルの力を借りよう【②】．聞き手の理解を促すには，フローチャート，レイアウト図，グラフなどをうまく利用する．

②ビジュアル化

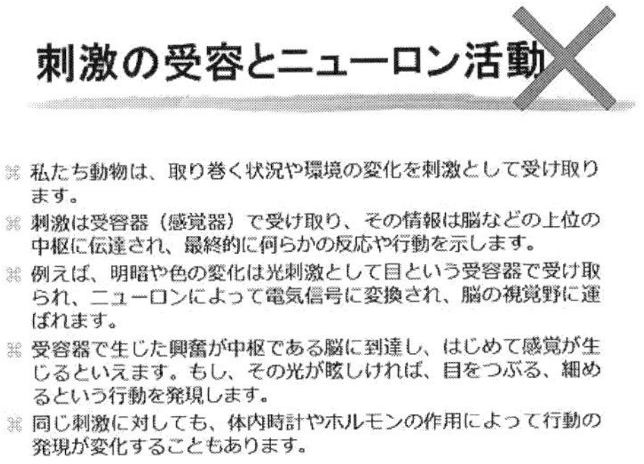

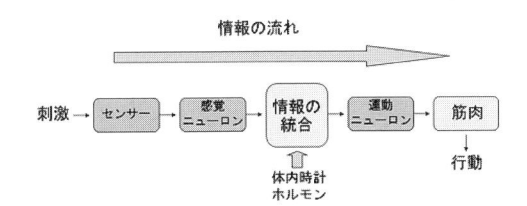

4-3. スライドには同系色を使用する．カラフルな配色やかわいいイラストを入れたくなる気持ちは理解できる．しかし，内容の理解に関係のないイラストやデザインは控えた方がよい【③】．要点が浮き立つような構成を考えてほしい．

③要点が浮き立つ構成

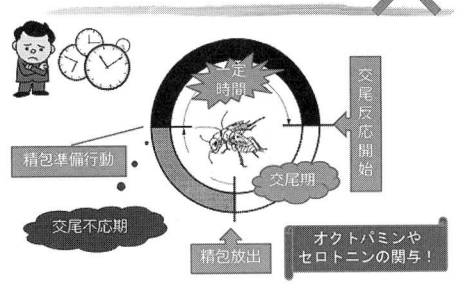

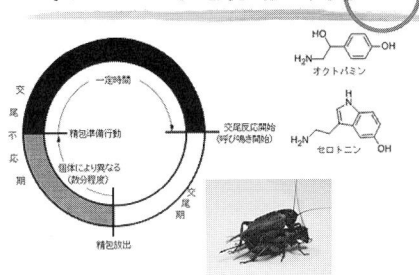

リンク

- 紺野忠（1992）レポートの書き方，廣川友雄・小倉崇編，『工科系の物理学実験』学術図書出版社，pp.32-40.
- 下澤楯夫（2000）レポートの書き方，比較生理生化学会誌・17巻2号 pp.57-58.
- 山形大学基盤教育院編（2013）『なせば成る』山形大学出版会，pp.24-39.

■松浦哲也：岩手大学工学部・准教授，
　専門：行動生理学と循環生理学

付録2 実験レポート作成チェックリスト

一般的な注意

- □ 実験レポートは，誰が読んでも迷わず理解できるように．
- □ 誰が読んでも書き手が新たに得た知見を正確に共有できるように．
- □ 実験ノートに記録した信頼のおける実験データに基づいて．
- □ わかりやすく正確に書く．

実験の前に

- □ 実験テーマの目的を事前に理解していたか．
- □ 共同研究者や実験グループのメンバーと役割分担その他について十分に話し合ったか．
- □ 実験材料について事前に調べ，飼育，実験中の扱い，実験終了後の処置を，倫理的な見地からも問題ないように決めたか．

レポート作成に際して

- □ 実験テーマは大きな字で記載する．
- □ 実験日，実験実施時間，周囲の環境条件（温度，湿度など）を記載する．
- □ 共同研究者や実験班メンバーの名前（と分担）を記載する．
- □ テーマに掲げた実験の目的を，わかりやすく記載する．
- □ 材料動物の学名（斜体文字）を記載する．
- □ 方法は経時的に，（箇条書きを多用して，）正確に記載する．
- □ 結果として得られた数値について，試行回数と統計学的有意性を記載する．
- □ 数値，有効数字，桁，単位は間違っていないか，特に転記の際は気を付ける．
- □ 比較表現を伴う記載については，比較対象を明確に記載する．
- □ 図・表の妥当性を確認する．
- □ 数値で表せない結果の記載は十分論理的か．
- □ 考察は，実験経過のあらすじや参考文献の論評に終始してはならない．
- □ 考察は，実験経過の妥当性や，結果から結論されること，残された問題を，参考文献を挙げて，受け売りでない自分の言葉で筋道立てて記載する．
- □ 実験データは共同研究者間で，あるいは実験班のなかで共有し，各自が実験レポートを作成するのが望ましい（提出期限があるときは厳守する）．

最後にもう一度

- □ すべての文章において，主語，述語，目的語は明瞭か．
- □ これ，それ，あれ，この，その，あの等の指示語の多用は避け，使用することによって文章が曖昧にならず簡潔になるときに用いているか．
- □ 根拠のない形容詞，副詞，擬音語，擬態語は使用されていないか．
- □ 目的は明瞭に，方法は丁寧に，結果は正確に，考察は科学的な知見に基づいた論理的思考をもとに書かれているか．
- □ 全体の文章構成は的確か熟考すること．

■ 尾崎まみこ：神戸大学大学院理学研究科・教授，専門：動物行動・感覚

付録3 参考資料

1 色で測る好き嫌い：どちらがおいしい？

（尾崎まみこ）

■**参考文献**

1) 渡辺隆夫（1995）『ショウジョウバエ物語』裳華房.
2) 谷村禎一（2001）季刊誌「生命誌」通巻32号, **9**（3）, p.11.
3) Isono, K. *et al.*（2000）*Curr. Biol.*, **11**（18）, pp.1451-1455
4) Isono, K. & Morita, H.（2010）*Front. Cell. Neurosci.*, **4**, p.20.

■**動物や器具・試薬の入手先（連絡先）**

・実験動物入手先：京都工芸繊維大学遺伝資源センターショウジョウバエ実験施設［TEL: 075-873-2660（代）］．申し込み手続き等は，http://kyotofly.kit.jp/cgi-bin/stocks/index.cgi からできる．全国のショウジョウバエ研究室で供与対応できるところがある．

・実験器具入手先：60穴マイクロプレートは Nunc 社の60穴ミニトレイ#163118 を使っている．1箱10個1900円．小筆は面相筆00番を画材店で購入して使っている．恒温槽は必須．なければ，湯煎の工夫をする．冷凍庫がないときは，保冷剤を入れたクーラーボックスで代用可．

■**動物，器具，試薬の補足説明**

　キイロショウジョウバエの系統：Canton-S（CS）一般的に実験室でよく使われる野生型系統．Oregon-R（OR）CS とともに一般的に実験室でよく使われる野生型系統とされているが，実は，トレハロース受容体遺伝子に異常がある自然突然変異系統で，リガンドが特定された味覚受容体遺伝子の世界初の発見に貢献した．発展課題として CS と OR の摂食閾値をトレハロースに対して調べ，比較してみるのもよい．これらの系統は，遺伝子組み換え実験許可がなくても授受，使用に問題はない．

■**高校生向けの簡便法の紹介（正確ではないが簡便な方法）**

　60穴マイクロプレートが入手困難なときには，青色，赤色溶液を染み込ませた小さい円形ろ紙（穴あけパンチで小さいディスクをたくさん作っておくといい）を円形シャーレに同心円状に交互に並べて代用できる．このときはアガロースを省略してテスト溶液を作り．一定の大きさのろ紙ディスクを，同じ調子で浸して軽く水切りするとでほぼ一定の量を含ませることができる．ディスクも必ずしも60枚並べる必要はなく簡略化できる．中央にろ紙ディスクを置かないスペースを残しておき，氷冷麻酔したショウジョウバエを小筆で導入し，蓋をして麻酔から覚めたのを確認してから，シャーレに箱をかぶせたりアルミホイルで覆うなどして暗保存する．この方法だと厄介なピペット操作もいらず，高校生も気楽に取り組める．

2 ヒトとハエとで甘党くらべ

（尾崎まみこ）

■**参考文献**

1) 伏木亨（2008）『味覚と嗜好のサイエンス』（京大人気講義シリーズ）丸善出版.

2) Dethier, V. G. (1976) "The Hungry Fly" Harbard University Press.
3) Nisimura, T. *et al.* (2005) *J. Neurosci.*, **25**, pp.7507-7516.

■動物や器具・試薬の入手先（連絡先）
・実験動物入手先：神戸大学大学院理学研究科生物学専攻尾崎研究室（TEL: 078-803-5718, E-mail: mamiko@port.kobe-u.ac.jp）
・ショ糖は試薬として購入するか，上白糖を用いてもよい．
・ハエの実験で用いるアルミ製の洗濯バサミは昨今手に入りにくいが，クラフト店インテリア雑貨店などで入手できる．

■動物，器具，試薬の補足説明
・ヒトの実験には使い捨てストローをそのつど切って用いた方が，スポイトを洗って使いまわすよりもよい．
・クロキンバエ飼育には，プラスチックの飼育ケースが適している．成虫の飼育には 0.1 M ショ糖と水道水を与える．産卵誘発に，また幼虫の餌として鶏のレバーを使用する．

■結果の表示・評価

片対数のグラフ用紙を用いて，甘味感覚閾値・行動閾値を示す個体数を刺激の強度の対数に対してプロットすると，ほぼ正規分布を示す．この積分曲線を求めると，刺激を感じたりそれによって引き起こされる行動を示したりする個体数を刺激の強度の対数に対してプロットしたシグモイド（S字）曲線と重なるはずである．実際に試してみよう．

3　ハエの毛は塩・水・糖の味センサー

（尾崎まみこ）

■参考文献
1) 酒井正樹（2013）『これでわかるニューロンの電気現象』共立出版．
2) Dethier, V.G.（1976）"The Hungry Fly", Harbard University Press.
3) Ozaki, M. *et al.*（2003）*Chem. Senses*, **28**, pp.349-359.

■動物や器具・試薬の入手先（連絡先）
・実験動物入手先：神戸大学大学院理学研究科生物学専攻尾崎研究室（TEL: 078-803-5718, E-mail: mamiko@port.kobe-u.ac.jp）
・NaCl とショ糖は試薬として購入するか，食卓塩や上白糖を用いてもよい．

■動物，器具，試薬の補足説明
クロキンバエ飼育には，プラスチックの飼育ケースが適している．成虫の飼育には 0.1 M ショ糖と水道水を与える．産卵誘発に，また幼虫の餌として鶏のレバーを使用する．

■結果の表示・評価
・塩受容細胞，水受容細胞，糖受容細胞が発する活動電位の高さ（振幅）は何 mV か計って平均値を出してみよう．
・片対数グラフを用いて，横軸に NaCl やショ糖の濃度を対数でとり，縦軸に単位時間あたりに発生した活動電位の数を表示するとシグモイド（S字）曲線となる．このことは，心理学的な実験から提案された刺激の強さと感覚の大きさに関する「ウェーバー・フェヒナーの法則」が感覚受容神経の刺激

検知メカニズムへ適用できることを示している.
- 連続的な同一刺激に対する活動電位記録をもとに，時間経過と活動電位の頻度の関係を調べてみよう．刺激開始からの時間経過に対して，各時点での活動電位頻度（＝隣同士の活動電位の間のインターバル時間の逆数）を表示していくと，最初は高くしだいに減少していくことがわかる．この味覚順応曲線から塩受容細胞と糖受容細胞でどちらが早く順応が起こるか確かめてみよう．
- 電気生理の実験は，特殊な装置を用いるので実際に行うのは難しいかもしれない．けれども，高校でも教科書などに活動電位の記録が載っていたら，上記3つの作業を通じて，刺激の種類と電位の高さ，刺激の強さと活動電位発生頻度，刺激の時間経過と活動電位発生頻度の関係から，感覚神経の働きについての理解を深めたい．

4 濃度当てアッセイ：「感じる」を測ろう

（岡田龍一）

■参考文献
1) Pankiw, T. *et al*. (1999) *J. Comp. Physiol. A*, **185**, pp.207-213.
2) Scheiner, R. *et al*. (2004) *Apidologie*, **35**, pp.133-142.
3) Gabriela, M. *et al*. (2008) *J. Comp. Physiol. A*, **194**, pp.861-869.

■動物や器具・試薬の入手先（連絡先）
- ミツバチ：インターネット等で養蜂業者を検索すればミツバチを販売している業者が容易に見つかる．年によって価格が変動し女王バチと約4000～6000匹の働きバチからなるコロニー1群で2～5万円程度である．
- 実験に使う粘土はBlu・Tack®という粘着ラバーが便利である．インターネットで入手可能である．

■動物，器具，試薬の補足説明
- ミツバチを飼育するときは所轄の担当課（香川県の場合は香川県農政水産部畜産課）に飼育届けが必要である．事前に担当課に相談するとよい．
- ミツバチの飼育の仕方は，インターネットで検索すれば多くのホームページで紹介されている．

■高校生向けの簡便法の紹介
　濃度を当てるのでなく，複数の未知溶液のうち濃度が最も高い方を当てる，または濃度の高い順に並び替えるなどにすれば「正答率」が上がるだろう．

5 アリとの共生を支える「旨味」効果

（北條　賢）

■参考文献
1) Wada, A. *et al*. (2001) *Chem. Senses*, **26**, pp.983-992.
2) Hojo, M.K. *et al*. (2008) *J. Comp. Physiol. A*, **194**, pp.1043-1052.

■動物や器具・試薬の入手先（連絡先）
- トレハロース，グリシン，青色色素：和光純薬工業株式会社（http://www.wako-chem.co.jp/）
- 60穴マイクロプレート（Nunc）

■高校生向けの簡便法の紹介

・吸光度を計測することができない場合は，■1 色で測る好き嫌い：どちらがおいしい？を参考に，腹部を解剖したときの色で嗜好性を判断してみよう．

6　体験型「味覚」講座

（西　孝子，村田芳博）

■参考文献
1) Li, F.F. *et al.*（2002），*PNAS*, **99**, pp.9596-9601.
2) 日本味と匂学会 編（2004）『味のなんでも小事典』（ブルーバックス）講談社．
3) 栗原堅三（1998）『味と香りの話』（岩波新書）岩波書店．

■動物や器具・試薬の入手先（連絡先）
・pH 試験紙はモノタロウ（http://www.monotaro.com/）などの科学用品の通販で入手可能（一箱 100 片入りで約￥2000）．
・糖度計は一般的な通販などで入手可能（約￥10000）．
・ノーズクリップ（￥500 程度：シンクロナイズドスイミング用）は一般的な通販の他，スポーツ専門店で入手可能．
・ミラクルフルーツは通販などで入手可能：冷凍した実（￥200／粒），ミラクリンを濃縮したタブレット（￥150／粒），実の付いた苗木（￥9000／本）．
・ギムネマの茶葉も通販などで入手可能［￥800／袋（150 g 入）］．

7　虫の鼻はどこ？　電気で測る触角の働き

（藍　浩之）

■参考文献
1) Butenandt, V.A. *et al.*（1959）*Z. Naturforsch*, **14b**, pp.283-284.
2) Schneider, D.（1969）*Science*, **163**, pp.1031-1037.
3) Kramer, E.（1975）"Olfaction and taste V"（Denton, D.A. & Coghlan, J.P. eds.）Academic Press, pp.329-335.
4) Kaissling, K.-E. *et al.*（1978）*Naturwissenschaften*, **65**, pp.382-384.
5) Washio, H. *et al.*（1975）日本応用動物昆虫学会誌, **19**, pp.218-220.

■動物や器具・試薬の入手先（連絡先）
　電気生理用データ記録（日本光電，バイオリサーチセンター），電気回路部品・電磁弁（新興精機），試薬（正晃）．

■動物，器具，試薬の補足説明
　DC 増幅器（日本光電 MEZ8300-1），データ収録装置（PowerLab, AD Instruments ML826），流量計（コフロック RK1600R），電磁弁（アドバンス AV-4345-11），タイマー（ソリッドステートタイマー，オムロン H3CA-A），電源（AC-DC コンバータスイッチング電源，コーセル R15A-12）．本書のカイコの画像の一部は，「ナショナルバイオリソースプロジェクト」（http://www.nbrp.jp/）のご好意により提供していただいた．

■高校生向けの簡便法の紹介

電気生理装置を用いた EAG の記録は，高校では実施困難である．一方，本項目で紹介したフェロモン腺の観察，フェロモンの粗抽出は高校でも実施できる．フェロモンの粗抽出ができれば，雄カイコガがフェロモンに対して示す行動とその濃度依存性を調べることができる．

8　鼻はにおいで電気的な興奮をする

（中村　整）

■参考文献

1) Brunet, L.J. *et al.* (1996) *Neuron*, **17**, pp.681-693.
2) Chen, X., *et al.* (2012) *J. Neurosci.*, **32**, pp.15769-15778.

■動物や器具・試薬の入手先（連絡先）

大内一夫生物教材（イモリや各種カエルの捕獲販売：TEL & FAX: 048-955-8237, ただし電話は AM 9 時～PM 2 時の間）

■動物，器具，試薬の補足説明

本項ではアカハライモリを用いたが，カエルやマウス等を用いることも可能である．イモリのサイズが小さすぎると感じたらウシガエル（☞動物飼育 3 巻 pp.117-121）を試すのがよい．またマウス等の温血動物でもほとんど同じ手法で記録が可能である．

■高校生向けの簡便法の紹介

短いパルス状のにおい刺激を作り出すのはハードルが高いかもしれない．そのような場合には電磁バルブとエアポンプに代えて，50 mL 程度の使い捨ての注射筒をつなげ，手で注射筒を操作して空気を押し出す．注射筒の先に三方活栓をつけて毎回新鮮な空気を，容量を測って注射筒に吸い込むことにして，少し練習すれば，ある程度においの強さが制御された刺激をすることができる．

9　嗅細胞の情報変換機構に迫る

（中村　整）

■参考文献

1) Lowe, G. *et al.* (1995) "Experimental Cell Biology of Taste and Olfaction" (Spielman, A.I. & Brand, J.G. eds.) CRC Press, pp.353-360.
2) 岡田泰伸 編 (2011)『最新パッチクランプ実験技術法』吉岡書店.
3) Sakmann, B. & Neher E. (1995) "Single-Channel Recording" (2nd ed.) Springer.

■動物や器具・試薬の入手先（連絡先）

マニピュレーター：国内ではナリシゲが機械式や油圧式など各種を作製販売している．顕微鏡下で数 μm の位置決めができ手元操作の振動が電極先端に現れないものが必要．ただし，振動しても細胞の振動とシンクロする限り問題はない．

■動物，器具，試薬の補足説明

パッチクランプ実験用のコンピュータープログラム：アンプのメーカーが AD/DA 変換器と一緒に販売しており，便利であるが，高価である．汎用の AD/DA 変換ボードを用いて，プログラムを組むことは可能である．例えば安価な Interface 社 PCI-3523A はベーシック言語で十分実用的なプログラムを組

むことが可能である．

10　においに慣れたらどうなるの？

（太田　茜，園田　悟，久原　篤）

■参考文献
1) Sengupta, P. *et al.* (1996) *Cell*, **84**, pp.899-909.

【入門書】
2) 小原雄治 編（1997）『線虫—1000細胞のシンフォニー』（ネオ生物学シリーズ5）共立出版．

【総説集】
3) 飯野雄一，石井直明 編（2003）『線虫　究極のモデル生物』シュプリンガー・フェアラーク東京．

【プロトコール集】
4) 三谷昌平 編（2003）『線虫ラボマニュアル』シュプリンガー・フェアラーク東京．

■動物や器具・試薬の入手先（連絡先）
・線虫系統はミネソタ大学のCaenorhabditis Genetic Center（http://www.cbs.umn.edu/CGC/）から譲渡される．
・野生株系統に関しては久原篤研究室（http://kuharan.com/）からも譲渡可能．
・試薬や器具は和光純薬等や理化学機器代理店から容易に購入可能．

■動物，器具，試薬の補足説明
　センチュウの卵から成虫までの成長速度（ライフサイクル）は，15℃で約7日，20℃で3.5日，25℃で2.5日である．25℃飼育では産卵数が減るなどやや生育に悪影響が見られるため注意．

■高校生向けの簡便法の紹介
　本項で紹介している実験法は，溶液等も最小限の簡便な組成で作成されているため，簡便法を紹介している．

11　暗黒で有毒な深海の火山で動物は何を感じる？

（滋野修一）

■参考文献
・藤倉克則，奥谷喬司，丸山正 編著（2012）『潜水調査船が観た深海生物—深海生物研究の現在（第2版）』東海大学出版会．
・藤原義弘（2010）『深海のとっても変わった生きもの』幻冬舎．
・深海と地球の事典編集委員会 編著（2014）『深海と地球の事典』丸善出版．

12　においの感覚：しっかり嗅げてる？

（奥谷文乃）

■参考文献
1) Hawks, C.H. & Doty, R.L. (2009) "The Neurology of Olfaction" Cambridge University Press.
2) 小林俊光 編（2000）『No.2 機能検査（CLIENT21—21世紀 耳鼻咽喉科領域の臨床）』中山書店．
3) JOHNS編集委員会 編（2007）特集 ニオイのフォーラム『JOHNS第23巻，5号』東京医学社．

■動物や器具・試薬の入手先（連絡先）
- 第一薬品産業株式会社（http://www.j-ichiyaku.com/）
- 和光純薬工業株式会社（https://www.siyaku.com/uh/Twn.do）

■動物，器具，試薬の補足説明
- においが室内に籠もらないように換気装置を用いること．
- 使用後のにおい紙・カードなどは密閉型の容器に排気すること．
- においの認知に関しては経験・記憶の影響を受けるため，検者の熟練が不可欠である．

■高校生向けの簡便法の紹介
　嗅覚機能を正確に評価しようとすれば，紹介したキットを使う必要があるが，簡易的ににおいを嗅いで嗅覚機能を知ることは可能である．その際，石鹸・香水などにおいを放つものを用いればいいが，嗅覚は順応が早いことから，暴露時間を短くすること（1分以内）と三叉神経刺激を伴うような物質（鼻の中にツンと来るような刺激臭・塩素のにおいなど）は避けることが重要である．

13　音への応答行動を測る：求愛歌は効果あり？

（石元広志，上川内あづさ）

■参考文献
1）Yoon, J., *et al.* (2013) *PLoS ONE*, **8**, e74289.

■動物や器具・試薬の入手先（連絡先）
　ショウジョウバエ飼育瓶：株式会社チヨダサイエンス（http://www.chiyoda-s.jp）などから，ショウジョウバエ飼育用ディスポバイアルとして入手可能．

■動物，器具，試薬の補足説明
- ショウジョウバエ：本実験で使用するショウジョウバエは，キイロショウジョウバエ（*Drosophila melanogaster*）という種類である．京都工芸繊維大学に設置されたショウジョウバエ系統のストックセンター（Drosophila Genetic Resource Center）から，野生型のキイロショウジョウバエが入手できる（http://www.dgrc.kit.ac.jp/japanese/）．ストック番号105666のCanton-Sという系統が，世界標準のキイロショウジョウバエ野生型としてよく使われる．
- アルミ板，アクリル板：希望サイズに加工して販売してもらうことができる．インターネットで業者を捜すとよい．
- 吸虫管：ショウジョウバエは小さいので，手でつかむことができない．そこで，ハエを傷つけずに扱う道具として，手作りの吸虫管を使う．シリコンチューブの先のタバコ用フィルターを介してプラスチックチップを接続する．プラスチックチップをハエにかざし，シリコンチューブの端から息を吸い込むと，ハエがチップの中に吸い込まれる．息を吐くと，ハエが外に吸い出される．このようにして，手を使わずにハエを移動させることができる．

■高校生向けの簡便法の紹介
　アクリル製の行動観察容器を作る部分が難しい場合は，割り箸などで4辺を囲った枠を作って底部にナイロンメッシュを貼り付け，上部の蓋には透明な下敷きをカットしたものを用いれば1区画だけの容器ができる．蓋をずらして隙間からショウジョウバエを導入し，前面を上向きに置いたスピーカー保護ネット（パンチングメタル）の上に置けば底部から音刺激，上部からビデオ撮影ができる．

14　重力への応答行動を測る：ショウジョウバエは上に逃げる？

（松尾恵倫子，上川内あづさ）

■参考文献
1) Inagaki, H.K. *et al.* (2010) *Nat. Protocols*, **5**, pp.20-25.
2) Kamikouchi, A. *et al.* (2009) *Nature*, **458**, pp.165-171.
3) 上川内あづさほか（2009）蛋白質核酸酵素，**54**，pp.1817-1826.

■動物や器具・試薬の入手先（連絡先）
　ショウジョウバエ：本実験で使用するショウジョウバエは，キイロショウジョウバエ（*Drosophila melanogaster*）という種類である．京都工芸繊維大学に設置されたショウジョウバエ系統のストックセンター（Drosophila Genetic Resource Center）から，野生型のキイロショウジョウバエが入手できる（http://www.dgrc.kit.ac.jp/japanese/）．ストック番号 105666 の Canton-S という系統が世界標準のキイロショウジョウバエ野生型である．

■動物，器具，試薬の補足説明
- 吸虫管：ショウジョウバエは小さいので，手でつかむことができない．そこで，ハエを傷つけずに扱う道具として，手作りの吸虫管を使う．シリコンチューブの先のタバコ用フィルターを介してプラスチックチップを接続する．プラスチックチップをハエにかざし，シリコンチューブの端から息を吸い込むと，ハエがチップの中に吸い込まれる．息を吐くと，ハエが外に吸い出される．このようにして，手を使わずにハエを移動させることができる．
- 留め具：2種類の大きさに切ったビニールテープ（大：5 mm×30 mm，小：5 mm×10 mm）を2組用意する．小が大の真ん中にくるように，2枚の粘着面同士を貼り合わせる．行動実験装置を作製する際はプラスチック容器側面に留め具を少したわませて貼ることで，中板がスムーズにスライドできるように調節する．

15　ラブソングの作り方

（熊代樹彦）

■参考文献
1) 松浦一郎（1990）『虫はなぜ鳴く』文一総合出版．
2) 上宮健吉（1995）昆虫と自然，**30**，pp.4-9.
3) 酒井正樹（1995）昆虫と自然，**30**，pp.10-16.
4) Y. ルロア 著，稲垣新，番場州一 訳（1983）『動物の音声の世界』共立出版．

■動物や器具・試薬の入手先（連絡先）
　フタホシコオロギ：比較的大きいペットショップ，または通信販売では「月夜野ファーム」（http://tsukiyonofarm.jp/）や「みとコオロギ」（http://www2u.biglobe.ne.jp/~m-korogi/）などの業者のホームページから．

■動物，器具，試薬の補足説明
　フタホシコオロギは温度（約27 ℃）と明暗条件（12時間ごと）を整えれば，比較的簡単に累代飼育が可能．

■高校生向けの簡便法の紹介

　気温が25℃前後でも求愛行動は可能．雄を生殖隔離しなかった場合，混合飼育下で盛んに求愛している雄を選ぶ．どうしても生体のフタホシコオロギが入手できない場合などには，入手可能な他のコオロギを用いるか，市販のCDなどからコオロギの歌をパソコンに入力して求愛歌の解析のみ行う．

17　コンピューターを使って耳の機能を理解する

(小池卓二)

■参考文献

1) Koike, T. *et al.* (2012) *Hearing Research*, **283**, pp.117-125.
2) Zwislocki, J. (1962) *J. Acoust. Soc. Am.*, **34**, pp.1514-1523.
3) 小池卓二ほか (1997) 日本機械学会論文集 (C編), **63**, pp.654-660.
4) 野村恭也ほか (2012)『耳科学アトラス—形態と計測値 (第3版)』丸善出版.

■装置，ソフトウエアの入手先 (連絡先)

・耳音響放射計測用プローブ：Etymotic Research ER-10C (http://www.etymotic.com/auditory-research/microphones/er-10c.html)
・有限要素法ソフトウェア：東京大学 ADVENTURE (http://adventure.sys.t.u-tokyo.ac.jp/jp/)
・回路シミュレータ：Linear Technology LTSpice (http://www.linear-tech.co.jp/designtools/software/)

■装置の補足説明

　歪成分耳音響放射計測用プローブは自作も可能であるが，ひずみの少ない素子を用いる必要がある．

■高校生向けの簡便法の紹介

　有限要素法は，ソフトウェアの価格やデータの準備などを考えると，個人で行うには敷居が高い．本文にも記載した通り，振動系の各部を質量，減衰バネ定数の各成分に切り分けて，電気回路に変換してシミュレーションする方法が比較的簡便に行える．

18　空気流を感じる巧妙なセンサー

(松浦哲也)

■参考文献

・日本動物学会 編 (1991)『現代動物学の課題8 行動』学会出版センター, pp.107-150.
・山口恒夫 (2008)『昆虫はスーパー脳』(知りたい！サイエンス) 技術評論社, pp.185-216.

■動物の入手先

・ペットショップで入手可能.
・コオロギを研究対象としている研究者に依頼する.

■動物，器具，試薬の補足説明

・実体顕微鏡は5万円程度の安価なものでよい (LED照明下では神経束が多少見にくくなる).
・解剖用コルク板は100円ショップなどで入手できる.

■高校生向けの簡便法の紹介

・記録の要は神経束にタングステン電極を引っ掛けることである．割り箸の先端にタングステン電極を固定するなど工夫するとよい．

・アンプは2000円ほどで自作が可能である（☞**コラム4 手作りアンプで測るニューロン応答**）．アンプ用の電源も容易に作成できる．実験者オリジナルの計測装置の作成も面白い．

19　ニューロンが発生する電気を測ってみよう

（岡田二郎）

■参考文献

1) B. オークレー，R. シェーファー 著，小原昭作ほか 監訳（1986）『実験神経生物学』東海大学出版会．

■動物や器具・試薬の入手先（連絡先）

・ゴキブリは一般家庭などでも捕獲できるが，大規模なコロニーを保有している研究機関（大学や研究所など）に相談して分けてもらう方がよい．教育のためとあれば，ほとんどの研究者は快く協力してくれるはずである．
・微針（虫ピン）：志賀昆虫普及社（http://www.shigakon.com）
・生体アンプ：日本光電（http://www.nihonkohden.co.jp）
・アナログオシロスコープ：株式会社エー・アンド・デイ（http://www.aandd.co.jp）
・アナログ入力インターフェース：株式会社コンテック（http://www.contec.co.jp）
・電気工作部品等：アールエスコンポーネンツ株式会社（http://jp.rs-online.com）

■動物，器具，試薬の補足説明

材料はワモンゴキブリである必要はない．日本で全国的に見られる大型のクロゴキブリの他，エンマコオロギやトノサマバッタ（☞**動物飼育2巻 pp.54-58**）などでも同様の実験がおそらく可能である．

■高校生向けの簡便法の紹介

本項で紹介した方法は，電気生理学実験としては最も簡単で，機材さえ揃えば高校生でも十分実施可能である．

20　ダンゴムシは湿った所が好き？

（原田哲夫）

■参考文献

1) 原田哲夫（1996）高知大学教育学部研究報告，**51**，pp.1-7.
2) Gunn, D.L. & Kennedy, J.S.（1936）*J. Exp. Zoo.* **13**, pp.450-459.

21　ヒトの触覚の実験

（田中浩輔）

■参考文献

1) F. デルコミン 著，小倉明彦，冨永恵子 訳（2000）『ニューロンの生物学』南江堂．
2) Kandel, E.R. *et al.*（2012）"Principles of Neural Science（5th ed.）" McGraw-Hill.

22　明るいのと暗いのとどっちが好き？

(保　智己)

■参考文献
1) 日本動物学会関東支部 編（2001）『生き物はどのように世界を見ているのか』学会出版センター．
2) 江口英輔，蟻川謙太郎 編（2010）『いろいろな感覚の世界』学会出版センター．

■動物や器具・試薬の入手先（連絡先）
　光量子センサー：本体 LI-250 ライトメーター，センサー部 Li-190A（メイワフォーシス株式会社，http://www.meiwafosis.com/）

■動物，器具，試薬の補足説明
・LED 入手と基本知識：オーディオ Q ホームページ（http://www.audio-q.com/）．LED 照射装置は波長特性がわかっていれば既製品を用いてもよい（こちらの方が楽）．
・観察用容器：アクリル板で作製（薄い板を用いれば作製は容易である）．

■高校生向けの簡便法の紹介
　光量子測定（エネルギー測定も含めて）ができない場合は走光性の正負判定を行い，複眼の関与について詳細に行うとよい．また，動物種を変えて，どのような動物が正の走光性を示し，どのような動物が負の走光性を示すかを調べても面白いと思う．それぞれの動物で眼が走光性にどの程度かかわっているのかなどを調べてもよい．

23　明るいのと暗いのとどっちが好き？

(岡野俊行，岡野恵子)

■参考文献
1) Takebe, A. *et al.*（2012）*Sci. Rep.*, **2**, 727．

■動物や器具・試薬の入手先（連絡先）
・動物：浜松生物教材株式会社（http://www.h-seibutsu.co.jp）など
・アクリル水槽：はざい屋（http://www.hazaiya.co.jp）
・電子パーツ：秋月電子通商（http://akizukidenshi.com），千石電商（https://www.sengoku.co.jp）

■動物，器具，試薬の補足説明
　オタマジャクシは水槽の内壁に沿って移動する．そのため，内壁部分の構造によって行動の仕方が変化する．写真の水槽では，壁の内側に突起を付けることでオタマジャクシの行動範囲を制限している．水槽のサイズや構造によって結果が大きく変わることがあるので，動物種や個体サイズ，あるいは実験のプロトコルに応じて試行錯誤が必要である．

■高校生向けの簡便法の紹介
　装置製作が難しい場合は，LED に適当な抵抗と電源をつなぎ，ストップウォッチを見ながら，スイッチをオンオフしてもよい．LED1 および LED2 のみを使用する実験では，RA0, RA1 からリレーに至る回路は省略してもよい．暗室がなければ，部屋を暗くして夜間に実験を行う．行動の記録は，LED 点灯時の動物の位置が録画・再生できるものであれば，ビデオカメラ，デジカメ，スマートフォンなどを用いても構わない．

24　昆虫は季節をどうやって知るの？

（志賀向子）

■参考文献
1) Shiga, S. & Numata, H. (1997) *J. Comp. Physiol. A*, **181**, pp.35-40.

■動物や器具・試薬の入手先（連絡先）
- 銀ペースト（Aremco-Bond™ 556）：株式会社ニラコ（http://nilaco.jp/jp/）
- 水性シリコンアクリルペイント：株式会社アサヒペン（http://www.asahipen.jp/）
- ルリキンバエの入手方法：http://www.sci.osaka-cu.ac.jp/biol/aphys/teikyou.html

■動物，器具，試薬の補足説明
- 解剖皿は適当な大きさのシャーレやバットに蝋を流して作製するとよい．
- ピンセットは特に先が鋭利なものは必要ない．

25　体内時計の存在を行動から観察してみよう

（志賀向子）

■参考文献
1) 富岡憲治ほか（2003）『時間生物学の基礎』裳華房．
2) Hamasaka, Y. *et al.* (2001) *J. Insect Physiol.* **47**, pp.867-875.

■動物や器具・試薬の入手先（連絡先）
- コンパウンド Q（Apiezon）：株式会社ニラコ（http://nilaco.jp/jp/）
- 64点デジタル入力ボード PCI-2130C：株式会社インターフェース（http://www.interface.co.jp/）
- ルリキンバエの入手方法：http://www.sci.osaka-cu.ac.jp/biol/aphys/teikyou.html

■動物，器具，試薬の補足説明
- 手術の際は，非常によく切れる両刃カミソリを使い捨てで使う．これは大変鋭利であるため，手などを切らないように十分注意する必要がある．
- 低融点ワックスは歯科医が使っているものを利用するとよい．

26　生物時計が季節を知らせる

（後藤慎介）

■参考文献
1) 後藤慎介（2010）『昆虫の低温耐性』（積木久明ほか 編）岡山大学出版会，pp.272-273．
2) 後藤慎介（2009）『分子昆虫学』（神村学ほか 編）共立出版，pp.350-360．
3) 富岡憲治ほか（2003）『時間生物学の基礎』裳華房．
4) 沼田英治（2000）『生きものは昼夜をよむ』（岩波ジュニア新書352）岩波書店．

■動物や器具・試薬の入手先（連絡先）
　ナミニクバエは，腐肉トラップで採集することができる．また大阪市立大学情報生物学研究室で累代飼育を行っているので，必要な方は筆者（shingoto@sci.osaka-cu.ac.jp）まで連絡いただきたい．

■動物，器具，試薬の補足説明

ニクバエの飼育は独特な悪臭の発生をともなう．

■高校生向けの簡便法の紹介

多くの昆虫の発育，翅型，休眠に光周性が見られるので，ニクバエに限らず，身の回りにいる様々な昆虫で実験をしてみるとよい．

27　蛹になるときを決める体内の時計

（西村知良）

■参考文献

1) Blake, G. M. (1959) *Nature*, **183**, pp.126–127
2) Miyazaki, Y. *et al.* (2005) *J. Comp. Physiol. A*, **191**, pp.883–887.

■動物や器具・試薬の入手先

- 冷凍機付きインキュベーター（照明装置付き恒温器）MIR-154-PJ：パナソニック株式会社（http://panasonic.jp/）
- クールインキュベーター（照明装置なし恒温器）CN-40A：三菱電機エンジニアリング株式会社（http://www.mee.co.jp/）
- コンセントタイマー，24時間繰返タイマー H3301WP：パナソニック株式会社（http://panasonic.jp/）
- 亜硝酸ナトリウム（100 g）：和光純薬工業株式会社（www.wako-chem.co.jp/）

■動物，器具，試薬の補足説明

- 照明装置のない恒温器の場合は24時間繰返タイマーなどを用いて恒温器内に光周条件を作り出す必要がある．
- 湿度を一定に保つための亜硝酸ナトリウムは劇物であるため，その飽和水溶液を扱う時は注意する必要がある．比較的安全な他の湿度一定溶液を試すことも勧める．

28　網膜の光応答を可視化する

（尾崎浩一）

■参考文献

1) Vilinsky, I. & Johnson, K.G. (2012) *J. Undergrad. Neurosci. Educ.*, **11**, pp.A149–A157.
2) Dolph, P. *et al.* (2011) *Cold Spring Harb. Protoc.*, doi:10.1101/pdb. prot5549.

■動物や器具・試薬の入手先（連絡先）

- ショウジョウバエの野生型や各種変異体は，「ショウジョウバエ遺伝資源センター」（http://www.dgrc.kit.ac.jp/japanese/）から入手できる．
- 電極作成器やマイクロマニピュレーター等は，「ナリシゲ」（http://www.narishige.co.jp/）で購入できる．微小電極用増幅器等は「日本光電」（http://www.nihonkohden.co.jp/）など医療機器業者から販売されている．

■動物，器具，試薬の補足説明

- ショウジョウバエ培地の作成法：約800 mLの蒸留水を1 Lのビーカーに入れ沸騰させる．32 gのショ糖と5 gの寒天末を加え，よく溶かす．さらに50 gのドライイーストと50 gのイエローコーン

ミール，および蒸留水を加え，全量を 1 L とした後，16 mL の 20% p-ヒドロキシ安息香酸メチル（エタノール溶液）を加える．その後，よく撹拌しながら 5 分間ほど煮沸し，バイアルに分注する．
- 蜜蝋を溶かして標本を固定する器具（融着ゴテ）は，次のようにして自作する．ニクロム線（φ250 µm 程度，模型店等で購入可）を約 3 cm に切り，中央で V 字形に折る．両端にリード線を半田付けし，短絡しないように接続部をビニールテープ等で巻いて，ボールペンのホルダーなどに通す．V 字形の先端 5〜10 mm をホルダーから出し，固定する．リード線は可変型の変圧器等につないで，ニクロム線が適当な温度になるよう調整する．
- 蜜蝋の粘度が高すぎる場合は，ミリスチルアルコールを適量混合するとよい．

■高校生向けの簡便法の紹介

ERG を測定するためには，マイクロマニピュレーターや増幅器など，一通りの機器が必要となる．光応答の有無を知るのなら，個体レベルでの走光性や学習の実験を用いた方が簡単かもしれない．ただし，その場合，網膜の光反応以外の要素も関係することに注意する必要がある．

29 チョウ類視細胞の光応答

（木下充代）

■参考文献
1) Arikawa, K.（2003），*J. Comp. Physiol. A.*, **189**, pp.791-800.

■動物や器具・試薬の入手先（連絡先）
- 微小電極用増幅器・オシロスコープ：日本光電（http://www.nihonkohden.co.jp/）
- 光刺激装置：株式会社三双製作所（http://www7b.biglobe.ne.jp/~sanso-jp/index.html）
- 電極作成装置：Sutter 社（http://www.sutter.com/），株式会社成茂科学器械研究所（http://www.narishige.co.jp）
- 固定装置・マグネットスタンド・3 次元マニピュレーター：株式会社成茂科学器械研究所
- 実体顕微鏡：オリンパス株式会社（http://www.olympus.co.jp/）

■動物，器具，試薬の補足説明
- 一般的に若い個体を用いる方が，良い記録を得られる傾向にある．
- 動物や対象にする神経細胞の種類によって，最も適したガラス微小電極の形状や抵抗値は異なるので，実際に記録を取りながらよりよい電極を作成する．

■高校生向けの簡便法の紹介

細胞内記録には，一定の用具が必要不可欠で簡便法はない．

30 光で生物実験をする前に

（蟻川謙太郎）

■参考文献
1) Johnsen, S.（2012）"The Optics of Life – A Biologist's Guide to Light in Nature" Princeton University Press.
2) 蟻川謙太郎（2014）日本応用動物昆虫学会誌, **58**, pp.5-11.

■動物や器具・試薬の入手先（連絡先）
・スペクトルメーター：浜松ホトニクス株式会社（http://www.hamamatsu.com/），Ocean Optics 社（http://www.oceanoptics.jp/），朝日分光株式会社（http://www.asahi-spectra.co.jp/）
・ラジオメーター：Newport 社（http://www.newport-japan.jp/），株式会社三双製作所（http://www7b.biglobe.ne.jp/~sanso-jp/）
・光学ベンチ：QIOPTIQ 社（旧 Linos 社）（http://www.optoscience.com/）
・標準反射板：labsphere 社（http://www.labsphere.jp/）

■高校生向けの簡便法の紹介
　紹介した方法よりも簡便な方法はない．野外や実験室の明るさを照度計で測った lux の単位で表現することはあるが，これは非常に限られた条件でのみ意味がある．単色光の強度はあくまでも光子数（あるいはエネルギー）で測定しなければならない．

31　ロドプシン遺伝子の発現を GFP で見る

（小島大輔，深田吉孝）

■参考文献
1) Asaoka, Y. *et al.*（2002）*PNAS*, **99**, pp.15456-15461.（*rho:gfp* プラスミド）
2) Higashijima, S. *et al.*（1997）*Dev. Biol.*, **192**, pp.289-299.（α-*actin:gfp* プラスミド）

■動物や器具・試薬の入手先（連絡先）
・ゼブラフィッシュ：ナショナルバイオリソースプロジェクト ゼブラフィッシュ（http://www.shigen.nig.ac.jp/zebra/index.html）
・プラスミド DNA（*rho:gfp*）：東京大学大学院理学系研究科生物化学専攻・深田研究室（http://www.biochem.s.u-tokyo.ac.jp/fukada-lab/index-j.html）

■動物，器具，試薬の補足説明
・インジェクション装置は，マニピュレーター（ナリシゲ M-152 など）にガラス針ホルダー（ナリシゲ IM-H1 など）を装着したものを，実体顕微鏡下で使用する．筆者はこれにインジェクター（Eppendorf フェムトジェット）をつないで空気圧で DNA をインジェクションしているが，シリンジをつないで手押しで空気圧を送ってもよい．実体顕微鏡は透過光観察できるものの方が，胚が見やすい．
・蛍光観察装置が付属する顕微鏡は高価なので，青色 LED と蛍光フィルターを使った簡便な蛍光観察セット（リライオン社やオプトコード社などで販売されている）を実体顕微鏡に装着してもよい．

32　形の変化が視覚の引金：分子を形で分ける

（尾崎浩一）

■参考文献
1) 尾崎浩一（2008）蛋白質核酸酵素，**53**，pp.132-138.
2) Seki, T. *et al.*（1987）*Exp. Biol.*, **47**, pp.95-103.

■動物や器具・試薬の入手先（連絡先）
・3-ヒドロキシレチノイドは市販されてはいないので，試薬として入手することは困難である．通常の全トランスレチナールおよびレチノールは，和光純薬工業株式会社（http://www.wako-chem.co.jp/

siyaku/）から入手できる．
- ショウジョウバエの野生型や各種変異体は，「ショウジョウバエ遺伝資源センター」（http://www.dgrc.kit.ac.jp/japanese/）から入手できる．

■動物，器具，試薬の補足説明

　ショウジョウバエ培地の作成法：約 800 mL の蒸留水を 1 L のビーカーに入れ沸騰させる．32 g のショ糖と 5 g の寒天末を加え，よく溶かす．さらに 50 g のドライイーストと 50 g のイエローコーンミール，および蒸留水を加え，全量を 1 L とした後，16 mL の 20% p-ヒドロキシ安息香酸メチル（エタノール溶液）を加える．その後，よく撹拌しながら 5 分間ほど煮沸し，バイアルに分注する．

■高校生向けの簡便法の紹介

　分離能や定量性は劣るが，HPLC に代わって薄層クロマトグラフィーを用いて分析することも可能である．HPLC カラムと同様，シリカゲルプレートを用いて順相で分析すればよい．この場合も，試料調製やクロマトは赤色光下で行い，ドラフトチャンバーの使用等換気に注意すること．

33　顕微鏡の使い方と試料作製法

（岩崎雅行）

■参考文献

1) 田中克己（1953）『顕微鏡の使い方』（裳華房）．
2) 伊東丈夫（1998）『光学顕微鏡写真撮影法』（学際企画）．
3) 野島博（1997）『顕微鏡の使い方ノート』（羊土社）．
4) 田中克己，浜清（1954）『顕微鏡標本の作り方』（裳華房）．
5) 佐野豊（1981）『組織学研究法』（南山堂）．
6) 水口國雄（2011）『Medical Technology』別冊最新染色法のすべて（医歯薬出版）．
7) 田中敬一 編（1992）『医学・生物学領域の走査電子顕微鏡技術』（講談社）．
8) 田中敬一，永谷隆 編（1980）『図説走査電子顕微鏡－生物試料作製法－』（朝倉書店）．
9) 日本顕微鏡学会 編（2004）『電顕入門ガイドブック』（学会出版センター）．
10) 医学生物学電子顕微鏡技術研究会 編（1992）『よくわかる電子顕微鏡技術』（朝倉書店）．
11) 日本電子顕微鏡学会関東支部 編（1982）『医学・生物学電子顕微鏡観察法』（丸善）．
12) 新津恒良，平本幸男 編（1983）『実験生物学講座 2 光学・電子顕微鏡実験法』（丸善）．
13) 東昇（1968）『医学・生物学のための電子顕微鏡学入門』（朝倉書店）．

索　引

【学名】

Anthrenus verbasci ………………………… 120
Apis mellifera ……………………………… 14
Armadillidium vulgare ……………………… 92
Bombyx mori ………………………………… 30
Caenorhabditis elegans ……………………… 42
Camponotus japonicus ……………………… 18
Carassius auratus …………………………… 70
Ciona intestinalis ………………………… 148
Cynops pyrrhogaster …………………… 34, 38
Cyprinus carpio ……………………………… 70
Danio rerio ………………………………… 138
Drosophila melanogaster
　……………………………… 2, 56, 62, 126, 142
Gryllus bimaculatus ………………… 82, 86
Gryllus bimaculatus DeGeer ……………… 66
Hasarius adansoni ………………………… 124
Homo sapiens …………………… 22, 50, 76, 96
Lymnaea stagnalis …………………………… 26
Mus musculus ………………………………… 27
Papilio xuthus …………………………… 130
Papilio xuthus …………………………… 134
Paralvinella hessleri ……………………… 46
Periplaneta americana ………………… 88, 173
Phormia regina …………………… 6, 10, 54
Phormia regina …………………………… 100
Protophormia terraenovae …………… 108, 112
Rana catesbeiana ………………………… 147
Riptortus pedestris ……………………… 125
Sarcophaga similis ……………………… 116
Xenopus laevis …………………………… 104

【英字】

EAG（→触角電図）
EOG（→嗅電図）
ERG（→網膜電図）
GFP（→緑色蛍光タンパク質）
HPLC（→高速液体クロマトグラフィー）
SEM（→走査電子顕微鏡）
TEM（→透過電子顕微鏡）

【ア行】

アカハライモリ…………………………… 34, 38
アクトグラム……………………………… 114
アフリカツメガエル……………………… 104
甘味………………………… 1, 6, 10, 14, 23, 26
暗順応……………………………………… 142
アンプ………………………… 39, 71, 83, 86, 88
イオンチャネル……………………………… 38
閾値………………………… 1, 14, 48, 51, 73
囲蛹化……………………………………… 118
色…………………………………………… 100
色収差……………………………………… 124
ウェーバー・フェヒナーの法則……………… 9
ウシガエル………………………………… 147
旨味…………………………………… 18, 24, 48
塩味…………………………………………… 24
オカダンゴムシ……………………………… 92
オシロスコープ……… 70, 83, 87, 88, 127, 131
オスミウム・アズール二重染色法………… 164
オタマジャクシ…………………………… 104
オタマジャクシ型幼生…………………… 148
音…………………………………… 56, 66, 70, 76
音声解析……………………………………… 68

【カ行】

カイコガ……………………………………… 30
概日時計……………………………… 112, 125
概年時計…………………………………… 120
化学受容……………………………………… 46
化学走性……………………………………… 45

蝸牛	76
カタユウレイボヤ	148
活動電位	13, 27, 85, 88
感覚ニューロン	84, 88
感覚毛	11, 54, 83, 89
桿体細胞	138
キイロショウジョウバエ	1, 56, 62, 126
季節	108, 116, 125, 120
基本味	10, 22
ギムネマ	24
求愛（行動）	31, 56, 66
嗅覚	24, 34, 38, 42, 50, 54
嗅覚機能検査	50
嗅細胞	34, 38
嗅上皮	34
嗅電図	34
休眠	108, 116, 125
共生	18, 46
気流感覚	82
キンギョ	70
クロオオアリ	18
クロキンバエ	6, 10, 54, 100
嫌悪反応	46
コイ	70
光学顕微鏡	153
光子（数）	133, 134, 147
光周性	108, 116, 120, 125
高速液体クロマトグラフィー	143
光量子（数）	101
ゴエモンコシオリエビ	48

【サ行】

細胞外誘導法	89
細胞内記録法	130
酸味	23
C. エレガンス	42
シールドケージ	131
シールドボックス	88, 127
塩から味	10
耳音響放射	76

嗜好性	1, 18, 26, 46
指向走性	92
視細胞	126, 130, 142, 147
実体顕微鏡	151
湿度定位	92
視物質	142
シミュレーション	77
重力	62
受容器電位	130
順応	10, 34, 42
条件づけ	26, 71
触点	96
触角	14, 30, 49, 56, 64
触覚	96
触角電図	30
深海動物	46
神経細胞	88
唇弁	10
水棲動物	104
スパイク	13, 84
セイヨウミツバチ	14
摂食行動	1, 6, 26
切片法	161
ゼブラフィッシュ	138
前翅	66
染色法	163
走光性	64, 100
走査電子顕微鏡	164
相乗効果	18, 24
増幅器	11, 31, 35, 39, 71, 86, 127, 131
そしゃく行動	26

【タ行】

チェーン行動	59
チップレコーディング法	11
聴覚	56, 66, 70, 76
低温麻酔	35
透過電子顕微鏡	169
逃避（行動）	49, 62, 82, 104

【ナ行】

内耳···70, 76
ナミニクバエ······································116
におい··········25, 30, 34, 38, 42, 50, 50, 54
苦味··1
2点弁別···97
脳···173
脳波··73

【ハ行】

ハエトリグモ·····································124
発音器··66
パッチクランプ法···························38, 147
パラフィン切片法·······························162
反重力走性··63
光·············100, 104, 124, 126, 130, 134, 148
光強度··134
光走性··104
光同調··112
ヒト···6, 22, 50, 76, 96
ヒメマルカツオブシムシ·······················120
尾葉··82
氷上麻酔·····································5, 15, 58
標本··160
氷冷麻酔···················3, 8, 19, 58, 63, 67, 127
ファラデーケージ···························11, 35, 39
フェロモン··30
複眼······················100, 108, 112, 128, 131
フタホシコオロギ······························66, 82
プラスミドDNA·································139
分光光度計··18
吻伸展反射··6
吻伸展反応··14
ホソヘリカメムシ································125

【マ行】

マイクロインジェクション·····················138
マイコン···104
マウス··27
マキシラリーパルプ······························54
マニピュレーター
　················11, 35, 39, 47, 83, 126, 131
マリアナイトエラゴカイ························46
味覚···································1, 14, 18, 22, 26, 27
味覚受容細胞··10
味覚毛··10
味細胞··27
味蕾··27
ミラクルフルーツ··································23
無定位運動性··92
眼··································124, 126, 142, 148
明順応··142
網膜······················124, 126, 130, 138, 142, 147
網膜電図···126

【ヤ行】

有限要素法··77
蛹化··120
ヨーロッパモノアラガイ························26

【ラ行】

卵巣··109, 125
緑色蛍光タンパク質·························27, 138
ルリキンバエ································108, 112
レチナール··142
レチノイド··142
ロドプシン··138

【ワ行】

ワモンゴキブリ······························88, 173

【編集委員紹介】

尾崎まみこ（おざき　まみこ）[編集委員長]
　1982年九州大学大学院理学研究科博士課程修了，米国パデュー大学博士研究員，西独マックスプランク行動生理学研究所招待研究員，大阪大学教務補佐員，京都工芸繊維大学助教授を経て，2006年より現職．
　現在：神戸大学大学院理学研究科・教授・理学博士

村田芳博（むらた　よしひろ）[第1巻担当編集委員]
　2002年神戸大学大学院自然科学研究科博士課程修了．電気通信大学量子・物質工学科産学官連携研究員，九州大学大学院歯学研究院特任助教を経て，2009年より現職．
　現在：高知大学医学部・助教・博士（学術）

藍　浩之（あい　ひろゆき）[第2巻担当編集委員]
　1994年東京都立大学大学院理学研究科博士課程修了．新技術事業団科学技術特別研究員，生物系特定産業技術研究推進機構研究員を経て，2000年より現職．
　現在：福岡大学理学部・助教・博士（理学）

定本久世（さだもと　ひさよ）[第3巻担当編集委員]
　2002年北海道大学大学院理学研究科博士課程修了．日本学術振興会博士研究員，北海道大学大学院理学研究科科学研究支援員，徳島文理大学薬学部助教を経て，2014年より現職．
　現在：徳島文理大学薬学部・講師・博士（理学）

吉村和也（よしむら　かずや）[第3巻担当編集委員]
　2011年東京工業大学大学院生命理工学研究科博士課程修了．博士課程在籍（学位取得）以前に，杏林大学医学部特別助手，東京工業大学大学院生命理工学研究科技術補佐員．2011年より現職．
　現在：お茶の水女子大学サイエンス＆エデュケーションセンター・特任講師・博士（理学）

神崎亮平（かんざき　りょうへい）[日本比較生理生化学会 会長]
　1986年筑波大学大学院生物科学研究科修了．アリゾナ大学神経生物学研究所博士研究員．1991年筑波大学生物科学系助手，講師，助教授，教授を経て，2004年より東京大学大学院情報理工学系研究科教授．2006年より東京大学先端科学技術研究センター教授，2013年より同センター副所長．理学博士．

研究者が教える動物実験
第1巻 感　覚

*Methods of animal experiments:
Researchers' special recipes
Vol.1　Sense*

2015年7月25日　初　版　1刷発行

検印廃止
NDC 480.75
ISBN 978-4-320-05772-2

編　者　尾崎まみこ・村田　芳博
　　　　藍　浩之・定本　久世
　　　　吉村　和也・神崎　亮平
　　　　日本比較生理生化学会　　　ⓒ 2015

発行者　南條光章

発行所　共立出版株式会社
　　　　郵便番号112-0006
　　　　東京都文京区小日向 4-6-19
　　　　電話 03-3947-2511（代表）
　　　　振替口座 00110-2-57035
　　　　URL http://www.kyoritsu-pub.co.jp/

印　刷
製　本　藤原印刷

一般社団法人
自然科学書協会
会員

Printed in Japan

JCOPY ＜出版者著作権管理機構委託出版物＞
本書の無断複製は著作権法上での例外を除き禁じられています．複製される場合は，そのつど事前に，出版者著作権管理機構（TEL：03-3513-6969，FAX：03-3513-6979，e-mail：info@jcopy.or.jp）の許諾を得てください．

本シリーズに登場す

昆虫類

網翅目

ワモンゴキブリ
1巻 19 コラム 9
2巻 20
オオカマキリ
3巻 20

直翅目

フタホシコオロギ
1巻 15 18 コラム 4
2巻 9 18 19
3巻 18 26 27 34 42

半翅目

ホソヘリカメムシ
1巻 コラム 6
アメンボ
3巻 12 コラム 1

鞘翅目

ヒメマル
カツオブシムシ
1巻 27

双翅目

キイロ
ショウジョウバエ
1巻 1 13 14 28 32
2巻 6 7
3巻 28
クロキンバエ
1巻 3 22 コラム 3
2巻 コラム 1
ナミニクバエ
1巻 26
ルリキンバエ
1巻 24 25

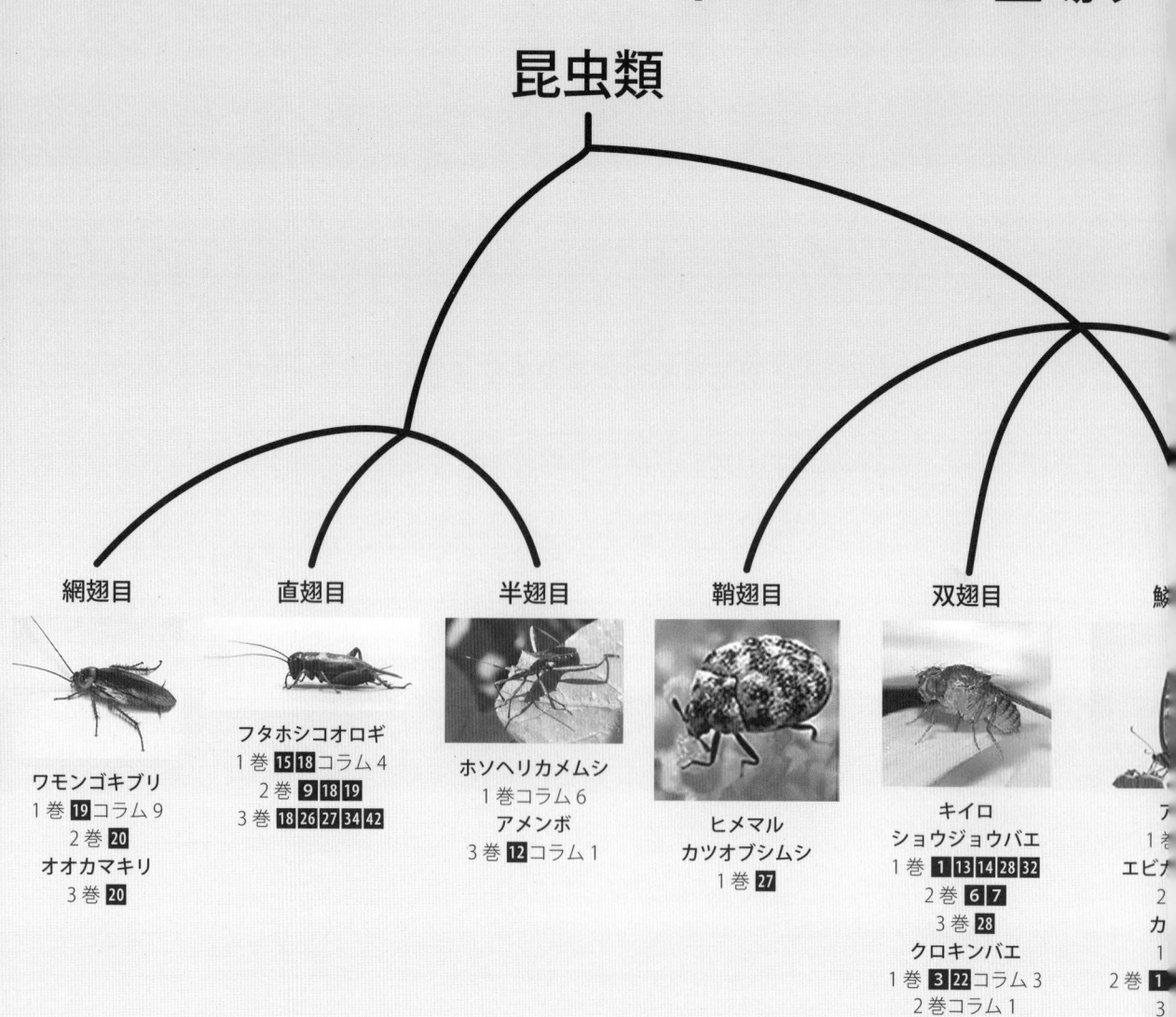

動物名の下の記載は
本シリーズで取り上げている
巻数と項目番号です．